普通高等教育"十一五"国家级规划教材

信息安全专业系列教材

防火墙、入侵检测与 VPN

马春光　郭方方　编著

U0303997

北京邮电大学出版社

·北京·

内 容 简 介

本书以安全防御为中心,全面系统地讲述了网络安全的 3 种主要技术——防火墙、入侵检测和 VPN,以及围绕这 3 项技术构建安全防御体系的方法。本书分为 3 部分,共 15 章,内容包括防火墙基础知识、防火墙的关键技术、主流防火墙的部署与实现、防火墙厂商及产品介绍、防火墙技术的发展趋势、入侵检测技术概述、主流入侵检测产品介绍、入侵检测技术的发展趋势、VPN 基础知识、VPN 的隧道技术、VPN 的加解密技术、VPN 的密钥管理技术、VPN 的身份认证技术、VPN 厂商及产品介绍、VPN 技术的发展趋势等。

本书语言表达简洁流畅,内容安排由浅入深,在前后内容上相互呼应,充分阐述了防火墙、入侵检测与 VPN 这 3 种防御手段在技术上的互补性。本书内容系统、全面,特别注重知识的实用性,将理论和实际相结合。在对原理进行深入浅出的描述的基础上,对如何部署、配置等实际操作进行了详细说明,对复杂的密码算法通过实例加以形象化说明。通过介绍不同厂商的产品及其技术指标,可以加深读者对每一种技术的理解。在每一部分的最后分别介绍了防火墙、入侵检测与 VPN 技术的发展趋势,力图对有志于网络安全的研究者有所启示。

本书可作为高等院校信息安全相关专业的本科生、研究生的教材或参考资料,也可供从事计算机科学与技术、网络工程、信息与通信工程等与信息安全有关的科研人员、工程技术人员和技术管理人员参考。

图书在版编目(CIP)数据

防火墙、入侵检测与 VPN/马春光,郭方方编著. —北京:北京邮电大学出版社,2008(2022.2 重印)

ISBN 978-7-5635-1662-9

Ⅰ.防… Ⅱ.①马…②郭… Ⅲ.计算机网络—安全技术 Ⅳ.TP393.08

中国版本图书馆 CIP 数据核字(2008)第 124811 号

书　　　名:防火墙、入侵检测与 VPN
作　　　者:马春光　郭方方
责任编辑:艾莉莎
出版发行:北京邮电大学出版社
社　　　址:北京市海淀区西土城路 10 号(邮编:100876)
发 行 部:电话:010-62282185　传真:010-62283578
E-mail:publish@bupt.edu.cn
经　　　销:各地新华书店
印　　　刷:保定市中画美凯印刷有限公司
开　　　本:787 mm×960 mm　1/16
印　　　张:17
字　　　数:366 千字
版　　　次:2008 年 8 月第 1 版　2022 年 2 月第 13 次印刷

ISBN 978-7-5635-1662-9　　　　　　　　　　　　　　　　　定　价:34.00 元

· 如有印装质量问题,请与北京邮电大学出版社发行部联系 ·

第2版总序

　　发展21世纪中国信息安全要靠教育,而搞好信息安全教育就需要好的教材。2004年,灵创团队北京邮电大学信息安全中心完成了第一套信息安全专业本科系列教材,该套教材被教育部列入了"普通高等教育'十五'国家级规划教材"。至今,三年多的时间过去了,这套教材在信息安全专业的教学中发挥了重要的作用,起到了较好的教学效果,受到教师和学生的好评。

　　在这三年中,我们始终致力于包括专业建设、课程建设、师资建设、教材建设、实训基地建设、实验室建设和校企就业(创业)平台建设等在内的信息安全本科专业的全面建设。2005年,作为组长单位我们完成了教育部"信息安全专业规范研究"和"信息安全学科专业发展战略研究"课题;召开了"全国高校本科'信息安全专业规范与发展战略研究'成果发布与研讨会"。我们完成的国内第一次制定的信息安全专业规范,从知识领域、知识单元和知识点三个层次构建学科专业教学的知识体系;由通识教育内容、专业教育内容和综合教育内容三大部分,构建课程参考体系;采用顶层设计的方法构建了带有实践性环节的教学体系。我们在国内第一次较全面地提出信息安全学科专业教学改革与创新的研究以及发展思路和政策建议;这些成果已提交教育部相关教学指导委员会,对于引导高等学校信息安全学科专业教学改革与建设,指导信息安全学科专业评估,促进信息安全学科专业教学规范建设与管理,提高专业教育质量和水平起到了重要的作用。多所举办信息安全专业的高校都参照该课题成果调整了自己的教学计划、课程体系和实验方案。

　　我们积极搭建信息安全专业校际交流平台,组织成立了"全国信息安全本科教材编写委员会"和"全国信息安全本科专业师资交流与培训互助组"。主持召开了"全国信息安全专业教学经验交流和师资培训研讨会"和"全国信息安全专业实验室建设和实验课程教学经验交流研讨会"。在四川绵阳建设了占地40亩的全国信息安全专业本科生实习实训基地,接受了来自全国近30所高校的本科生进入该基地参加丰富多彩的实训。

　　我们努力建设精品课程,主办了"全国高校信息安全专业精品课程建设经验交流会议",来自全国各地高校的专家齐聚北京邮电大学,介绍了精品课程建设的经验。我们组织建设了全国第一批信息安全实验室,并且编写出版了实验教材《信息安全实验指导》,我们的《现代密码学》课程已经被评为北京市精品课程,并在2007年度被评为"国家精品课程"。

　　经过灵创团队全体人员的共同努力,北京邮电大学信息安全本科专业被教育部评为第二类优势特色专业。

三年多的时间过去了，无论信息安全的教育和产业都取得了丰硕的成果，随着信息安全向更高层次的发展，其趋势已经从基础的网络层建设开始向内容层建设过渡。为适应信息安全教育的发展需要，积极探索培养创新型高素质人才，我们按照制定的学科发展战略和专业规范的精神，结合近几年的教学实践，我们对这套信息安全专业本科系列教材进行了全面修订，并及时成立了灵创团队北京邮电大学数字内容研究中心。这次修订不仅对原来的系列教材在第1版的基础上进行修改和完善，还补充了信息安全最新的研究成果，使教材的内容更加翔实和新颖。同时，在原有的教材上又增加了一些新的课程教材，在新修订的系列教材中，目前有《信息安全概论》(第2版)、《现代密码学及其应用》、《网络安全》(第2版)、《信息安全管理》、《计算机病毒原理及防治》(第2版)、《数字版权管理》、《计算机系统安全》、《网络安全实验教程》、《信息安全专业科技英语》、《防火墙、入侵检测与VPN》、《对称密码学及其应用》、《信息安全导论》、《数字图像取证技术》等13本教材，今后随着信息安全专业教学的需要，还将不断地有新的教材补充到这个系列中来，使之更加完善和系统。目前，计划列入的相关教材还有：《入侵检测》(第2版)、《信息内容安全》、《信息安全工程》、《软件安全》及《信息安全标准与法律法规》等。

我们组织了强大的师资队伍，广泛吸收了有着丰富教学科研经验并多次讲授该系列教材的教师充实到这次修订工作中。作者队伍中不但包括北京邮电大学的教师，还包括哈尔滨工程大学、北京交通大学等重点院校的教师。经过反复研讨，本着理论与实际相结合的原则，对原来的系列教材进行了较大的修改和扩充，我们希望这套新修订的系列教材能够满足国内各类高校信息安全本科专业以及相关方向专业的不同需求。

这次修订我们对内容进行了精心的组织和安排，希望能促进信息安全课程的建设，涌现出更多的信息安全精品课程。虽然我们在这次修订中投入了很大精力，但是由于水平有限，时间仓促，且信息安全专业的发展速度非常快，书中的不足之处和错误在所难免，我们衷心期望使用和关心该系列教材的师生，继续对新的系列教材提出宝贵的意见和建议。

本套系列教材也是国家重点基础研究发展计划(973)(课题编号：2007CB310704和2007CB311203)资助的成果，并被教育部增补为"普通高等教育'十一五'国家级规划教材"的选题。

在本系列教材的修订过程中，得到了北京邮电大学出版社的大力支持，同时也得到了灵创团队的骨干机构(北京邮电大学信息安全中心和北京邮电大学数字内容研究中心)三百余位成员的支持与配合，在此一并表示感谢。

教授、博导、长江学者特聘教授

杨义先

2007年7月

前　　言

当前,信息化已深入到了社会政治、经济、文化、生产、生活的各个领域。由于Internet开放性的设计理念,加之设计之初对安全问题考虑甚少,使得其安全问题十分严重。因此,如何在安全性不尽人意的 Internet 上构建一个相对安全的环境十分重要。本教材以安全防御为中心,全面系统地讲述了信息系统安全防御的3项技术——防火墙、入侵检测和 VPN,以及围绕这3项技术构建安全防御体系的方法。

本教材包括3部分内容,分别介绍防火墙、入侵检测、VPN。在各部分的内容组织上,均按"基础知识、关键技术、系统构建、主流产品、发展趋势"的递进顺序展开,既注重技术细节,又强调系统集成,既讲述当前应用,也兼顾技术发展,力求使不同读者群各得所需。另外,本教材的3部分内容既互相联系又自成体系,教师可以根据需要择其部分或全部进行讲授,读者也可以根据需要有选择地进行自学或参考。

第1~5章为防火墙部分。防火墙是本地计算机或内部网络与外部网络之间设置的一道屏障,用于阻挡来自外部网络的威胁和入侵。第1章是防火墙的基础知识,包括防火墙的定义、分类、规则、功能和特点等;第2章是防火墙的关键技术,包括 TCP/IP 协议简介、包过滤技术、状态检测技术、代理技术;第3章是主流防火墙的部署与实现,第4章是防火墙厂商及产品介绍,这两章详细地讲述了防火墙系统的构建和防火墙设备的选型,以便与实际应用接轨;第5章是防火墙技术的发展趋势,提出了进一步研究和学习的若干方向。

第6~8章为入侵检测部分。网络探测与攻击技术日新月异,这使得以单纯性阻挡为目的的防火墙捉襟见肘。入侵检测技术可以通过对系统负载的深入分析,发现和处理更加隐蔽的网络探测与攻击行为,为系统提供更强大、更可靠的主动安全策略和解决方案,弥补了防火墙的不足。第6章是入侵检测技术概述,从介绍计算机系统面临的威胁入手,依次讲述了入侵检测的概念、分类、作用、过程和特点等基础知识;第7章是主流入侵检测产品介绍,讲述了入侵检测系统的性能指标和主流入侵检测产品;第8章是入侵检测技术的发展趋势。

第9~15章为VPN部分。防火墙和入侵检测通过"御敌于门外"构建了一个相对安全的内部网络,VPN 技术则为在地理位置上分散的多个内部网络间实现安全通信提供了保障。通过特殊的加密通信协议,VPN 在位于 Internet 不同位置的两个或多个企业内部网络之间建立专有的通信线路,实现了在公开网络中虚拟出企业内部专线。第 9 章是 VPN 基础知识,包括 VPN 的定义、VPN 的原理及配置、VPN 的类型、VPN 的特点以及 VPN 的安全机制等内容;第 10 章是 VPN 的隧道技术,包括 VPN 使用的隧道协议、MPLS VPN、IPSec VPN、SSL VPN 等内容;第 11 章是 VPN 的加、解密技术,包括 AES 算法、Diffie-Hellman 算法、SA 机制等内容;第 12 章是 VPN 的密钥管理技术,包括 ISAKMP 协议、IKE 协议和 SKIP 协议;第 13 章是 VPN 的身份认证技术,包括安全口令、PPP 认证协议、使用认证机制的协议、数字签名技术等内容;第 14 章是 VPN 厂商及产品介绍,包括 VPN 产品的功能、VPN 产品的技术指标和知名 VPN 厂商及产品等;第 15 章总结了 VPN 在市场、技术等方面的发展趋势。

哈尔滨工程大学计算机科学与技术学院的马春光副教授和郭方方副教授负责本书的编写工作,硕士研究生于洪君、林相君、徐海利、陆子海等为本书的编写进行了资料收集和整理工作。感谢北京邮电大学罗群副教授、北京邮电大学出版社周明总编对编写本书所给予的帮助和支持,特别感谢我的导师杨义先教授多年来的培养、鼓励和支持。

由于时间仓促以及知识水平所限,书中难免存在不妥和错误之处,真诚希望读者不吝指教,以期再版修订。

本书得到了国家自然科学基金项目(90718003)、国家 863 计划课题(2007AA01Z401)、国家博士后科学基金(20070410896)、黑龙江省博士后基金(LBH-Z06027)、哈尔滨工程大学基础研究基金(HEUFT05067)和黑龙江省新世纪高等教育教学改革工程项目(具有计算机学科特色的信息安全课程体系改革与实践)的支持。

作　者

2008 年 5 月于哈尔滨

目 录

防 火 墙 篇

防火墙篇

计算机技术高速发展,它日益广泛和深入的应用是人类迈向信息化、智能化社会的重要特征。但是,快速性伴随着不完备性——广泛使用的操作系统中层出不穷的漏洞,使用者经常性的、无意识的操作失误,恶意的破坏和非法信息的传播等都严重影响了计算机技术的安全性,并且这些问题都将与计算机技术长期共存。

当单台计算机与网络相互连接之后,安全问题会变得更加复杂和多变,为上述问题找到合适的解决方法将变得更加困难。

首先,联网之后计算机可能会受到大量的攻击。与单台非联网计算机不同,只要两台计算机之间具有可达性,就存在着攻击的可能。当网络的规模越来越大,最终构成 Internet 时,联网主机受到的攻击威胁不可度量。

其次,联网主机受到攻击的方式更加复杂。非联网主机受到攻击的手段比较单一,容易防范,主要是外部介质携带的恶意代码攻击以及计算机本身的物理攻击。联网主机受到的攻击可以通过一切网络传输和服务手段实现。例如,邮件服务器可能将包含病毒和蠕虫的邮件传递给用户,浏览藏有恶意代码的网页也可能给用户带来麻烦。总之,联网攻击的手段是极其繁多的。

再次,联网主机受到攻击的事件处理起来非常困难。互联网尤其是Internet以开放和自由为基本宗旨,攻击者可以通过匿名、多跳、多傀儡主机等方式对目标主机展开攻击,而反向跟踪却成为一项几乎不可能的任务。

最后,很多网络协议都不完善。网络协议具有鲜明的时代特征,都与其所处时代的技术和思想相吻合。但是没有人能够准确地预见计算机网络发展的速度和规模,网络协议不得不不断地更改、完善,这也让攻击者有机可乘。

防火墙技术就是人们为解决这些问题而付出的努力之一。防火墙是部署在用户内联网络和外联网络之间的一道屏障,一切内联网络和外联网络间交换的数据都应该通过防火墙设备。以预先定义好的安全规则为标准，防火墙将对通过它的数据流进行安全检测，符合安全规则的数据流将准予放行，而不符合安全规则的数据流将被阻隔。

需要注意的是，防火墙不是万能的，并不是拥有了防火墙设备后就可以高枕无忧了。防火墙技术只是整体安全策略的重要一环，主要执行的是访问控制功能。从成本和速度的角度考虑，它不适合集成太多的网络安全功能，防火墙应该与其他安全技术联动来实现完整的计算机安全功能。而且防火墙只负责对通过它的数据流进行检测，如果存在旁路的数据流，防火墙就无能为力了。

下面的章节将对防火墙技术进行详细的论述。

第1章

防火墙基础知识

　　本章主要讲述防火墙的一些基础知识，包括什么是防火墙、防火墙所处的逻辑位置和物理位置、防火墙的理论特性和实际功能、使用防火墙的优缺点、如何划分防火墙的类型等内容。此外，还要讲述防火墙的灵魂——"过滤规则"——的相关知识及与信息安全相关的国内标准和国际标准等问题。通过对本章的学习，读者可以构造一个比较全面的关于防火墙的知识框架。

1.1　防火墙的定义

　　在古代，防火墙指的是构筑和使用房屋的时候，为防止火灾在相邻的房子之间蔓延，人们在房屋周围砌的砖或石头墙。在现代，防火墙被定义为由不燃烧材料构成的，为减小或避免建筑、结构、设备遭受热辐射危害和防止火灾蔓延，设置的竖向分隔体或直接设置在建筑物基础上或钢筋混凝土框架上具有耐火性的墙。

　　本书中描述的防火墙并非是建筑学意义上的防火墙，而是指一种被广泛应用的计算机网络安全技术及采用这种技术的安全设备，只是借用了建筑学上的一个名词而已。这是因为两者之间具有类比性：建筑防火墙可以凭借高大厚实而且耐燃的墙体阻隔火势向受其保护的房屋蔓延，计算机网络防火墙可以依据访问控制策略为内联主机或网络提供保护，使其免遭非法探测和访问。

　　当一个用户计算机或内联网络连接到外联网络后，它就可以通过外联网络访问其他主机或网络并与之通信。同时，外界的主机也可以访问到这台联网主机或内联网络。为了安全起见，需要在本地计算机或内联网络与外联网络之间设置一道屏障，这道屏障能够保护本地计算机或内联网络免遭来自外联网络的威胁和入侵。这道屏障就叫做防火墙。严格地说，防火墙技术指的是目前最主要的一种网络防护技术，而采用该技术的网络安全系统叫做防火墙系统,包括硬件设备、相关的软件代码和安全策略。在不引起歧义的情况下,这里统一地称其为防火墙。防火墙是技术与设备的系统集成,而并非单指某一个特定的设备或软件,这一点希望读者注意。

为了抵御来自外联网络的威胁和入侵,防火墙的"法宝"是访问控制策略。访问控制策略是控制内联主机进行网络访问的原则和措施,即决定允许哪一台内联主机以什么样的方式访问外联网络;允许外联主机以什么样的方式访问内联网络。访问控制策略依据企业或组织的整体安全策略制定,是企业或组织对网络与信息安全的观点与思想的表达,具体体现为防火墙的过滤规则。防火墙依据过滤规则检查每个经过它的数据包,符合过滤规则的数据包允许通过,不符合过滤规则的数据包一律拒绝其通过防火墙。如果因为将其比喻为墙而对其封闭性产生困惑的话,也可以将防火墙看做是一扇受访问控制策略控制的门,当过滤规则允许的数据到来的时候,门就打开让其通过;当过滤规则不允许的数据到来的时候,门就关闭不让其通过。

从广泛、宏观的意义上说,防火墙是隔离在内联网络与外联网络之间的一个防御系统。防火墙拥有内联网络与外联网络之间的唯一进出口,因此能够使内联网络与外联网络,尤其是与 Internet 互相隔离。它通过限制内联网络与外联网络之间的访问来防止外部用户非法使用内部资源,保护内联网络的设备不被破坏,防止内联网络的敏感数据被窃取,从而达到保护内联网络的目的。

AT&T 的工程师 William Cheswick 和 Steven Bellovin 给出了防火墙的明确定义,他们认为防火墙是位于两个网络之间的一组构件或一个系统,具有以下属性:

- 防火墙是不同网络或者安全域之间的信息流的唯一通道,所有双向数据流必须经过防火墙;
- 只有经过授权的合法数据(即防火墙安全策略允许的数据)才可以通过防火墙;
- 防火墙系统应该具有很高的抗攻击能力,其自身可以不受各种攻击的影响。

简而言之,防火墙是位于两个(或多个)网络之间,实施访问控制策略的一个或一组组件集合。防火墙系统如图 1-1 所示。

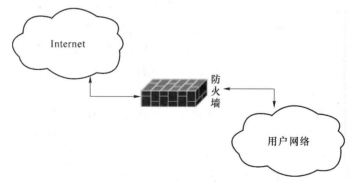

图 1-1　防火墙示意图

1.2 防火墙的位置

1.2.1 防火墙的物理位置

从物理角度看,防火墙的物理实现方式有所不同。通常来说,防火墙是一组硬件设备,即路由器、计算机或者配有适当软件的网络设备的多种组合。作为内联网络与外联网络之间实现访问控制的一种硬件设备,防火墙通常安装在内联网络与外联网络的交界点上。防火墙通常位于等级较高的网关位置或者与外联网络相连接的节点处,这样做有利于防火墙对全网(内联网络)的信息流的监控,进而实现全面的安全防护。但是,防火墙也可以部署在等级较低的网关位置或者与数据流交汇的节点上,目的是为某些有特殊要求的子系统或内联子网提供进一步的保护。随着个人防火墙的流行,防火墙的位置已经扩散到每一台联网主机的网络接口上了。图1-2显示了防火墙在网络中最常见的位置。

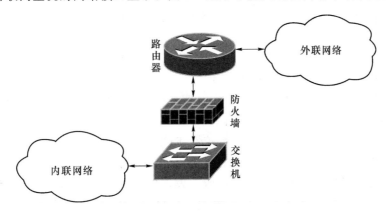

图 1-2 防火墙在网络中的常见位置

从具体实现角度看,防火墙由一个独立的进程或者一组紧密联系的进程构成。它运行于路由器、堡垒主机或者任何提供网络安全的设备组合上。这些设备或设备组一边连接着受保护的网络,另一边连接着外联网络或者内联网络的其他部分。对于个人防火墙来说,防火墙一般是指安装在单台主机硬盘上的软件系统。防火墙在这些关键的数据交换节点或者网络接口上控制着经过它们的各种各样的数据流,并且为安全管理提供详细的系统活动记录。在很多中、小规模的网络配置方案中,从安全与服务实现的便宜性和成本控制的角度考虑,防火墙服务器还经常作为公共 WWW 服务器、FTP 服务器或者E-mail服务器使用。

这里再次强调一下,防火墙不是万能的,为了保护内联网络的安全,使得内联网络免受威胁和攻击,内部资源不被非法使用或恶意泄漏,任何网络之间交换的数据流都必须通过防火墙,否则将无法对数据进行监控。

1.2.2　防火墙的逻辑位置

防火墙的逻辑位置指的是防火墙与网络协议相对应的逻辑层次关系。处于不同网络层次的防火墙实现不同级别的网络过滤功能,表现出的特性也不同。例如,网络层防火墙可以进行快速的数据包过滤,但是却无法理解数据包内容的含义,因此也就无法进行更深入的内容检查;而代理型防火墙与包过滤型防火墙大相径庭,这种类型的防火墙位于应用层上,虽然有过滤速度慢的缺点,但是却可以理解数据流的含义,进而能够对其进行更加深入的检测和控制。

由于防火墙技术是一种集成式的网络安全技术,涉及网络与信息安全的很多方面。为了便于进行统一的规范化描述,国际标准化组织的计算机专业委员会依据网络开放系统互连模型制定了一个网络安全体系结构:信息处理系统开放系统互连基本参考模型第 2 部分——安全体系结构,即 ISO 7498-2,它解决了网络信息系统中的安全与保密问题,我国将其作为 GB/T 9387-2 标准。该结构中包括 5 类安全服务及相应的 8 类安全机制。

安全服务是由网络的某一层所提供的服务,目的是加强系统的安全性及对抗攻击。该结构确定了 5 类安全服务,列举如下:

- 鉴别服务用于保证通信的真实性,证实数据源和目的地是通信双方所同意的,包括对等实体鉴别和数据源鉴别;
- 访问控制服务用于保证系统的可控性,防止未授权用户对系统资源的非法使用;
- 数据保密性服务用于保证数据的秘密性,防止数据因被截获而泄密;
- 数据完整性服务用于保证数据接收与发送的一致性,防止主动攻击,包括可恢复的连接完整性、无恢复的连接完整性、选择字段的连接完整性、无连接完整性、选择字段的无连接完整性;
- 禁止否认服务用于保证通信的不可抵赖性,防止发送方否认发送过数据或者接收方否认接收过数据的事件发生,它包括不得否认发送和不得否认接收。

表 1-1 即为安全服务与 ISO OSI/RM 网络层次模型的对应关系。

表 1-1　ISO OSI/RM 网络安全体系结构

网络层次 安全服务	物理层	数据链路层	网络层	传输层	会话层	表示层	应用层
对等实体鉴别			√	√			√
访问控制	√	√	√	√			√
连接保密	√	√	√	√		√	√

续 表

安全服务＼网络层次	物理层	数据链路层	网络层	传输层	会话层	表示层	应用层
选择字段保密						√	√
报文流安全	√		√				√
数据的完整性			√	√		√	√
数据源鉴别							√
禁止否认服务							√

安全机制可分为实现安全服务和安全管理两类。该结构提供的 8 类安全机制分别为：加密机制、数据签名机制、访问控制机制、数据完整性机制、认证交换机制、防业务填充机制、路由控制机制和公证机制。

防火墙的目的在于实现访问控制策略，且所有防火墙均依赖于对 ISO OSI/RM 网络 7 层模型中各层协议所产生的信息流进行检查。一般来说，防火墙越是工作在 ISO OSI/RM 模型的上层，其能够检查的信息就越多，检查的行为就越细致深入，该防火墙提供的安全保护等级就越高，也就越能够获得更多的信息用于安全决策。按照 ISO OSI/RM 模型及表 1-1 的安全要求，防火墙可以设置在 ISO OSI/RM 7 层模型中的 5 层，如表 1-2 所示。

表 1-2　防火墙与网络层次关系图

ISO OSI/RM 7 层模型	防火墙级别
应 用 层	网 关 级
表 示 层	—
会 话 层	—
传 输 层	电 路 级
网 络 层	路 由 器 级
数据链路层	网 桥 级
物 理 层	中 继 器 级

1.3　防火墙的理论特性和实际功能

1.3.1　防火墙面对的安全威胁

内联网络的系统资源是违法者垂涎的宝藏，内联网络经常需要面对因此产生的各种恶意行为。首先是非法的信息获取，即黑客、入侵者或者闯入者试图偷走敏感信息，以及试图盗窃数据、表格、磁盘空间和CPU资源等对象的行为。其次是有意或者无意的内部雇员非授权的数据使用。再次是通过路由器、主机或者服务器蓄意破坏文件系统或阻止授权用户的网络访问服务。

而防火墙的基本目的就是阻止对内联网络带有恶意或者具有破坏性的访问，保护内联网络的系统资源免遭泄漏和破坏。可以说，防火墙是内联网络的一道安全屏障，它要面对各种针对内联网络资源的威胁行为。

防火墙面对的主要安全威胁列举如下：

- 通过更改防火墙配置参数和其他相关安全数据而展开的攻击；
- 攻击者利用高层协议和服务对内联受保护的网络或主机进行的攻击；
- 绕开身份认证和鉴别机制，伪装身份，破坏已有连接；
- 任何通过伪装内联网络地址进行非法的内部资源访问的地址欺骗攻击；
- 未经授权访问内联网络中的目标数据；
- 用户对防火墙等重要设备未经授权的访问；
- 破坏审计记录。

为了能够面对这些安全威胁，实现网络安全防护的目的，防火墙应该具有一定的安全功能。这些功能不但与最终用户的安全需求有关，而且更是由防火墙本身的特性所决定的。后续章节将对此进行描述。

1.3.2　防火墙的理论特性

防火墙的理论特性是根据信息安全理论对其提出的要求而设置的安全功能，是各种防火墙的共性作用。对防火墙的要求由系统整体安全策略决定，并因为其特殊的位置特点而与其他安全设备有所不同。

系统整体安全策略是一个机构或者组织对自身信息安全问题的观点和看法，防火墙只是系统整体安全策略中网络安全策略的一个组成部分，此外还有安全管理策略、安全组织人事管理与培训策略等。系统整体安全策略建立了全方位的防御体系来保护机构或者组织的信息资源。只部署防火墙，而没有整体的安全策略，那么防火墙就形同虚设。在系统整体安全策略中，防火墙往往被定义为内联网络的第一道安全屏障，负责对进出内联网络的数据进行过滤。

在1.2节中描述了防火墙的位置，可知防火墙往往位于信息汇聚与信息交换节点上，一般是很高层次的信息汇聚与信息交换节点起到系统同外界相互连接的桥梁作用。对于个人防火墙，可以认为它处在本地主机与网络的交界处，是本地主机与网络进行信息交换的唯一节点。在这种位置上往往可以统观全部数据，获得最详细的网络访问信息。这使得防火墙利用扼守交通要道之便，可以方便地实施多种安全技术，这是其他安全设备无法比拟的。

根据以上观点,防火墙从理论上讲是分离器、限制器和分析器,即防火墙要实现4类控制功能。

- 方向控制:防火墙能够控制特定的服务请求通过它的方向;
- 服务控制:防火墙能够控制用户可以访问的网络服务类型;
- 行为控制:防火墙能够控制使用特定服务的方式;
- 用户控制:防火墙能够控制可以进行网络访问的用户。

下面以此为基础,对防火墙的理论特性进行详细的描述。

1. 创建阻塞点

根据美国国家安全局制定的《信息保障技术框架》,防火墙适用于网络系统的边界(Network Boundary),属于用户内联网络边界安全保护设备。所谓网络边界就是采用不同安全策略的两个网络的连接位置,比如用户内联网络与 Internet 的连接、用户内联网络与其他组织或机构网络的连接及用户内联网络不同部门之间的连接等。

防火墙就是在网络的外边界或周边,在内联网络和外联网络之间建立的唯一一个安全控制检查点,通过允许、拒绝或重新定向经过防火墙的数据流,实现对进出内联网络的服务和访问的审计和控制,从而实现防止非法用户(如黑客、网络破坏者等)进入内联网络,禁止存在安全脆弱性的服务进出网络,并抵抗来自各种路线的攻击,进而提高被保护网络的安全性,降低风险。这样的一个检查点被称为阻塞点。这是防火墙所处的网络位置特性,同时也是一个前提,如果没有这样一个供监视和控制信息的点,系统管理员要在大量的地方进行监测。

在某些文献里,防火墙又被称为内联网络与外联网络之间的单联系点。需要注意的是,虽然存在着许多的多接入点网络,但是每个出口也都要有防火墙设备,因此从逻辑上看,防火墙还是内联网络与外联网络之间的唯一联系点。图 1-3 描述了所有进出内联网络的数据必须经过防火墙的重要性。

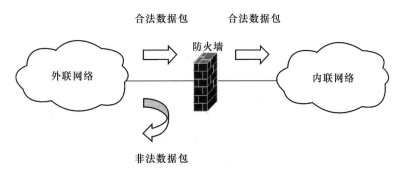

图 1-3　使用防火墙作为单联系点的重要性

2. 强化网络安全策略,提供集成功能

防火墙设备所处的位置,正好为系统提供了一个多种安全技术的集成支撑平台。通过相应的配置,可以将多种安全软件,如口令检查、加密、身份认证、审计等集中部署在防火墙上。与分散部署方案相比,防火墙的集中安全管理更经济、更有效,简化了系统管理人员的操作,从而强化了网络安全策略的实行。

3. 实现网络隔离

通过对网络边界的定义,防火墙将网络划分成内联网络和外联网络两个不同的部分,因此网络隔离就成为防火墙的基本功能。防火墙通过将内联网络和外联网络相互隔离来确保内联网络的安全,同时限制局部的重点或敏感的网络安全问题对全局网络造成的影响,降低外联网络对内联网络的一些统计数据的探测能力。

以 Finger 服务为例,Finger 服务可以显示主机用户的注册名、真实姓名、最后登录时间和使用 shell 类型等内容。但是 Finger 显示的内容非常容易被攻击者截获,根据这些内容,攻击者即可知道系统使用的频繁程度,是否有用户正在上网等信息,进而根据这些网络情况展开攻击。而使用防火墙就可以对外联网络屏蔽 Finger 服务,使信息免遭泄漏。与此类似的还有内部 DNS 等服务。

(1)限制来自外联网络的访问

目前计算机网络最常使用的传输协议是 TCP/IP,而任意两台计算机上的应用程序之间实现网络通信的一般方法是将主机的 IP 地址和程序的信息交换缓冲区标识符(又称端口号)绑定到一起作为特定应用程序的唯一标识符,采用类似国家—省—市—行政区—街道—门牌号的方式在网络中找到该程序。

有意或者无意的入侵者针对内联网络上的系统资源实施非法行为的第一步往往是利用连接请求信息包进行对内联网络的扫描和嗅探,目的是获取网络开放的服务端口和主机及网络拓扑结构等信息。经过这一步之后入侵者才能根据获得的网络信息决定侵害的目标。

防火墙的基础功能之一就是限制信息包进入网络。防火墙针对每一个进入内联网络的行为都要依照安全策略制定的规则进行过滤,即授权检查。如果该行为属于系统许可的行为则予以放行,否则将拒绝该连接行为。防火墙的这种功能实现了对系统资源的保护,防止了机密信息的泄漏、盗窃和破坏。

(2)限制网络内部未经授权的访问

通常保护网络免受来自外部的攻击相当容易,但是防止来自网络内部的攻击则比较困难。内部人员有意的破坏行为或者无意的非正常操作都会给系统带来麻烦。传统的防火墙默认内联网络是安全的,而外联网络是不安全的,使得传统的防火墙难以觉察内部的攻击和破坏行为,这也是其主要缺陷之一。现代防火墙已经充分认识到这一点,加强了对内部访问数据的监控,主要的表现就是一切都严格依照预先制定的系统整体安全策略,限制内联网络未经授权的访问。当然,这对机构和组织的系统整体安全策略的制定和实施提出了较高的要求,但是从保护自身利益的角度出发,这是非常值得的。

内部人员对网络造成的威胁主要有以下几种:

① 网络安全管理人员缺乏培训,水平不高;

② 内部人员受到欺骗或者主动向外部人员提供密码、IP 地址、服务名称等信息,这些信息将被用于对内联网络展开攻击;

③ 内部人员在内联网络中使用的数据载体被病毒感染;

④ 内部人员在外联网络环境中,比如在其住宅中使用远程访问软件绕开防火墙访问其在内联网络中的主机;

⑤ 内部人员下载含有恶意代码的邮件、网页等网络数据;

⑥ 内部人员采用隐蔽手段访问不被允许访问的外部主机或使用非授权的外部通信连接服务。

防火墙只是网络安全防护措施的一个部分,必须与安全教育、安全操作管理培训等相互结合才能保证抵御来自网络内部的侵害。

4. 记录和审计内联网络与外联网络之间的活动

由于防火墙处在内联网络和外联网络相连接的阻塞点,所以它可以对所有涉及内联网络和外联网络的存取与访问的行为进行监控。当防火墙发现可疑的行为时,可以进行及时的报警,并提供网络是否受到破坏及攻击的详细信息。对于内部用户的误操作,防火墙也将进行严格的监控,预防内部用户的破坏行为。此外,防火墙还能进行网络使用情况的统计操作,这种统计操作对网络优化和网络需求分析有很大的作用。

以上提及的防火墙的操作和数据都将被详细地记录到日志文件(log file)中并提交给网络管理员进行分析和审计。防火墙的日志文件既记录正常的网络访问行为又记录非正常的网络行为。对日志文件的分析和审计可以使网络管理员清楚地了解防火墙的安全保护能力和运行情况;优化防火墙,使其更加有效地工作;准确地识别入侵者并采取行之有效的措施;及时地对非法行为及其造成的后果作出反应;为网络的优化和建设提供必要的数据支撑。

网络管理员一定要注意:需要关注的问题早已不是网络是否会受到攻击,而是网络何时会受到攻击。因此要求网络管理员及时地响应报警信息并经常性地审查防火墙日志记录。

5. 自身具有非常强的抵御攻击的能力

由于防火墙是一个关键点,所以其自身的安全性就显得尤为重要。一旦防火墙失效,则内联网络将完全曝光于外部入侵者的目光下,网络的安全将受到严重的威胁。一般来说,防火墙是一台安装了安全操作系统且服务受限的堡垒主机,即防火墙自身的操作系统符合相应的软件安全级别,除了必要的功能外,防火墙不开设任何多余的端口。这些措施在很大程度上增强了防火墙抵御攻击的能力,但这种安全性也只是相对的。

1.3.3　防火墙的实际功能

以上说的都是防火墙在理论上具有的特点和作用,下面从技术实现的角度来看防火墙是如何满足用户的需求的,即防火墙为终端用户提供的主要的安全功能有哪些。

1. 包过滤(Packet Filtering)

网络通信通过计算机之间的连接实现,而连接则是由两台主机之间相互传送的若干数据包组成。防火墙的基本功能之一就是对由数据包组成的逻辑连接进行过滤,即包过滤。数据包的过滤参数有很多,最基本的是通信双方的 IP 地址和端口号。随着过滤技术的不断发展,各层网络协议的头部字段及通过对字段分析得到的连接状态等内容都可以作为过滤技术考察的参数。包过滤技术也从早期的静态包过滤机制发展到动态包过滤、状态检测等机制。总的来说,现在的包过滤技术主要包括针对网络服务的过滤及针对数据包本身的过滤。

2. 代理(Proxy)

代理技术是与包过滤技术截然不同的另外一种防火墙技术。这种技术在防火墙处将用户的访问请求变成由防火墙代为转发,外联网络看不见内联网络的结构,也无法直接访问内联网络的主机。在防火墙代理服务中,主要有两种实现方式:一是透明代理(Transparent Proxy),指内联网络用户在访问外联网络的时候,本机配置无需任何改变,防火墙就像透明的一样;二是传统代理,其工作原理与透明代理相似,所不同的是它需要在客户端设置代理服务器。相对于包过滤技术,代理技术可以提供更加深入细致的过滤,甚至可以理解应用层的内容,但是实现复杂且速度较慢。

3. 网络地址转换(Network Address Translation,NAT)

网络地址转换功能现在已经成为防火墙的标准功能之一。通过这项功能可以很好地屏蔽内联网络的 IP 地址,对内联网络用户起到保护作用;同时可以用来缓解由于网络规模的快速增长而带来的地址空间短缺问题;此外还可以消除组织或机构在变换 ISP 时带来的重新编址的麻烦。

下面描述从内联网络向外联网络建立连接时 NAT 工作的过程。

当防火墙收到内联网络访问外联网络的请求时,防火墙执行如下步骤:

(1)防火墙对收到的内部访问请求进行过滤,决定允许还是拒绝该访问请求通过;

(2)NAT 机制将请求中的源 IP 地址转换为防火墙处可以利用的一个公共 IP 地址;

(3)将变动后的请求信息转发往目的地;

当从目的地返回的响应信息到达防火墙的接口时,防火墙执行如下步骤:

(1)NAT 将响应数据包中的目的地址转换为发出请求的内联网络主机的 IP 地址;

(2)将该响应数据包发往发出请求的内联网络主机。

图 1-4 显示了上面所描述的过程。

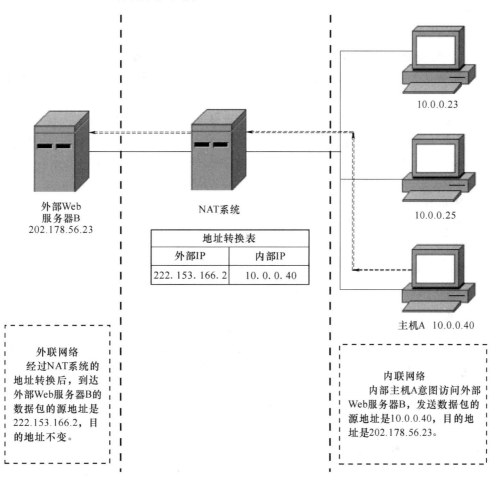

图 1-4   NAT 隐藏内联网络 IP 地址

4. 虚拟专用网(Virtual Private Network,VPN)

VPN 在不安全的公共网络(如 Internet)上建立一个逻辑的专用数据网络来进行信息的安全传递,目前已经成为在线交换信息的最安全的方式之一。但是传统的防火墙不能对 VPN 的加密连接进行解密检查,所以是不允许 VPN 通信通过的,VPN 设备也是作为单独产品出现的。现在越来越多的厂家将防火墙和 VPN 集成在一起,将 VPN 作为防火墙的一种新的技术配置。多数防火墙支持 VPN 加密标准,并提供基于硬件的加密,这既使得防火墙速度不减,又使其功能更加合理。在后续的章节中将对 VPN 技术进行详细的表述。

5. 用户身份认证(Authentication)

防火墙要对发出网络访问连接请求的用户和用户请求的资源进行认证,确认请求的

真实性和授权范围。系统整体安全策略确定了防火墙执行的身份认证级别。与此相应，防火墙一般支持多种身份认证方案，如 RADIUS、Kerberos、TACACS/TACACS＋、用户名＋口令、数字证书等。

6. 记录、报警、分析与审计（Record, Alerting, Analysis and Audit）

防火墙对所有通过它的通信量及由此产生的其他信息进行记录，并提供日志管理和存储方法。具体内容如下。

（1）自动报表、日志报告书写器：防火墙实现报表的自动化输出和日志报告功能；

（2）简要列表：防火墙按要求，如按照用户 ID 或 IP 地址，进行报表分类打印功能；

（3）自动日志扫描：防火墙的日志自动分析和扫描功能；

（4）图表统计：防火墙进行日志分析后以图形方式输出统计结果。

报警机制是在发生违反安全策略的事件后，防火墙向管理员发出提示通知的机制，各种现代通信手段都可以使用，包括 E-mail、呼机、手机等。

分析与审计机制用于监控通信行为，分析日志情况，进而查出安全漏洞和错误配置，完善安全策略。

需要注意的是，防火墙的日志记录量往往比较大，通常将日志存储在一台专门的日志服务器上。

7. 管理功能

防火墙的管理功能是将防火墙设备与系统整体安全策略下的其他安全设备联系到一起，并相互配合、协调工作的功能，是实现一体化安全必不可少的要素。

一般来说，防火墙的管理包括下列方面：

（1）根据网络安全策略编制防火墙过滤规则；

（2）配置防火墙运行参数：可以通过本地 Console 口配置、基于不同协议的远程网络化配置等方式进行；

（3）实现防火墙日志的自动化管理：实现日志文件的记录、转存、分析、再配置等过程的自动化和智能化；

（4）防火墙的性能管理：包括动态带宽管理、负载均衡、失败恢复等技术，也可以通过本地或者远程多种方式实现。

8. 其他特殊功能

除了上面描述的技术功能外，许多厂家为了显示各自产品的与众不同，还在防火墙中加入了很多其他的功能。例如，病毒扫描，有的防火墙具有防病毒功能，可以发现网络数据中包含的危险信息；信息过滤，防火墙能够过滤 URL、HTTP 携带的信息，Java Applet、Java Script、ActiveX 及电子邮件中的 Subject、To、From 域等网络应用信息内容；用户的特定权限设置，包括使用时间、邮件发送权限、邮件传输权限、使用的主机、进行的互联网应用等，这些内容依据用户需求的不同而不同。

1.4　防火墙的规则

1.4.1　规则的作用

防火墙执行的是组织或机构的整体安全策略中的网络安全策略,具体地说,防火墙是通过设置规则来实现网络安全策略的。防火墙规则可以告诉防火墙哪些类型的通信量可以进出防火墙。所有的防火墙都有一个规则文件,是其最重要的配置文件。

1.4.2　规则的内容分类

防火墙规则实际上就是系统的网络访问政策。一般来说可以分成两大类:一类称为高级政策,用来定义受限制的网络许可和明确拒绝的服务内容、使用这些服务的方法及例外条件;另一类称为低级政策,描述防火墙限制访问的具体实现及如何过滤高级政策定义的服务。

1.4.3　规则的特点

1. 防火墙的规则是整个组织或机构关于保护内部信息资源的策略的实现和延伸;
2. 防火墙的规则必须与网络访问活动紧密相关,理论上应该集中关于网络访问的所有问题;
3. 防火墙的规则必须既稳妥可靠,又切合实际,是一种在严格安全管理与充分利用网络资源之间取得较好平衡的政策;
4. 防火墙可以实施各种不同的服务访问政策。

1.4.4　规则的设计原则

防火墙的设计原则是防火墙用来实施服务访问政策的规则,是一个组织或机构对待安全问题的基本观点和看法。防火墙的设计原则主要有以下两个。

1. 拒绝访问一切未予特许的服务:在该规则下,防火墙阻断所有的数据流,只允许符合开放规则的数据流进出。这种规则创造了比较安全的内联网络环境,但用户使用的方便性很差,用户需要的新服务必须由防火墙管理员逐步添加。这个原则也被称为限制性原则。基于限制性原则建立的防火墙被称为限制性防火墙,其主要的目的是防止未经授权的访问。在这种"Deny All"的思想下,防火墙会默认地阻断任何通信,只允许一些特定的服务通过;

2. 允许访问一切未被特别拒绝的服务:在该规则下,防火墙只禁止符合屏蔽规则的数据流,而允许转发所有其他数据流。这种规则实现简单且创造了较为灵活的网络环境,但很难提供可靠的安全防护。这个原则也被称为连通性原则。基于连通性原则建立的防火墙被称为连通性防火墙,其主要的目的是保证网络访问的灵活性和方便性。在这种"Allow All"的思想下,防火墙会默认地让所有的连接通过,只会阻断屏蔽规则定义的通信。

如果侧重安全性,则第1种规则更加可取;如果侧重灵活性和方便性,则第2种规则更加合适。具体选择哪种规则,需根据实际情况决定。

需要特别指出的是,如果采用限制性原则,那么用户也可以采用"最少特权"的概念。最少特权指设计一个系统,它具有最少的特权。最少特权降低了各种操作的授权等级,减少了拥有较高特权的进程或用户执行未经授权的操作的机会,具有较好的安全性。

1.4.5 规则的顺序问题

规则的顺序问题是指防火墙按照什么样的顺序执行规则过滤操作。一般来说,规则是一条接着一条顺序排列的,较特殊的规则排在前面,而较普通的规则排在后面。但是目前已经出现可以自动调整规则执行顺序的防火墙。这个问题必须慎重对待,顺序的不同将会导致规则的冲突,以致造成系统漏洞。

1.5 防火墙的分类

根据参照标准的不同,防火墙有多种类型划分方式。下面选取几种主要的划分方式进行详细描述。

1.5.1 按防火墙采用的主要技术划分

1. 包过滤型防火墙

包过滤型防火墙工作在ISO 7层模型的传输层下,根据数据包头部各个字段进行过滤,包括源地址、端口号及协议类型等。

包过滤方式不是针对具体的网络服务,而是针对数据包本身进行过滤,适用于所有网络服务。目前大多数路由器设备都集成了数据包过滤的功能,具有很高的性价比。

包过滤方式也有明显的缺点:过滤判别条件有限,安全性不高;过滤规则数目的增加会极大地影响防火墙的性能;很难对用户身份进行验证;对安全管理人员素质要求高。

包过滤型防火墙包括以下3种类型。

(1) 静态包过滤(Packet Filtering Firewall)防火墙

静态包过滤防火墙是最传统的包过滤防火墙,根据包头信息,与每条过滤规则进行匹配。包头信息包括源IP地址、目的IP地址、源端口号、目的端口号、传输协议类型及ICMP消息类型等。

静态包过滤防火墙具有简单、快速、易于使用、成本低廉等优点。但也有维护困难、不能有效防止地址欺骗攻击、不支持深度过滤等缺点。总之,静态包过滤防火墙安全性较低。

(2) 动态包过滤(Dynamic Packet Filtering Firewall)防火墙

动态包过滤防火墙可以动态地决定用户可以使用哪些服务及服务的端口范围。只有当符合允许条件的用户请求到达后,防火墙才开启相应端口并在访问结束后关闭端口。

动态包过滤防火墙采用动态设置包过滤规则的方法,避免了静态包过滤防火墙端口开放的根本缺陷。在内、外双方实现了端口的最小化设置,减少了受到攻击的危险。同时,动态包过滤防火墙还可以针对每一个连接进行跟踪。

(3) 状态检测(Stateful Inspection)防火墙

如上所述,传统包过滤防火墙有两个重大的缺陷:一是当数据量很大时,防火墙往往无法承担重荷;二是指针对数据包本身进行过滤,无法提供全局的安全信息。而状态检测防火墙却巧妙地解决了这两个问题。

状态检测防火墙将网络连接在不同阶段的表现定义为状态,状态的改变表现为连接数据包不同标志位的参数的变化。状态检测防火墙不但根据规则表检查数据包,而且根据状态的变化检查数据包之间的关联性。该部分内容记录在状态连接表中,其中连接被定义为一个一个的网络会话。根据状态的定义和关联性,防火墙勾勒出安全策略允许的网络访问状态迁移包线。当网络访问超出这个包线时,防火墙就将作出阻断网络访问连接并记录告警等动作。

状态检测防火墙不但进行传统的包过滤检查,而且根据会话状态的迁移提供了完整的对传输层的控制能力。此外,状态检测防火墙还采用了多种优化策略,使得防火墙的性能获得大幅度的提高。

2. 代理型防火墙

代理型防火墙采用的是与包过滤型防火墙截然不同的技术。代理型防火墙工作在ISO 7层模型的最高层——应用层上。它完全阻断了网络访问的数据流:它为每一种服务都建立了一个代理,内联网络与外联网络之间没有直接的服务连接,都必须通过相应的代理审核后再转发。

代理型防火墙的优点非常突出:它工作在应用层上,可以对网络连接的深层的内容进行监控;它事实上阻断了内联网络和外联网络的连接,实现了内、外网的相互屏蔽,避免了数据驱动类型的攻击。

不幸的是,代理型防火墙的缺点也十分明显:代理型防火墙的速度相对较慢,当网关处数据吞吐量较大时,防火墙就会成为瓶颈。

代理型防火墙有如下 3 种类型。

(1) 应用网关(Application Gateway)防火墙

应用网关在防火墙上运行特殊的服务器程序,可以解释各种应用服务的协议和命令。它将用户发来的服务请求进行解析,在通过规则过滤与审核后,重新封包成由防火墙发出的、代替用户执行的服务请求数据,再进行转发。当响应返回时,再次执行上面的动作,只不过与上面的过程反向而已,防火墙将替代外部服务器对用户的请求信息作出应答。

（2）电路级网关（Circuit Proxy）防火墙

电路级网关工作在传输层上,用来在两个通信的端点之间转换数据包。由于它不允许用户建立端到端的 TCP 连接,数据需要通过电路级网关转发,所以将电路级网关归入代理型防火墙类型。

由于电路级网关的实现独立于操作系统的网络协议栈,所以通常需要用户安装特殊的客户端软件才能使用电路级网关服务。

（3）自适应代理（Adaptive Proxy）防火墙

为了解决代理型防火墙速度慢的问题,NAI 公司在 1998 年推出了具有"自适应代理"特性的防火墙。自适应代理防火墙主要由自适应代理服务器与动态包过滤器组成,它可以根据用户的配置信息,决定是使用代理服务从应用层代理请求还是从网络层转发包。为了保证有较高的安全性,开始的安全检查在应用层进行。当明确了会话的细节后,数据包可以直接经过网络层转发。自适应代理防火墙还可允许正确验证后的设备在发现重要的网络威胁时,根据防火墙管理员事先确定的安全策略,自动"适应"防火墙的级别。

1.5.2 按防火墙的具体实现划分

1. 多重宿主主机

多重宿主主机实际上是安放在内联网络和外联网络的接口上的一台堡垒主机。它要提供最少两个网络接口:一个与内联网络相连,另一个与外联网络相连。内联网络与外联网络之间的通信可通过多重宿主主机上的应用层数据共享或者应用层代理服务来完成。此外,多重宿主主机本身具有较强的抗攻击能力,安全性较高。多重宿主主机主要有双重宿主主机与双重宿主网关两种类型。

（1）双重宿主主机

一个双重宿主主机系统拥有两个不同的网络接口,分别用于连接内联网络和外联网络。内联网络和外联网络之间不能够直接通信,只可以通过双重宿主主机进行连接。双重宿主主机用于在内联网络和外联网络之间进行寻址,并通过其上的共享数据服务提供网络应用。双重宿主主机要求用户必须通过账号和口令登录到主机上才能够为用户提供服务。

双重宿主主机要求主机自身必须拥有较强的安全特性;必须支持多种服务、多个用户的访问需求,性能要高;必须能够管理在双重宿主主机上存在的大量用户账号。因此,双重宿主主机本身既是系统安全的瓶颈,又是影响系统性能的瓶颈,维护起来也很困难。

（2）双重宿主网关

双重宿主网关与双重宿主主机的不同点在于,双重宿主网关通过上面运行的各种代理服务器来提供网络服务。主机系统的路由功能是被禁止的,内联主机要访问外部站点时,必须先经过代理服务器的认证,然后再通过代理服务器访问外联网络。

双重宿主网关虽然通过代理服务器的应用解决了双重宿主主机账号管理的一些弊

端,但从体系结构上来说并没有变化,同时,代理服务器的服务响应比双重宿主主机的数据共享慢一些,灵活性较差。

2. 筛选路由器

筛选路由器又称为包过滤路由器、网络层防火墙、IP过滤器或筛选过滤器,通常是用一台放置在内联网络和外联网络之间的路由器来实现。它对进出内联网络的所有信息进行分析,并按照一定的信息过滤规则对进出内联网络的信息进行限制,允许授权信息通过,拒绝非授权信息通过。

筛选路由器具有速度快、提供透明服务、实现简单等优点。同时,也有安全性不高、维护和管理比较困难等缺点。

总之,筛选路由器只适用于非集中化管理、无强大的集中安全策略、网络主机数目较少的组织或机构。

3. 屏蔽主机

屏蔽主机的防火墙由内联网络和外联网络之间的一台过滤路由器和一台堡垒主机构成。它强迫所有外部主机与堡垒主机相连接,而不让它们与内部主机直接相连。为了达到这个目的,过滤路由器将所有的外部到内部的连接都路由到了堡垒主机上,让外联网络对内联网络的访问通过堡垒主机上提供的相应的代理服务器进行。对于内联网络到外联不可信网络的出站连接则可以采用不同的策略:有些服务可以允许绕过堡垒主机,直接通过过滤路由器进行连接;而其他的一些服务则必须经过堡垒主机上的运行该服务的代理服务器实现。

屏蔽主机的防火墙的安全性相对较高:它不但提供了网络层的包过滤服务,而且提供了应用层的代理服务。其主要缺陷是:筛选路由器是系统的单失效点;系统服务响应速度较慢;具有较大的管理复杂性。

4. 屏蔽子网

屏蔽子网与屏蔽主机在本质上是一样的,它对网络的安全保护通过两台包过滤路由器和在这两台路由器之间构筑的子网,即非军事区来实现。在非军事区里放置堡垒主机,还可放置公用信息服务器。

与外联网络相连的过滤路由器只允许外部系统访问非军事区内的堡垒主机或者公用信息服务器。与内联网络相连的过滤路由器只接受从堡垒主机来的数据包。内联网络与外联网络的直接访问是被严格禁止的。

相对于以上几种防火墙而言,屏蔽子网的安全性是最高的,它为此付出的代价是:要经过多级路由器和主机,使得网络服务性能下降;管理复杂度较高。

5. 其他实现结构的防火墙

其他结构的防火墙系统都是上述几种结构的变形,主要有:一个堡垒主机和一个非军事区、两个堡垒主机和两个非军事区、两个堡垒主机和一个非军事区等,目的都是通过设定过滤和代理的层次使得检测层次增多从而增加安全性。

1.5.3　按防火墙部署的位置划分

1. 单接入点的传统防火墙

单接入点的传统防火墙是防火墙最普通的表现形式。位于内联网络与外联网络相交的边界,独立于其他网络设备,实施网络隔离。

2. 混合式防火墙

混合式防火墙依赖于地址策略,将安全策略分发给各个站点,由各个站点实施这些策略。其代表产品为 CHECKPOINT 公司的 FIREWALL-1 防火墙。它通过装载到网络操作中心上的多域服务器来控制多个防火墙用户模块。多域服务器有多个用户管理加载模块,每个模块都有一个虚拟 IP 地址,对应着若干防火墙用户模块。安全策略通过多域服务器上的用户管理加载模块下发到各个防火墙用户模块。防火墙用户模块执行安全策略,并将数据存放到对应的用户管理加载模块的目录下。多域服务器可以共享这些数据,使得防火墙的多点接入成为可能。

混合式防火墙将网络流量分担给多个接入点,降低了单一接入点的工作强度,安全性、管理性更强,但网络操作中心是系统的单失效点。

3. 分布式防火墙

分布式防火墙是一种较新的防火墙实现方式:防火墙是在每一台连接到网络的主机上实现的,负责所在主机的安全策略的执行、异常情况的报告,并收集所在主机的通信情况记录和安全信息;同时,设置一个网络安全管理中心,按照用户权限的不同向安装在各台主机上的防火墙分发不同的网络安全策略;此外,还要收集、分析、统计各个防火墙的安全信息。

分布式防火墙的突出优点在于:可以使每一台主机得到最合适的保护,安全策略完全符合主机的要求;不依赖于网络的拓扑结构,接入网络完全依赖于密码标志而不是 IP 地址。

分布式防火墙的不足在于:难以实现;安全数据收集困难;网络安全中心负荷过重。

1.5.4　按防火墙的形式划分

1. 软件防火墙

顾名思义,软件防火墙的产品形式是软件代码,它不依靠具体的硬件设备,而纯粹依靠软件来监控网络信息。软件防火墙固然有安装、维护简单的优点,但对于安装平台的性能要求较高。

2. 独立硬件防火墙

独立硬件防火墙则需要专用的硬件设备,一般采用 ASIC 技术架构或者网络处理器,它们都为数据包的检测进行了专门的优化。从外观上看,独立硬件防火墙与集线器、交换机或者路由器类似,只是只有少数几个接口,分别用于连接内联网络和外联网络。

3. 模块化防火墙

目前,很多路由器都已经集成了防火墙的功能,这种防火墙往往作为路由器的一个可选配的模块存在。当用户选购路由器的时候,可以根据需要选购防火墙模块来实现自身网络的安全防护,这可以大大降低网络设备的采购成本。

1.5.5 按受防火墙保护的对象划分

1. 单机防火墙

单机防火墙的设计目的是为了保护单台主机网络访问操作的安全。单机防火墙一般是以装载到受保护主机的硬盘里的软件程序的形式存在的,也有做成网卡形式的单机防火墙存在,但是不是很多。受到载机性能所限,单机防火墙性能不会很高,无法与下面讲述的网络防火墙相比。

2. 网络防火墙

网络防火墙的设计目的是为了保护相应网络的安全。网络防火墙一般采用软件与硬件相结合的形式,也有纯软件的防火墙存在。网络防火墙处于受保护网络与外联网络相接的节点上,对于网络负载吞吐量、过滤速度、过滤强度等参数的要求比单机防火墙要高。目前,大部分的防火墙产品都是网络防火墙。

1.5.6 按防火墙的使用者划分

1. 企业级防火墙

企业级防火墙的设计目的是为企业联网提供安全访问控制服务。此外,根据企业的安全要求,企业级防火墙还会提供更多的安全功能。例如,企业为了保证客户访问的效率,第一时间响应客户的请求,一般要求支持千兆线速转发;为了与企业伙伴之间安全地交换数据,要求支持VPN;为了维护企业利益,要对进出企业内联网络的数据进行深度过滤等。可以说,防火墙产品功能的花样翻新与企业需求的多种多样是直接相关的,防火墙所有功能都会在企业的安全需求中找到。

2. 个人防火墙

个人防火墙主要用于个人使用计算机的安全防护,实际上与单机防火墙是一样的概念,只是看待问题的出发点不同而已。

1.6 防火墙的好处

防火墙作为一种重要的网络安全技术和设备,它带给使用者的好处是显而易见的,具体来说有以下几点。

1. 防火墙允许网络管理员定义一个"检查点"来防止非法用户进入内联网络,并抵抗各种攻击。网络的安全性在防火墙上得到加固,而不是增加受保护网络内部主机的负担;

2. 防火墙通过过滤存在安全缺陷的网络服务来降低受保护网络遭受攻击的威胁。只有经过选择的网络服务才能通过防火墙,脆弱的服务只能在系统整体安全策略的控制下,在受保护网络的内部实现;

3. 防火墙可以增强受保护节点的保密性,强化私有权。防火墙可以阻断某些提供主机信息的服务,如 Finger 和 DNS 等,使得外部主机无法获取这些有利于攻击的信息;

4. 防火墙有能力较精确地控制对内部子系统的访问。防火墙可以设置成允许外联网络访问内联网络的某些子系统,而不允许访问其他的子系统。这有效地增加了内联网络不同子系统的封闭性,使得系统整体安全策略的实施更加细致、深入;

5. 防火墙系统具有集中安全性。若受保护网络的所有或者大部分安全程序集中地放置在防火墙上,而非分散到受保护网络中的各台主机上,则安全监控的范围会更集中,监控行为更易于实现,安全成本也会更便宜;

6. 在防火墙上可以很方便地监视网络的通信流,并产生告警信息。正如前面所描述的,网络面临的问题不是是否会受到攻击,而是什么时候受到攻击,因此对通信流的监控是一项需要持之以恒的、耐心的工作;

7. 安全审计和管理是网络安全研究的重要课题,而防火墙恰恰是审计和记录网络行为最佳的地方。由于所有的网络访问流都要经过防火墙,所以网络管理员可以在防火墙上记录、分析网络行为,并以此检验安全策略的执行情况或者改进安全策略;

8. 防火墙不但是网络安全的检查点,它还可以作为向用户发布信息的地点,即防火墙系统可以包括 WWW 服务器和 FTP 服务器等设备,并且允许外部主机进行访问;

9. 最根本的是,防火墙为系统整体安全策略的执行提供了重要的实施平台。如果没有防火墙,那么系统整体安全策略的实施多半靠的是用户的自觉性和内联网络中各台主机的安全性。但是实践已经证明,这种方法不具有可行性。网络安全建设在某种程度上可以说是对内部人员对网络安全的漠视与无知的"拉锯战"。而防火墙则可以忠实地执行既定的网络安全策略,无需反复地进行教育、培训和"斗争"。

正是由于防火墙技术的这些显而易见的优势,所以从现在到将来的相当长的一段时间内,防火墙技术仍然是保证系统安全的主要技术。

1.7　防火墙的不足

虽然使用防火墙为用户带来了许多的好处,但是一定要记住:防火墙不是万能的,它只是系统整体安全策略的一部分,还有相当的局限性。下面就来说说防火墙的不足之处。

1.7.1　限制网络服务

安全和自由向来都是一对矛盾体。防火墙为了保证内联网络的安全,必须要对进出内联网络的数据流进行监控,并且会拒绝它认为将对内联网络产生威胁的数据。相应地,许多不安全的网络服务就被防火墙阻断了。可是,如果要充分地享有上网的自由,很多被防火墙阻断的网络服务又是必不可少的。总之,必须要在安全与自由之间找到一个妥协点、平衡点。一般来说,在组织或机构的内联网络中,组织或机构的利益永远是高于个人利益的;在纯属个人的使用环境里,安全地使用计算机要比病毒、木马带来的麻烦重要得多。

1.7.2　对内部用户防范不足

防火墙虽然可以过滤网络数据,但是对于相对容易地获取数据的内部用户来说,网络只是数据传递的途径之一,还可以直接复制到软盘、光盘或者移动硬盘等存储介质中带走。甚至内部用户还可以修改或破坏防火墙的配置程序或硬件设备,使得即使使用网络传递信息,防火墙也不会察觉。

如果入侵者就在内联网络中,与其他合法的内部用户一样,他的行为防火墙也是难以控制的。

目前,针对这个问题的解决办法是加强防火墙对内部用户的审计功能、加强对内部用户的教育和管理、采用多级防火墙等,但是还是不能完全解决这个问题。

1.7.3　不能防范旁路连接

以上一直在强调一切网络连接都要通过防火墙,其中隐含的意思就是防火墙不能控制不通过它的网络连接。例如,内联网络的某个用户在未经允许的情况下,擅自申请了一个外网连接,一般都是向当地的电信服务商申请一个拨号账号。那么机构或组织的防火墙对这个拨号连接将无能为力。相反地,外部攻击者很有可能通过这个拨号连接进入到内联网络实施破坏行为。图 1-5 显示了这种极具破坏性的行为。

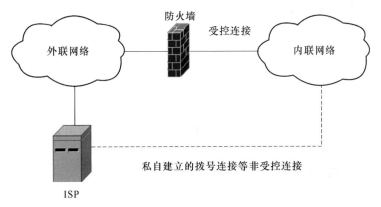

图 1-5　绕过防火墙进行网络连接

1.7.4　不适合进行病毒检测

防火墙的主要工作是对网络数据和服务及用户行为依据既定策略进行访问流向、数据级别和访问权限等的控制。病毒一般作为数据包的载荷部分传递,而且经过分片打包等过程,很难确定数据流中哪些具体的载荷是病毒代码。即使防火墙进行了深度的内容过滤,它还要启动病毒的检测引擎对病毒进行确定、分类,最后才实施报警和阻断功能。这个过程将要耗费大量的系统资源,数据包的检测速度也会变得很慢。此外,病毒的产生速度远比病毒库的更新速度快得多,不断地更新病毒库会耗费相当多的防火墙资源,影响防火墙对数据包的检测。总之,病毒检测不是防火墙的"主业",一旦实施该项功能会对防火墙的性能产生较大的影响。需要注意的是,防火墙不是不能支持病毒检测的功能,只不过会对防火墙的性能产生不利的影响,是否添加这个功能需要用户对自己的安全需求有一个明确的决定。

1.7.5　无法防范数据驱动型攻击

数据驱动型攻击将攻击代码伪装成正常的程序,通过电子邮件等网络数据传递系统发送到目标网络中的某台主机上。一旦用户警惕性不高,疏于检查,直接执行攻击代码,则主机相关的安全文件将被修改,而外部的攻击者则会趁机利用被修改后的漏洞侵入主机实施侵害行为。

使用代理服务器是抵御数据驱动型攻击的有效手段,此外还需要制定一套严格的规章制度,加强对内部用户的网络安全教育。

1.7.6　无法防范所有的威胁

总的来说防火墙是一种被动的防御手段,只能对已有的攻击进行有效的防范。虽然现代许多防火墙拥有了智能学习的功能,但随着网络上系统软件、应用软件技术的不断进步和应用范围的日益广泛,防火墙不可能完全防御随之而来的各种新的攻击行为。所以,千万不要认为防火墙是万能的!目前,这个问题的解决方法只能靠防火墙管理人员不断地跟踪业界安全技术发展的情况,不断地对防火墙的策略规则作出调整。

1.7.7　配置问题

从防火墙无法防范所有的威胁的不足之处,还引申出对人的较高要求,即防火墙管理人员必须拥有较深的信息安全相关知识,并具有较高的计算机网络安全技术水平。很多防火墙引起的安全问题并非是由于防火墙本身的缺陷,而是防火墙管理人员在配置防火墙尤其是配置过滤规则时出现了错误,这种错误是很难避免的。一个防火墙的规则少则几十条、数百条,多则成千上万条,规则与规则之间的关系是极为复杂的,有互斥、并列、包含等多种。随着网络应用的不断深入,不同的规则又逐步添加进规则库,它们与以前的规则间的关系需要认真考虑。在这个过程中只要稍有不慎就会造成规则的屏蔽等系统漏洞。解决的办法只有加强防火墙管理人员的岗位技能培训,加强对规则库的研究和管理。

1.7.8　无法防范内部人员泄露机密信息

有一种网络攻击手段叫做"社会工程"攻击。即黑客冒充网络管理人员或者新雇员,诱惑其他没有防范心理的内部用户提供自己的用户名和密码或授予其临时的网络访问权限,然后通过这些重要信息对内联网络展开攻击。对此,防火墙无能为力。可行的解决办法是制定严格的保密制度防止机密信息外泄;加强对内部人员的教育,使之了解账户和密码的重要性并熟知如何维护自己的账户和密码。

1.7.9　速度问题

一直以来,防火墙的性能为用户所诟病。在宽带技术已经普及的今天,在网络流量汇聚节点上进行线速而且全面深入的数据检查确实是一件非常困难的事情。人们开发出了许多新的软件和硬件技术来改进防火墙,但是依然没有完全跟上网络速度的步伐。最明显的表现就是,一旦启动防火墙,用户端就会感到数据访问的速度变慢了。

1.7.10　单失效点问题

现在还有很多传统的防火墙在使用,而且在可预见的将来依然是防火墙应用的主流。传统的防火墙主要将防火墙置于内联网络和外联网络相连接的关键点处。在这种情况下,防火墙成为了系统网络访问的瓶颈——一旦防火墙失效,内联网络与外联网络的连接将断开。虽然混合式防火墙部分解决了这个问题,将一个点的压力分散给多个防火墙模块共同承担,但还是存在着网络操作中心这个单失效点。分布式防火墙虽然从原理上解决了这个问题,但其实现上还有很多的问题需要仔细研究和处理。总之,从目前看来,这个问题只有依赖于计算机软件和硬件技术通过未来的发展来解决了。

尽管如上所述,防火墙存在着这样和那样的问题,但其仍然不失为一种好的网络安全技术和设备。用户面临的大部分的安全威胁,防火墙都可以进行有效的处理。只要配合精心制定的、合适的系统整体安全策略,加强人、设备、制度的建设,防火墙将会发挥极大

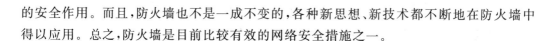

的安全作用。而且,防火墙也不是一成不变的,各种新思想、新技术都不断地在防火墙中得以应用。总之,防火墙是目前比较有效的网络安全措施之一。

1.8 相关标准

随着信息安全理论和技术的飞速发展,应用这些安全技术建设的信息系统也越来越多,信息安全建设已经成为一个非常热门的行业。每个行业都有自己的行业标准,即行业生产建设的依据和尺度,信息安全行业也不例外。信息安全行业的标准直接指导了信息安全产品的生产、销售和采购,信息安全系统的建设、运行、评估和管理。与其配套的电子信息法律、法规还规定了对信息犯罪的处罚等。信息安全标准对于信息安全行业的科学发展具有重要的意义,大多数发达国家都将这些标准的制定工作作为本国信息化建设的重要任务之一。防火墙作为一种主要的信息安全设备也有相应的标准,本节将介绍国内外信息安全标准的制定情况,尤其是与防火墙有关的标准。

1.8.1 国外的信息安全标准

发达国家很早就制定了各自的信息安全标准作为指导安全信息建设方方面面的纲领性文件。主要有美国可信计算机安全评价标准(TCSEC)、加拿大可信计算机产品评价准则(CTCPEC)、欧洲信息技术安全评价准则(ITSEC)、美国信息技术安全评价联邦准则(FC)等标准。而ISO在上述各国的推动下,以上述各国的标准为基础制定了著名的信息技术安全性评估准则,也称为通用准则——CC,标准号为ISO/IEC 15408。由于各国的标准主要参考蓝本是美国的TCSEC,而CC则是目前国际公认的通用准则,所以下面主要讲解这两个标准。

1. 可信计算机安全评价标准(TCSEC)

TCSEC于1970年由美国国防科学委员会提出,并于1985年12月由美国国防部公布。TCSEC是计算机系统安全评估的第一个正式标准,对信息安全标准化建设具有重要的意义,又被称为"橘皮书"。

TCSEC的重点在于提供对敏感信息的机密性保护。它将系统安全概括为6个方面:安全策略、标识、鉴别、责任、保证和持续的保护。整个标准分成两大部分:一是安全等级的划分,二是该准则开发的目的、原理和美国政府的政策,同时提供了隐蔽通道、强制访问控制和安全测试的开发指南。其中,使用最为广泛的就是第1部分——安全等级的划分。TCSEC将信息安全等级划分为从高到低的A、B、C、D 4等和A1、B3、B2、B1、C2、C1、D 7级。表1-3描述了各个等级的名称和主要特征。

表 1-3 TCSEC 分级标准

级　别	名　称	特征描述
D	最小保护	保护措施很少,没有安全功能
C1	自主安全保护	采用可信任运算基础体制(Trusted Computing Base,TCB)将用户和数据分离,满足自主需求。各种控制能力组合成一个整体,每一个实体独立地实施访问控制能力。用户能够保护个人信息和防止其他用户的读取和破坏,但还不足以保护系统中的敏感信息
C2	控制访问保护	比 C1 级系统更细粒度的自主访问控制。用户通过登录程序、相关安全事件的审计和资源隔离等措施单独地为它们的行为负责。客体重用的规定,确保存储信息再分配时,不会泄露给一个新的用户。C2 级是处理敏感信息所需的最低安全级别
B1	基于标签的安全保护	首个需要强制访问控制的安全级别。除 C2 级安全需求外,系统必须给出安全策略模型、数据敏感度标签和访问控制的非形式化描述。系统必须能够精确标识数据
B2	结构化安全保护	设计系统时必须有一个合理的总体设计方案,面向安全的体系结构,遵循最小授权原则,较好的抗渗透能力,访问控制应对所有的主体和客体进行保护,能对系统进行隐蔽通道分析
B3	安全域机制	TCB 必须监控所有客体到主体的访问,必须能防串扰,必须足够小以方便分析和测试。对系统结构作了进一步的限制,要求支持安全管理员的功能,将审计机制扩充到信号的相关安全事件,需要可信的系统恢复过程
A1	可验证的安全设计	形式化的最高级描述和验证,形式化的隐蔽通道分析,非形式化的代码执行证明。功能上等价于 B3 级。存在一个可信的分发系统

2. 信息技术安全性评估准则(CC)

首先来了解一下通用准则的发展历程。第一个有关信息技术安全评价的标准——TCSEC——于 20 世纪 80 年代在美国发布。从 20 世纪 90 年代开始,一些国家和国际组织相继提出了新的安全评价准则。1991 年,欧共体发布了信息技术安全评价准则(ITSEC)。综合了 TCSEC 和 ITSEC 两个准则的优点,加拿大于 1993 年发布了加拿大可信计算机产品评价准则(CTCPEC)。同年,美国对 TCSEC 进行了修改补充,吸收 ITSEC 的优点,发布了信息技术安全评价联邦准则(FC)。1996 年,六国七方(英国、加拿大、法国、德国、荷兰、美国国家安全局和英国标准技术研究所)共同起草了一份信息技术安全性通用评估准则 CC 1.0 版。1998 年,六国七方又公布了 CC 2.0 版。1999 年 12 月,ISO 接受 CC 为国际标准 ISO/IEC 15408 标准,并正式颁布发行。

CC 发布的目的是建立一个各国都能接受的通用的安全评价准则,国家与国家之间可以通过签定互认协议来决定相互接受的认可级别,这样能使基础性安全产品在通过 CC 准则评价并得到许可进入国际市场时,不需要再作评价。

CC 共分为 3 部分:

(1)第 1 部分　简介和一般模型。介绍了 CC 中的有关术语、基本概念和一般模型及与评估有关的一些框架,附录部分主要介绍保护轮廓(PP)和安全目标(ST)的基本内容。与传统的软件系统设计相比较,PP 实际上就是安全需求的完整表示,ST 则是通常所说的安全方案;

(2)第 2 部分　安全功能要求。按"类—子类—组件"的方式提出安全功能要求,每

一个类除正文以外,还有对应的提示性附录作进一步的解释;

(3) 第3部分　安全保证要求。定义了评估保证级别,介绍了 PP 和 ST 的评估,并按"类—子类—组件"的方式提出安全保证要求。

CC 的中心内容是:当在 PP(安全保护框架)和 ST(安全目标)中描述 TOE(评测对象)的安全要求时,应尽可能使用其与第 2 部分描述的安全功能组件和第 3 部分描述的安全保证组件相一致。

CC 不包括如下的内容:

(1) 与信息技术安全措施没有直接关联的属于行政管理的安全措施;

(2) 信息技术安全性的物理方面;

(3) 密码算法的质量评价。

CC 在对安全保护框架和安全目标的一般模型进行介绍以后,分别从安全功能和安全保证两方面对 IT 安全技术的要求进行详细描述。

(1) 安全功能要求

CC 将安全功能要求分为 11 类:安全审计类、通信类(主要是身份真实性和抗抵赖)、密码支持类、用户数据保护类、标识和鉴别类、安全管理类(与 TSF 有关的管理)、隐秘类(保护用户隐私)、TSF 保护类(TOE 自身安全保护)、资源利用类(从资源管理角度确保 TSF 安全)、TOE 访问类(从对 TOE 的访问控制确保安全性)和可信路径/信道类。其中,前 7 类安全功能是提供给信息系统使用的,而后 4 类安全功能是为确保安全功能模块(TSF)的自身安全而设置的,因此可以看成是对安全功能模块自身安全性的保证。

CC 将这些安全类又分为子类,子类中又分为组件。组件是对具体安全要求的描述。每一个子类中的具体安全要求也是有差别的,但 CC 没有以这些差别作为划分安全等级的依据。

(2) 安全保证要求

具体的安全保证要求分为 8 类:配置管理类、分发和操作类、开发类、指导性文档类、生命周期支持类、测试类、脆弱性评定类和保证的维护类。

按照对上述 8 类安全保证要求的不断递增,CC 将 TOE 分为 7 个安全保证级:第 1 级——功能测试级;第 2 级——结构测试级;第 3 级——系统测试和检查级;第 4 级——系统设计、测试和复查级;第 5 级——半形式化设计和测试级;第 6 级——半形式化验证的设计和测试级;第 7 级——形式化验证的设计和测试级。

1.8.2　我国的信息安全标准

随着我国计算机安全技术的不断进步,信息安全建设对可以依据的法规和标准的需要也越来越迫切。信息安全法规和标准的设定直接关系到整个信息系统建设的全过程的科学化、规范化管理,建设的信息系统与外部之间的互连互通性及信息系统安全性的评估等多个重要的问题。而且,这也是信息安全学科同世界接轨、与国际标准接轨的重要步骤之一。

我国已经在这个方面做了大量的工作,我国的信息安全标准正逐步走向完善。表1-4是我国的信息安全标准的部分名录,内容来源于国家信息中心。

表1-4 部分国家信息安全标准名录

序　号	标 准 号	标 准 名 称
1	GB/T 15843.1—1999	信息技术 安全技术 实体鉴别 第1部分:概述
2	GB 15843.2—1997	信息技术 安全技术 实体鉴别 第2部分:采用对称加密算法的机制
3	GB/T 15843.3—1998	信息技术 安全技术 实体鉴别 第3部分:用非对称签名技术的机制
4	GB/T 15843.4—1999	信息技术 安全技术 实体鉴别 第4部分:采用密码校验函数的机制
5	GB 15851—1995	信息技术 安全技术 带消息恢复的数字签名方案
6	GB 15852—1995	信息技术 安全技术 用块密码算法做密码校验函数的数据完整性机制
7	GB 17859—1999	计算机信息系统 安全保护等级划分准则
8	GB/T 17901.1—1999	信息技术 安全技术 密钥管理 第1部分:框架
9	GB/T 17902.1—1999	信息技术 安全技术 带附录的数字签名 第1部分:概述
10	GB/T 17903.1—1999	信息技术 安全技术 抗抵赖 第1部分:概述
11	GB/T 17903.2—1999	信息技术 安全技术 抗抵赖 第2部分:使用对称技术的机制
12	GB/T 17903.3—1999	信息技术 安全技术 抗抵赖 第3部分:使用非对称技术的机制
13	GB/T 17964—2000	信息技术 安全技术 n位块密码算法的操作方式
14	GB/T 18019—1999	信息技术 包过滤防火墙安全技术要求
15	GB/T 18020—1999	信息技术 应用级防火墙安全技术要求
16	GB/T 18238.1—2000	信息技术 安全技术 散列函数 第1部分:概述
17	GB/T 18238.2—2002	信息技术 安全技术 散列函数 第2部分:采用n位块密码的散列函数
18	GB/T 18238.3—2002	信息技术 安全技术 散列函数 第3部分:专用散列函数
19	GB/T 18336.1—2001	信息技术 安全技术 信息技术安全性评估准则 第1部分:简介和一般模型
20	GB/T 18336.2—2001	信息技术 安全技术 信息技术安全性评估准则 第2部分:安全功能要求
21	GB/T 18336.3—2001	信息技术 安全技术 信息技术安全性评估准则 第3部分:安全保证要求
22	GB/T 19713—2005	信息技术 安全技术 公钥基础设施 在线证书状态协议
23	GB/T 19714—2005	信息技术 安全技术 公钥基础设施 证书管理协议
24	GB/T 19715.1—2005	信息技术 信息技术安全管理指南 第1部分:信息技术安全概念和模型
25	GB/T 19715.2—2005	信息技术 信息技术安全管理指南 第2部分:管理和规划信息技术安全
26	GB/T 19716—2005	信息技术 信息安全管理实用规则
27	GB/T 15843.5—2005	信息技术 安全技术 实体鉴别 第5部分:使用零知识技术的机制
28	GB/T 17902.2—2005	信息技术 安全技术 带附录的数字签名 第2部分:基于身份的机制
29	GB/T 17902.3—2005	信息技术 安全技术 带附录的数字签名 第3部分:基于证书的机制
30	GB/Z 19717—2005	基于多用途互联网邮件扩展(MIME)的安全报文交换
31	GB/T 16264.8—2005	信息技术 开放系统互连 目录 第8部分:公钥和属性证书框架

序　号	标　准　号	标　准　名　称
32	GB/T 19771—2005	信息技术 安全技术 公钥基础设施 PKI组件最小互操作规范
33	GB/T 20008—2005	信息安全技术 操作系统安全评估准则
34	GB/T 20009—2005	信息安全技术 数据库管理系统安全评估准则
35	GB/T 20010—2005	信息安全技术 包过滤防火墙评估准则
36	GB/T 20011—2005	信息安全技术 路由器安全评估准则

防火墙作为信息安全的重要技术产品之一，它的设计、生产和使用都有相应的专门标准可以参照。而且，防火墙是一种集成的技术平台，涉及许多安全技术，所以在很多其他的标准里也会有关于防火墙的规定。在这里着重介绍防火墙的两个主要的专用标准：《信息技术——包过滤防火墙安全技术要求》(GB/T 18019—1999)和《信息技术——应用级防火墙安全技术要求》(GB/T 18020—1999)。它们是目前国内各种防火墙产品的设计、生产和评估的主要参考标准。

上述这两个我国的国家标准都是以前面介绍的《信息技术安全性评估准则》(即CC——ISO/IEC 15408)为基础制定的。《信息技术——包过滤防火墙安全技术要求》主要规定了采用"传输控制协议/网间协议"的包过滤防火墙的安全技术要求，而《信息技术——应用级防火墙安全技术要求》主要规定了应用级防火墙的安全技术要求。

《信息技术安全性评估准则》是一个国际通用的信息安全产品和系统安全性评价准则的集合。我国按照该准则的标准，定义了对防火墙的功能要求，包括5个功能类：用户数据保护、标识与鉴别、密码支持、可信安全功能保护和安全审计。包过滤防火墙和应用级防火墙针对每个功能类实现不同级别的功能组件。下面将着重介绍这5个功能类都有什么样的内容。

1．用户数据保护

该功能类包括以下几部分内容。

(1) 完整的客体访问控制

完整的客体访问控制指防火墙应该设置好完善的访问控制策略。包过滤防火墙应该通过数据包包头的信息控制访问，并采用控制地址和屏蔽端口的方法保障授权访问。应用级防火墙应该合理设置代理服务控制访问，并在有鉴别的端到端通信策略中利用"用户账号＋口令"的方式在应用级实现用户鉴别和过滤来保障授权访问。

(2) 多种安全属性访问控制

多种安全属性访问控制指防火墙能实现多种访问控制条件的判定。包括是否假冒内联网络地址进行访问，是否假冒广播地址进行访问，是否使用保留地址进行访问及是否使用环路测试地址进行访问。这一点应用级防火墙通过代理容易实现，而包过滤防火墙只有结合新的智能IP控制和深度包过滤才能实现。

（3）资源分配时对遗留信息的保护

资源分配时对遗留信息的保护指防火墙针对重放类型攻击行为的防御。要求防火墙绝对不提供给客体以前的信息，防止信息泄露，重点是对寄存器和缓存的处理。

（4）管理员属性的修改和查询

管理员属性的修改和查询要求防火墙子系统独立于内联网络的其他系统以提高安全性。高级管理员可以修改低级管理员的权限，以及监控和修改各种数据和参数。

2. 标识与鉴别

该功能类包括以下几部分内容。

（1）授权管理员和可信主机鉴别数据初始化及基本保护

授权管理员和可信主机鉴别数据初始化及基本保护指针对管理对象和受保护对象的鉴别数据的处理。要求任何管理对象和受保护对象都应该向防火墙设置唯一的标识符作为可信鉴别的凭证，而防火墙负责保证这些鉴别数据的安全。

（2）鉴别失败的基本处理

鉴别失败的基本处理指对鉴别操作失败情况的处理，主要是限制输入尝试次数及超过允许次数的系统锁定动作。

（3）授权管理员、可信主机和主机属性的初始化及唯一属性定义

授权管理员、可信主机和主机属性的初始化及唯一属性定义指对防火墙管理人员和用户进行管理权限和访问权限的设置。该设置能够确定每个人员的唯一安全属性，保障权限分配的最小化，减少因权限被错误设置而造成的系统访问漏洞。

（4）授权管理员的基本鉴别

授权管理员的基本鉴别指利用多种有效手段对防火墙管理人员的身份进行认证，防止鉴别数据的重用。尤其对于应用级防火墙，还需要通过安全操作系统、限制防火墙访问人数、次数和时间等策略进行进一步的加强。

3. 密码支持

该功能类指按照国家有关规定，防火墙可以使用多种密码算法来支持数字签名、身份认证、完整性校验、密钥管理和安全保密传输等密码应用。具体算法一般有 DES，3DES，IDEA，RSA，MD5，RC5 及 SHA-1 等。

4. 可信安全功能保护

该功能类包括以下几部分内容。

（1）防火墙安全策略的不可旁路性

防火墙安全策略的不可旁路性指防火墙必须是所有进出内联网络的数据流的转接点，任何内联网络与外联网络之间的通信都不能绕过防火墙。这一点通常通过完善的系统整体安全策略来实现，但是包过滤防火墙和应用级防火墙做得都不够好。

（2）安全功能区域分隔

安全功能区域分隔指防火墙利用 VLAN 等技术将其自身和各主体区域都设置为独

立的安全区,以保证可信区免受不可信主体的破坏,对未分离区域评估对象的安全功能部分实行访问控制和信息流控制策略。

（3）安全管理角色及管理功能

安全管理角色及管理功能定义了在安全管理方面防火墙的功能、管理方式等内容及对防火墙管理人员明确其职责范围、严禁越权操作的要求。

5．安全审计

该功能类包括以下几部分内容。

（1）审计数据生成

审计数据生成指防火墙对日志系统的分级、分类、记录和运行等操作。

（2）审计跟踪及审计查阅管理

审计跟踪及审计查阅管理组件要求主要是针对防火墙的管理人员提出的。它规定了防火墙管理人员对于审计事件的确定、日志的存储、日志的日常授权操作及报警的方式、方法等内容。

（3）防止审计数据丢失

防止审计数据丢失组件特别强调了审计数据的存储管理问题,强调以多种手段维持审计数据库的正常工作状态,防止数据丢失。

安全需求必然要与安全措施相连接才能得以实现。具体的安全实现技术在后续章节进行讲解,这里不再赘述。

1.9　本章小结

本章主要是为了阐明以下几个问题:首先,防火墙是位于内联网络和外联网络交界处的隔离系统,它通过限制内联网络和外联网络之间的信息交换来保证系统的安全性。其次,防火墙的设置与7层结构的安全模型相互对应,在7层模型的不同层次实现不同级别的安全控制功能。再次,防火墙具有阻塞点、隔离内联网络和外联网络、限制外联网络对内联网络的访问、网络安全功能集成平台、审计和记录网络通信量等功能。最后,防火墙的规则就是防火墙的灵魂,是系统整体安全策略在防火墙中的具体实施。总之,防火墙具有加强网络安全、实现对进出内联网络的通信量的精细控制等优点,同时也存在着对内防范不严、影响网络访问速度、限制网络服务等不足。此外,本章还讲述了国内外有关信息安全的标准问题。以本章的内容为铺垫,下一章将对防火墙的核心安全技术进行重点讲解。

第 2 章

防火墙的关键技术

防火墙之所以能够有效地执行安全控制功能,是因为其采用了多种安全技术。本章将对防火墙采用的主要的访问控制技术进行详细讲解,让读者了解这些关键的安全技术是如何工作的,有什么样的优、缺点。但是需要注意的是,本章只是论述应用到防火墙上的基础性的安全技术,而并非所有的安全技术。这是因为防火墙本身就是一个安全技术的集成平台,随着信息安全研究的不断深入,以及网络应用需求的变化,其集成的安全技术也会随之变化。但是,本章所述的几种基础技术在可见的未来是不会发生太大的变化的。

2.1 TCP/IP 简介

防火墙的操作对象是网络中的数据流,而所有数据流都是基于不同的网络协议的,因此对数据流协议的分析是防火墙的基础功能。目前绝大部分的网络都采用 TCP/IP 族作为实现网络通信的基础。本节将对防火墙最常遇到也是最重要的 TCP、UDP、IP 及 ICMP报文的格式和各字段的意义进行简要地讲解。

2.1.1 IP

网际协议(Internet Protocol,IP)是 TCP/IP 的基础协议,也是安全控制技术的基础操作对象。图 2-1 描述了 IP 数据包的格式。

0	4	8	16	19	24	31

版 本 号	首部长度	服 务 类 型	总 长 度			
标 识 符			标 志	分片偏移量		
寿 命		协 议	首部校验和			
源 IP 地 址						
目 的 IP 地 址						
IP 选 项					填 充	
数 据						

图 2-1 IP 数据包的格式

下面详细描述 IP 数据包各个字段的含义。

1. 版本号(Version)

该字段占 4 位,用来识别 IP 数据包的版本。通信双方使用的 IP 版本必须一致。版本 4(IPv4)是目前最常见的,以后会由 IPv6 替代。

2. 首部长度(Internet Header Length)

该字段占 4 位,可表示的最大数值是 15 单位(一个单位是 4 字节),即 IP 的首部长度最大值是 60 字节。当 IP 数据包首部长度不是 4 字节的整数倍时,要用全 0 的填充字段进行填充。最常用的首部长度是 20 字节,即不使用任何选项。

3. 服务类型(Type of Service)

该字段占 8 位,表示通过网络传送数据包所期望的服务质量。

(1) 前 3 位表示优先级,可使数据包具有 8 个优先级中的一个;

(2) 第 4 位为 Delay Bit,表示要求更低的时延;

(3) 第 5 位为 Throughput Bit,表示要求更高的吞吐量;

(4) 第 6 位为 Reliability Bit,表示要求更高的可靠性,不容易被路由器丢弃;

(5) 第 7 位为 Cost Bit,表示要求选择代价更小的路由;

(6) 第 8 位尚未使用。

4. 总长度(Total Length)

该字段占 16 位,指首部和数据字段的总长度,单位是字节,因此数据包的最大长度为 65 535(64 K)字节。

5. 标识符(Identification)

该字段占 16 位,用来产生数据包的唯一标识。

6. 标志(Flags)

该字段占 3 位。

(1) 最低位称为 MF(More Fragment)。为 1 表示后面还有分片;为 0 表示这已经是某数据包分片的最后一个;

（2）中间位称为 DF(Don't Fragment)。为 1 表示不允许数据包分片；为 0 表示允许数据包分片。

7. 分片偏移量(Fragment Offset)

分片是 IP 数据包的一个特殊功能。虽然总长度字段决定了 IP 数据包的最大长度可以达到 65 535 字节，但是 IP 数据包需要通过数据链路层数据帧的承载来实现网络传输。数据帧的数据字段的大小根据数据链路层协议的不同而不同，以太网最大的数据帧的数据字段为 1 500 字节。因此，IP 数据包不得不将自身分解为小的数据片断才能放到数据帧的数据字段中，这个过程称为分片。分片并不只是简单的数据分割，一般是将 IP 数据包的数据部分按照 8 位组的整数倍进行等分，并从零开始计数。而 IP 数据包完整的头部只复制给第 1 个分片，后续分片只复制原 IP 数据包头部的部分信息(只有传输必须的部分，没有选项等字段)。

既然有分片的操作，那么在接收端必然还要有一个重组的操作，IP 数据包分片通过标识符字段值这个 IP 数据包的唯一标识进行重组。接收端将这些具有同一标识符且 MF 为 1 的分片缓存起来，直至某个分片的 MF 为 0 为止。

数据分片的重组顺序由分片偏移量的值来确定。分片偏移量的值是该分片在原始 IP 数据包中的位置。

8. 寿命(TTL)

该字段占 8 位，即 IP 数据包在网络中的寿命。单位原来是秒，现在改为 IP 数据包在网络中可通过的最大的路由器跳数。

9. 协议(Protocol)

该字段占 8 位，指明该 IP 数据包携带的数据使用何种协议。

10. 首部校验和(Header Checksum)

该字段占 16 位，用于保证首部数据的完整性。首先假定首部校验和字段部分全 0，其次将首部分成 16 比特整数序列，再次对每个整数序列分别计算其二进制反码，然后相加，最后将所得结果取其二进制反码记入到首部校验和字段。

11. 源 IP 地址(Source IP Address)

发送 IP 数据包的网络主机或设备的地址。

12. 目的 IP 地址(Destination IP Address)

接收 IP 数据包的网络主机或设备的地址。

13. IP 选项(Options)

IP 选项是可变长字段，从 1～40 字节不等，选项间无需分隔符。其功能包括源路由、记录路由和时间戳等多种。

14. 填充(Filling)

全 0，用于将首部补齐成 4 字节的整数倍。

15. 数据（Data）

IP 数据包承载的上层协议数据。

2.1.2 TCP

传输控制协议（Transmission Control Protocol，TCP）是 TCP/IP 族传输层两大协议之一，承担着提供用户面向连接的服务。其协议报文格式如图 2-2 所示。

0 1 2 3 4 5 6 7 8 9 10 11 12 13 14 15	16 17 18 19 20 21 22 23 24 25 26 27 28 29 30 31
源　端　口	目　的　端　口
序　　号	
确　认　号	

数据偏移	保　留	紧急比特	确认比特	推送比特	复位比特	同步比特	终止比特	窗　　口

校　验　和	紧急指针
选　项	填　充
数　据　部　分	

图 2-2　TCP 报文格式

下面将详细描述 TCP 报文各字段的含义。

1. 源端口

该字段占 2 字节，发送数据的端口号。

2. 目的端口

该字段占 2 字节，接收数据的端口号。

3. 序号

该字段占 4 字节，整个数据的起始序号在连接建立时设置，每个数据报文中的序号字段值是本报文字段所发送数据的第 1 个字节的序号。

4. 确认号

该字段占 4 字节，是期望收到对方的下一个报文字段的数据的第 1 个字节的序号。

5. 数据偏移

该字段占 4 位，指明 TCP 报文字段的数据部分起始处与 TCP 报文字段的起始处的距离，即 TCP 报文首部长度，以 32 为单位。TCP 报文首部最长为 2^{15} 即 60 字节。

6. 保留

该字段占 6 位，保留为今后使用，目前全置 0。

7. 紧急比特（URG）

该字段为 1 时表示传输系统有一些高优先权的信息需要优先传送而不必按照原来的

顺序。而且,此时紧急指针字段中包含了有用的信息。

8. 确认比特(ACK)

该字段为 1 时确认号字段有效,为 0 时确认号字段无效。

9. 推送比特(PSH)

该字段也叫急迫比特。为 1 时接收端会将该报文字段尽快地交付更高的协议层进行处理,而不是等到整个缓存填满后再向上交付。

10. 复位比特(RST)

该字段也称为重建比特或者重置比特。为 1 时表示 TCP 连接中出现了严重的差错,必须先释放然后再重新建立连接,还可用来拒绝非法报文字段或拒绝打开一个连接。

11. 同步比特(SYN)

该字段用于通信会话的初始化过程,在连接建立时用于同步序号。在连接请求报文中,SYN=1 而 ACK=0;在连接接受报文中,SYN=1 而 ACK=1;在其他报文中 SYN 不置位。

12. 终止比特(FIN)

该字段表示系统希望结束当前会话。为 1 时,表明此报文字段发送端的数据已发送完毕,并要求释放传输层连接。

13. 窗口

该字段占 2 字节,用于控制对方的发送数据量,单位是字节。TCP 连接的一端根据设置的缓存空间大小确定自己的接收窗口大小,然后通知对方来确定对方发送窗口的上限。当一个报文字段到达对方时,其首部包含如下含义:你在未收到我的确认之前能够发送的数据量的上限是从本报文字段首部中的确认号开始的、窗口字段值大小的字节数。

14. 校验和

该字段占 2 字节,校验和字段校验的范围包括首部和数据两个部分。计算校验和时需要在 TCP 报文字段前面加上 12 字节的伪首部。其格式与 UDP 用户数据包的伪首部相同,只是要将伪首部第 4 个字段的协议号从 17(UDP)改为 6(TCP),将第 5 个字段的 UDP 长度改为 TCP 长度。伪首部的格式和计算方法参见下面的 UDP 的说明。

15. 紧急指针

当 URG 为 1 时,该字段指明需要立即上交的紧急数据在报文字段中的结束位置。

16. 选项

该字段长度可变。TCP 只规定了一种选项,即最大报文字段长度 MSS(Maximum Segment Size),表示接收方所能接收的报文字段的数据字段的最大长度。

2.1.3 UDP

用户数据报协议(User Datagram Protocol,UDP)的报文分成两个部分:首部字段和数据部分字段。首部字段占 8 个字节,各字段都占 2 个字节。图 2-3 描述了 UDP 的报文的首部格式。

图 2-3　UDP 的报文的首部格式

各字段的含义如下。

1. 源端口:发送数据的源设备端口号;

2. 目的端口:接收数据的目的设备端口号;

3. 长度:用户数据包的长度;

4. 校验和:对用户数据包的首部和数据部分进行校验。

UDP 的校验和的计算需要在 UDP 用户数据包之前加上 12 字节的伪首部。伪首部只有在计算校验和的时候用到,而并非进行网络传输时使用到的真正的首部。图 2-4 为 UDP 数据包的伪首部的格式。

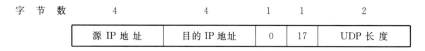

图 2-4　UDP 数据包的伪首部的格式

下面介绍 UDP 校验和的计算方法。

1. 发送端

首先,将校验和字段全部置 0。其次,将伪首部和 UDP 用户数据包拆分成多个 16 位组,若 UDP 用户数据包的数据部分不是偶数个字节,则在最后添加一个全 0 字节。再次,按照二进制反码计算这些 16 位组的和。最后,将此值的二进制反码记入校验和字段并发送。

2. 接收端

首先,将收到的 UDP 用户数据包连同伪首部及可能的全 0 填充字节一起拆分成 16 位组。然后,按照二进制反码求这些 16 位组的和,结果全 1 则无误。

2.1.4　ICMP

互联网控制报文协议(Internet Control Message Protocol,ICMP)允许主机或者路由器报告差错情况并提供有关异常情况的报告。ICMP 是 IP 层协议,而并非高层协议。

ICMP 报文作为 IP 层数据包的数据,加上 IP 数据包的首部发送。其报文格式如图 2-5 所示。

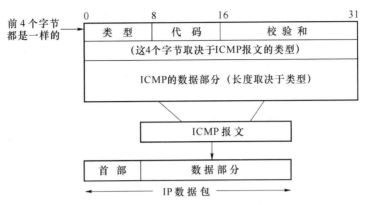

图 2-5 ICMP 报文格式

ICMP 报文的前 4 个字节是统一的格式,共有 3 个字段:类型(占 1 个字节)、代码(占 1 个字节)及校验和(占 2 个字节)。接着的 4 个字节的内容与 ICMP 的类型有关。再后面是数据字段,其长度取决于 ICMP 的类型。

ICMP 报文可以分成两大类:一类是 ICMP 差错报告报文,另一类是 ICMP 询问报文。每一个大类分成若干小类,每一个小类对应着一个唯一的类型值。而代码字段又针对每一个类型值进一步地细分成多种的情况。

表 2-1 描述了类型字段值与 ICMP 报文类型的对应关系。

表 2-1 类型字段值与 ICMP 报文类型的对应关系

ICMP 报文种类	类型字段值	ICMP 报文类型	描 述
差错报告报文	3	终点不可达	表明目标子网、主机或服务无法达到
	4	源站抑制	表明接收系统或其路径中的路由设备处理入站数据流有困难,即产生拥塞要丢弃数据包。如果源站接收到该信息,就应该降低数据包发送速率
	5	路由重定向	通知一个本地主机有另一个路由器或网关设备可能会更好地转发数据,下次可以将数据包发给该路由器或网关。重定向是由本地路由器发出的
	11	超时	1. 当路由器接收到 TTL 值为 0 的数据包后,除丢弃该数据包外,还要向源站发出时间超过报文 2. 当目的站在规定的时间之内无法收到一个数据包的全部分片时,将丢弃所有已经收到的分片并向源站发出时间超过报文
	12	参数错误	当路由器或目标主机接收到的数据包的首部中有无法识别的字段时,将丢弃该数据包并向源站发出参数错误报文

ICMP 报文种类	类型字段值	ICMP 报文类型	描　　述
询 问 报 文	0	回送应答	对回送请求的答复,是对目标系统是否可达问题的回复
	8	回送请求	主机或路由器向目标系统发送回送请求报文,以此来探测目标系统是否可达
	9	路由器通告	路由器用以向子网上的主机宣告自己的登录信息,使子网上的主机知道该路由器的 IP 地址
	10	路由器请求	允许主机立即获得路由器的登录信息
	13	时间戳请求	请求另一台主机返回它的当前时间,目的是进行时钟同步和传输时间估计
	14	时间戳回复	返回本地当前时间
	17	地址掩码请求	询问本地网络所使用的子网掩码
	18	地址掩码回复	返回本地网络所使用的子网掩码

表 2-2 描述了当类型字段值为 3 时,各种代码字段值的含义。

表 2-2　ICMP Type＝3 时 Code 字段的含义

代码字段值	含　　义
0	网络不可达。由于路由选择错误或 TTL 值已减为 0 造成目标网络无法抵达的错误
1	主机不可达。由于路由选择错误或 TTL 值已减为 0 造成目标主机无法抵达的错误
2	协议不可达。目标主机无法提供用户请求的服务。该值一般由主机返回,而其他多由路径中的路由器返回
3	端口不可达
4	需要分片,但 DF 置 1。用户发送的数据试图穿过网络的 MTU 较小,但却禁止分片
5	源路由失败。传输分组指定了路由,但其中包含的路由选择信息不正确
6	目的网络未知
7	目的主机未知
8	源主机被隔离
9	与目的网络的通信被禁止
10	与目的主机的通信被禁止
11	对所请求的服务类型,网络不可达
12	对所请求的服务类型,主机不可达

表 2-3 描述了当类型字段值为 5 时,各种代码字段值的含义。

表 2-3　ICMP Type＝5 时 Code 字段的含义

代码字段值	含　义
0	对网络(或子网)的重定向数据报文。表示本地网络中存在另一台路由器,它具有到达目的网络的更好的路由
1	对主机的重定向数据报文。表示本地网络中存在另一台路由器,它具有到达目的主机的更好的路由
2	对网络和服务类型(即每个 IP 数据包首部指定了到达目标网络的路由选择时所使用的服务类型)的重定向数据报文
3	对主机和服务类型(即每个 IP 数据包首部指定了到达目标主机的路由选择时所使用的服务类型)的重定向数据报文

以上两种类型的 ICMP 报文在安全过滤过程中需要重点注意,因为它们往往意味着用户网络正在遭受某些类型的攻击。

2.2　包过滤技术

2.2.1　基本概念

包过滤技术是最早的也是最基本的访问控制技术,又称为报文过滤技术,防火墙就是从这一技术开始产生发展的。包过滤技术的作用是执行边界访问控制功能,即对网络通信数据进行过滤(Filtering),也称为筛选。具体一点说,过滤就是使符合预先按照组织或机构的网络安全策略制定的安全过滤规则的数据包通过,拒绝那些不符合安全过滤规则的数据包通过,并且根据预先的定义执行记录该信息、发送报警信息给管理人员等操作。

包过滤技术的工作对象就是数据包。网络中任意两台计算机如果要进行通信,都会将要传递的数据拆分成一个一个的数据片断,并且按照某种规则发送这些数据片断。为了保证这些片断能够正确地传递到对方并且重新组织成原始数据,在每个片断的前面还会增加一些额外的信息以供中间转接节点和目的节点进行判断。这些添加了额外信息的数据片断称为数据包,增加的额外信息称为数据包包头,数据片断称为包内的数据载荷,而拆分数据、数据包头的格式及传递和接收数据包所要遵循的规则就是网络协议。

对于最常用到的 TCP/IP 族来说,包过滤技术主要是对数据包的包头的各个字段进行操作,包括源 IP 地址、目的 IP 地址、数据载荷协议类型、IP 选项、源端口、目的端口、TCP 选项及数据包传递的方向等信息。包过滤技术根据这些字段的内容,以安全过滤规则为评判标准,来确定是否允许数据包通过。

安全过滤规则是包过滤技术的核心,是组织或机构的整体安全策略中网络安全策略部分的直接体现。实际上,安全过滤规则集就是访问控制列表,该表的每一条记录都明确地定义了对符合该记录条件的数据包所要执行的动作——允许通过或者拒绝通过,其中的条件则是对上述数据包包头的各个字段内容的限定。

包过滤技术的具体实现如图 2-6 所示。

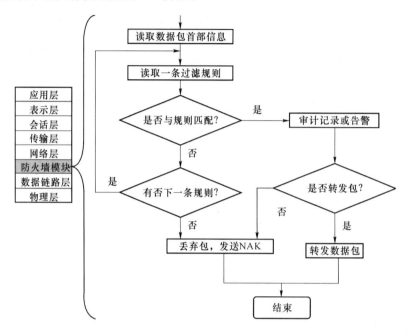

图 2-6　包过滤技术的实现

包过滤技术必须在操作系统协议栈处理数据包之前拦截数据包,即防火墙要在数据包进入系统之前处理它。由于数据链路层和物理层的功能实际上是由网卡来完成的,这以上的各层协议的功能由操作系统实现,所以说实现包过滤技术的防火墙模块要在操作系统协议栈的网络层之前拦截数据包。这就是说,防火墙模块应该被设置在操作系统协议栈的网络层之下、数据链路层之上的位置。

实现包过滤技术的防火墙模块首先要做的是将数据包的包头部分剥离。然后,按照访问控制列表的顺序,将包头各个字段的内容与安全过滤规则进行逐条地比较判断。这个过程一直持续直至找到一条相符的安全过滤规则为止,接着按照安全过滤规则的定义执行相应的动作。如果没有相符的安全过滤规则,就执行防火墙默认的安全过滤规则。

为了保证对受保护网络能够实施有效的访问控制,执行包过滤功能的防火墙应该被部署在受保护网络或主机和外联网络的交界点上。在这个位置上可以监控到所有的进出数据,从而保证了不会有任何不受控制的旁路数据的出现。

具体实现包过滤技术的设备有很多,一般来说分成以下两类。

1. 过滤路由器。路由器总是部署在受保护网络的边界上,容易实现对全网的安全控

制。最早的包过滤技术就是在路由器上实现的,也是最初的防火墙方案;

2. 访问控制服务器。这又分成两种情况:一是指一些服务器系统提供了执行包过滤功能的内置程序,比较著名的有 Linux 的 IPChain 和 NetFilter;二是指服务器安装了某些软件防火墙系统,如 CheckPoint 等。

下面将对包过滤技术具体的过滤内容及其优缺点展开详细论述。

2.2.2　过滤对象

通过上述内容可知,包过滤技术主要通过检查数据包包头各个字段的内容来决定是否允许该数据包通过。下面将按照过滤数据使用的协议的不同分别论述包过滤技术的具体执行特性。

1. 针对 IP 的过滤

针对 IP 的过滤操作是查看每个 IP 数据包的包头,将包头数据与规则集相比较,转发规则集允许的数据包,拒绝规则集不允许的数据包。

针对 IP 的过滤操作可以设定对源 IP 地址进行过滤。对于包过滤技术来说,阻断某个特定源地址的访问是没有什么意义的,入侵者完全可以换一台主机继续对用户网络进行探测或攻击。真正有效的办法是只允许受信任的主机访问网络资源而拒绝一切不可信的主机的访问。

针对 IP 的过滤操作也可以设定对目的 IP 地址进行过滤。这种安全过滤规则的设定多用于保护目的主机或网络。例如,可以制定这样的安全策略,只允许外部主机访问屏蔽子网中的服务器,而绝对不允许外部主机访问内联网络中的主机。具体实现的时候只需要将所有源 IP 地址不是内联网络,而目的 IP 地址恰巧落在内联网络地址范围内的数据包拒绝即可。当然,还要设定外部 IP 地址到屏蔽子网内的服务器的访问规则。

针对 IP 的过滤操作还需要注意的问题是关于 IP 数据包的分片问题。分片技术增强了网络的可用性,使得具有不同 MTU 的网络可以实现互连互通。随着路由器技术的改进,分片技术已经很少用到了。但是,攻击者却可以利用这项技术构造特殊的数据包对网络展开攻击。由于只有第一个分片才包含了完整的访问信息,后续的分片很容易通过包过滤器,所以攻击者只要构造一个拥有较大分片号的数据包就可能通过包过滤器访问内联网络。对此应该设定包过滤器要阻止任何分片数据包或者要在防火墙处重组分片数据包的安全策略。后一种策略需要精心地设置,若配置不好会给用户网络带来潜在的危险——攻击者可以通过碎片攻击的方法,发送大量不完全的数据包片段,耗尽防火墙为重组分片数据包而预留的资源,从而使防火墙崩溃。

2. 针对 ICMP 的过滤

ICMP 负责传递各种控制信息,尤其是在发生了错误的时候。ICMP 对网络的运行和管理是非常有用的。但是,它也是一把双刃剑——在完成网络控制与管理操作的同时也会泄漏网络中的一些重要信息,甚至被攻击者利用做攻击用户网络的武器。

最常用的 Ping 和 Traceroute 实用程序使用了 ICMP 的询问报文。攻击者可利用这样的报文或程序探测用户网络主机和设备的可达性,进而可以勾画出用户网络的拓扑结构与运行态势图。这些内容提供给攻击者确定攻击对象和手段的极为重要的信息。因此,应该设定过滤安全策略,阻止类型 8 回送请求 ICMP 报文进出用户网络。

与类型 8 相对应的类型 0 回送应答 ICMP 报文也值得注意。很多攻击者会恶意地将大量的类型 8 的 ICMP 报文发往用户网络,使得目标主机疲于接收处理这些垃圾数据而不能提供正常的服务,最终造成目标主机的崩溃。

另一个需要重点处理的是类型 5 的 ICMP 报文,即路由重定向报文。如果防火墙允许这样的报文通过,那么攻击者完全可以采用中间人(man in the middle)攻击的办法,伪装成预期的接收者截获或篡改正常的数据包,也可以将数据包导向受其控制的未知网络。

还有一个需要注意的是类型 3 目的不可达 ICMP 报文。攻击者往往通过这种报文探知用户网络的敏感信息。

总之,对于 ICMP 报文包过滤器要精心地进行设置。阻止存在泄漏用户网络敏感信息危险的 ICMP 数据包进出网络;拒绝所有可能会被攻击者利用、对用户网络进行破坏的ICMP 数据包。

3. 针对 TCP 的过滤

TCP 是目前互联网使用的主要协议,针对 TCP 进行控制是所有安全技术的一个重要任务。因此,包过滤技术不仅限于网络层协议,如 IP 的过滤,也可以对传输层协议,如TCP 和 UDP 进行过滤。首先介绍基于 TCP 的包过滤的实现,针对 UDP 的过滤将随后讲述。

针对 TCP 的过滤首先可以设定对源端口或者目的端口的过滤,这种过滤方式也称为端口过滤或者协议过滤。通常 HTTP、FTP、SMTP 等应用协议提供的服务都在一些知名端口上实现,如 HTTP 在 80 号端口上提供服务而 SMTP 在 25 号端口上提供服务。只要针对这些端口号进行过滤规则的设置,就可以实现针对特定服务的控制规则,如拒绝内部主机到某外部 WWW 服务器的 80 号端口的连接,即可实现禁止内部用户访问该外部网站。

针对 TCP 的过滤更为常见的是对标志位的过滤。而这里最常用的就是针对 SYN 和ACK 的过滤。TCP 是面向连接的传输协议,一切基于 TCP 的网络访问数据流都可以按照它们的通信进程的不同划分成一个一个的连接会话。即两个网络节点之间如果存在基于 TCP 的通信的话,那么一定存在着至少一个会话。会话总是从连接建立阶段开始的,而 TCP 的连接建立过程就是 3 次握手的过程。在这个过程中,TCP 报文头部的一些标志位的变化是需要注意的:

(1)当连接的发起者发出连接请求时,它发出的报文 SYN 位为 1 而包括 ACK 位在内的其他标志位为 0。该报文携带发起者自行选择的一个通信初始序号;

（2）当连接请求的接收者接受该连接请求时，它将返回一个连接应答报文。该报文的 SYN 位为 1 而 ACK 位为 1。该报文不但携带对发起者通信初始序号的确认（加 1），而且携带接收者自行选择的另一个通信初始序号。如果接收者拒绝该连接请求，则返回的报文 RST 位要置 1；

（3）连接的发起者还需要对接收者自行选择的通信初始序号进行确认，返回该值加 1 作为希望接收的下一个报文的序号。同时 ACK 位要置 1。

值得注意的是，除了在连接请求的过程中之外，SYN 位始终为 0。再结合上述的 3 次握手的过程可以确定，只要通过对 SYN＝1 的报文进行操作，就可以实现对连接会话的控制。拒绝这类报文，就相当于阻断了通信连接的建立。这就是利用 TCP 标志位进行过滤规则设定的基本原理。

这种过滤操作是最基础的、不完善的，还面临着很多的问题。受篇幅所限，具体的 TCP 安全过滤方法请参见有关文献的详细论述，在这里不再赘述。

4. 针对 UDP 的过滤

UDP 与 TCP 有很大的不同，因为它们采用的是不同的服务策略。TCP 是面向连接的，相邻报文之间具有明显的关系，数据流内部也具有较强的相关性，因此过滤规则的制定比较容易；而 UDP 是基于无连接的服务的，一个 UDP 用户数据包报文中携带了到达目的地所需的全部信息，不需要返回任何的确认，报文之间的关系很难确定，因此很难制定相应的过滤规则。究其根本原因是因为这里所讲的包过滤技术是指静态包过滤技术，它只针对包本身进行操作，而不记录通信过程的上下文，也就无法从独立的 UDP 用户数据包中得到必要的信息。对于 UDP，只能是要么阻塞某个端口，要么听之任之。多数人倾向于前一种方案，除非有很大的压力要求允许进行 UDP 传输。其实有效的解决办法是采用动态包过滤技术/状态检测技术，这种技术将在后续章节中进行讲解。

2.2.3 包过滤技术的优点

总的来说，包过滤技术具有以下几个优点：

1. 包过滤技术实现简单、快速。经典的解决方案只需要在内联网络与外联网络之间的路由器上安装过滤模块即可；

2. 包过滤技术的实现对用户是透明的。用户不需要改变自己的网络访问行为模式，也不需要在主机上安装任何的客户端软件，更不用进行任何的培训；

3. 包过滤技术的检查规则相对简单，因此检查操作耗时极短，执行效率非常高，不会给用户网络的性能带来不利的影响。

2.2.4　包过滤技术存在的问题

随着网络攻防技术的发展,包过滤技术的缺点也越来越明显:

1. 包过滤技术过滤思想简单,对信息的处理能力有限。只能访问包头中的部分信息,不能理解通信的上下文,因此不能提供更安全的网络防护能力;

2. 当过滤规则增多的时候,对于过滤规则的维护是一个非常困难的问题。不但要考虑过滤规则是否能够完成安全过滤任务,而且要考虑规则之间的关系,防止冲突的发生。尤其后一个问题是非常难以解决的;

3. 包过滤技术控制层次较低,不能实现用户级控制。特别是不能实现对用户合法身份的认证及对冒用的 IP 地址的确定。

在这里所论述的包过滤技术都是最早的静态包过滤技术。由于它存在着上述的种种缺陷,目前它已经不能够为用户提供较高水平的安全保护了。为了解决这些严重的问题,人们又采用了动态包过滤技术/状态检测技术,在下一节中将对此技术进行讲解。

2.3　状态检测技术

为了解决静态包过滤技术安全检查措施简单、管理较困难等问题,计算机安全界又提出了状态检测技术(Stateful Inspection)的概念。它能够提供比静态包过滤技术更高的安全性,而且使用和管理也很简单。这体现在状态检测技术可以根据实际情况,动态地自动生成或删除安全过滤规则,不需要管理人员手工设置。同时,它还可以分析高层协议,能够更有效地对进出内联网络的通信进行监控,并且提供更好的日志和审计分析服务。早期的状态检测技术被称为动态包过滤(Dynamic Packet Filter)技术,是静态包过滤技术在传输层的扩展应用。后期经过进一步的改进,又可以实现传输层协议报文字段细节的过滤,并可实现部分应用层信息的过滤。到这个时候才真正地成为状态检测技术。下面将对状态检测技术的原理、状态的定义及状态检测技术的优、缺点等问题进行论述。

2.3.1　状态检测技术基本原理

状态检测技术根据连接的“状态”进行检查,状态的具体定义参见 2.3.2 小节。当一个连接的初始数据报文到达执行状态检测的防火墙时,首先要检查该报文是否符合安全过滤规则的规定。如果该报文与规定相符合,则将该连接的信息记录下来并自动添加一条允许该连接通过的过滤规则,然后向目的地转发该报文。以后凡是属于该连接的数据防火墙一律予以放行,包括从内向外的和从外向内的双向数据流。在通信结束、释放该连接以后,防火墙将自动删除关于该连接的过滤规则。动态过滤规则存储在连接状态表中并由防火墙维护。为了更好地为用户提供网络服务及更精确地执行安全过滤,状态检测技术往往需要查看网络层和应用层的信息,但主要还是在传输层上工作。

2.3.2 状态的概念

状态这个词在安全过滤领域并没有一个精确的定义,在不同的条件下有不同的表述方式,而且各个厂商对其的观点也各有不同。笼统地说,状态是特定会话在不同传输阶段所表现出来的形式和状况。状态根据使用的协议的不同而有不同的形式,可以根据相应协议的有限状态机来定义,一般包括 NEW、ESTABLISHED、RELATED 和 CLOSED 等。

防火墙通常可以依据数据包的源地址、源端口号、目的地址、目的端口号、使用协议五元组来确定一个会话,但是这些对于状态检测防火墙来说还不够。它不但要把这些信息记录在连接状态表里并为每个会话分配一条表项记录,而且还要在表项中进一步记录该会话当前的状态属性、顺序号、应答标记、防火墙的执行动作及最近数据报文的寿命等信息。这些信息组合起来才能够真正地唯一标识一个会话连接,而且也使得攻击者难于构造能够通过防火墙的报文。

下面将介绍不同协议状态的不同表现情况。

1. TCP 及状态

TCP 是一个面向连接的协议,对于通信过程各个阶段的状态都有很明确的定义,并可以通过 TCP 的标志位进行跟踪。TCP 共有 11 个状态,这些状态标识由 RFC 793 定义,分别解释如下:

(1) CLOSED	在连接开始之前的状态;
(2) LISTEN	等待连接请求的状态;
(3) SYN-SENT	发出 SYN 报文后等待返回响应的状态;
(4) SYN-RECEIVED	收到 SYN 报文并返回 SYN-ACK 响应后的状态;
(5) ESTABLISHED	连接建立后的状态,即发送方收到 SYN-ACK 后的状态,接收方在收到 3 次握手最后的 ACK 报文后的状态;
(6) FIN-WAIT-1	关闭连接发起者发送初始 FIN 报文后的状态;
(7) CLOSE-WAIT	关闭连接接收者收到初始 FIN 并返回 ACK 响应后的状态;
(8) FIN-WAIT-2	关闭连接发起者收到初始 FIN 报文的 ACK 响应后的状态;
(9) LAST-ACK	关闭连接接收者将最后的 FIN 报文发送给关闭连接发起者后的状态;

（10）TIME-WAIT　　　　关闭连接发起者收到最后的 FIN 报文并返回 ACK 响应后的状态；

（11）CLOSING　　　　采用非标准同步方式关闭连接时，在收到初始 FIN 报文并返回 ACK 响应后，通信双方进入 CLOSING 状态。在收到对方返回的 FIN 报文的 ACK 响应后，通信双方进入 TIME-WAIT 状态。

以上述状态为基础，结合相应的标志位信息，再加上通信双方的 IP 地址和端口号，即可很容易地建立 TCP 的状态连接表项并进行精确地跟踪监控。当 TCP 连接结束后，应从状态连接表中删除相关表项。为了防止无效表项长期存在于连接状态表中给攻击者提供进行重放攻击的机会，可以将连接建立阶段的超时参数设置得较短，而连接维持阶段的超时参数设置得较长。最后连接释放阶段的超时参数也要设置得较短。

2．UDP 及状态

UDP 与 TCP 有很大的不同，它是一种无连接的协议，其状态很难进行定义和跟踪。通常的做法是将某个基于 UDP 的会话的所有数据报文看做是一条 UDP 连接，并在这个连接的基础之上定义该会话的伪状态信息。伪状态信息主要由源 IP 地址、目的 IP 地址、源端口号及目的端口号构成。双向的数据流源信息和目的信息正好相反。由于 UDP 是无连接的，所以无法定义连接的结束状态，只能是设定一个不长的超时参数，在超时到来的时候从状态连接表中删除该 UDP 连接信息。此外，UDP 对于通信中的错误无法进行处理，需要通过 ICMP 报文传递差错控制信息。这就要求状态检测机制必须能够从 ICMP报文中提取通信地址和端口号等信息来确定它与 UDP 连接的关联性，判断它到底属于哪一个 UDP 连接，然后再采取相应的过滤措施。这种 ICMP 报文的状态属性通常被定义为 RELATED。

3．ICMP 及状态

ICMP 与 UDP 一样是无连接的协议。此外，ICMP 还具有单向性的特点。在 ICMP 的 13 种类型中，有 4 对类型的报文具有对称的特性，即属于请求/响应的形式。这 4 对类型的 ICMP 报文分别是回送请求/回送应答、信息请求/信息应答、时间戳请求/时间戳回复和地址掩码请求/地址掩码回复。其他类型的报文都不是对称的，是由主机或节点设备直接发出的，无法预先确定报文的发出时间和地点。因此，ICMP 的状态和连接的定义要比 UDP 更难。

ICMP 的状态和连接的建立、维护与删除与 UDP 类似。但是，在建立的过程中不是简单地只通过 IP 地址来判别连接属性。ICMP 的状态和连接需要考虑 ICMP 报文的类型和代码字段的含义，甚至还要提取 ICMP 报文的内容来决定其到底与哪一个已有连接相关。其维护和删除过程一是通过设定超时计时器来完成，二是按照部分类型的 ICMP 报文的对称性来完成。当属于同一连接的 ICMP 报文完成请求—应答过程后，即可将其从状态连接表中删除。

2.3.3 深度状态检测

以上所论述的状态检测技术是围绕着 IP、ICMP、TCP 和 UDP 的首部字段进行的,是对静态包过滤技术的改进,还不够深入和全面,属于动态包过滤技术的范畴。而本小节将要介绍的是对动态包过滤技术的重大改进,即真正的状态检测技术——深度状态检测。

首先,目前的状态检测技术能够针对 TCP 的顺序号进行检测操作。TCP 的顺序号是保证 TCP 报文能够按照原有顺序进行重组的重要条件。每次初始化一个 TCP 连接的时候,通信双方都将随机选择一个以己方为发起者的通信信道的顺序号。顺序号在通信过程中的变化受到通信窗口大小和接收方的限制。通信窗口分为接收窗口和发送窗口,是接收方和发送方数据报文处理能力的体现。而网络传输采用由接收方进行流量控制的原则,接收方将根据自己的实际情况动态地改变发送方发送窗口的大小以达到控制发送方发送报文的速率的目的。发送方通过被确认的最近报文的顺序号和接收窗口值来保证报文落在接收方的接收窗口中,即发送的报文就是接收方想要的报文。状态检测机制将根据以上的原则,通过 TCP 报文的顺序号字段跟踪监测报文的变化,防止攻击者利用已经处理的报文的顺序号进行重放攻击。具体的顺序号变化细节信息请参见计算机网络相关教材。

其次,对于 FTP 的操作。目前的状态检测机制可以深入到报文的应用层部分来获取FTP 的命令参数,从而进行状态规则的配置。FTP 有两种连接建立方式,即主动连接和被动连接。主动连接需要通过 21 号端口先建立控制连接,再通过该连接传递建立数据连接的端口参数等信息,最终按照这些信息建立 FTP 的数据连接。数据连接的端口号是随机选择的,无法预先确知。被动连接更具有随机性,是由服务器主动地传回随机选取的连接建立端口信息的。这些端口信息都包含在 FTP 的命令数据里。状态检测机制可以分析这些应用层的命令数据,找出其中的端口号等信息,从而精确地决定打开哪些端口。

与 FTP 类似的协议有很多,如 RTSP、H.323 等。状态检测机制都可以对它们的连接建立报文的应用层数据进行分析来决定相关的转发端口等信息,因此具有部分的应用层信息过滤功能。

2.3.4 状态检测技术的优、缺点

1. 优点

(1)安全性比静态包过滤技术高。状态检测机制可以区分连接的发起方与接收方,可以通过状态分析阻断更多的复杂攻击行为,可以通过分析打开相应的端口而不是"一刀切",要么全打开要么全不打开;

(2)与静态包过滤技术相比,提升了防火墙的性能。状态检测机制对连接的初始报

文进行详细检查,而对后续报文不需要进行相同的动作,只需快速通过即可。

2. 缺点

(1) 主要工作在网络层和传输层,对报文的数据部分检查很少,安全性还不够高;

(2) 检查内容多,对防火墙的性能提出了更高的要求。

2.4 代理技术

2.4.1 代理技术概述

代理(Proxy)技术与前面所述的基于包的过滤技术完全不同,是基于另一种思想的安全控制技术。采用代理技术的代理服务器运行在内联网络和外联网络之间,在应用层实现安全控制功能,起到内联网络与外联网络之间应用服务的转接作用。

1. 代理的执行

代理的执行分为以下两种情况。

一种情况是代理服务器监听来自内联网络的服务请求。当请求到达代理服务器时按照安全策略对数据包中的首部和数据部分信息进行检查。通过检查后,代理服务器将请求的源地址改成自己的地址再转发到外联网络的目标主机上。外部主机收到的请求将显示为来自代理服务器而不是内部源主机。代理服务器在收到外部主机的应答时,首先要按照安全策略检查包的首部和数据部分的内容是否符合安全要求。通过检查后,代理服务器将数据包的目的地址改为内部源主机的 IP 地址,然后将应答数据转发至该内部源主机。

另一种情况是内部主机只接收代理服务器转发的信息而不接收任何外部地址主机发来的信息。这个时候外部主机只能将信息发送至代理服务器,由代理服务器转发至内联网络,相当于代理服务器对外联网络执行代理操作。具体来说,所有发往内联网络的数据包都要经过代理服务器的安全检查,通过后将源 IP 地址改为代理服务器的 IP 地址,然后这些数据包才能被代理服务器转发至内联网络中的目标主机。代理服务器负责监控整个的通信过程以保证通信过程的安全性。

2. 代理代码

代理技术是通过在代理服务器上安装特殊的代理代码来实现的。对于不同的应用层服务需要有不同的代理代码。防火墙管理员可以通过配置不同的代理代码来控制代理服务器提供的代理服务种类。代理程序的实现可以只有服务器端代码,也可以同时拥有服务器端和客户端代码。服务器端代理代码的部署一般需要特定的软件。对于客户端代理代码的部署有以下两种方式。

一种是在用户主机上安装特制的客户端代理服务程序。该软件将通过与特定的服务器端代理程序相连接为用户提供网络访问服务。

另一种是重新设置用户的网络访问过程。此方式需要用户先以标准的网络访问方式登录到代理服务器上，再由代理服务器与目标服务器相连。最经典的例子就是在 Internet Explorer的选项卡中设置代理服务器再进行 WWW 访问。

3. 代理服务器的部署与实现

代理服务器通常安装在堡垒主机或者双宿主网关上。

双宿主网关是一台具有最少两块网卡的主机。其中一块网卡连接内联网络，另一块网卡连接外联网络。双宿主网关的 IP 路由功能被严格禁止，网卡间所有需要转发的数据必须通过安装在双宿主网关上的代理服务器程序控制。由此实现内联网络的单接入点和网络隔离。

如果将代理服务器程序安装在堡垒主机上，则可能采取不同的部署与实现结构。比如说采用下一章将要学习的屏蔽主机或者屏蔽子网方案，将堡垒主机置于过滤路由器之后。这样，堡垒主机还可以获得过滤路由器提供的、额外的保护。缺点则是如果过滤路由器被攻陷，则数据将在旁路安装代理服务器程序的堡垒主机，即代理服务器将不起作用。具体细节在下一章进行讲解。

4. 代理技术与包过滤技术的安全性比较

代理技术能够提供与应用相关的所有信息，并且能够提供安全日志所需的最详细的管理和控制数据，因此相对于包过滤技术而言，代理技术能够为用户提供更高的安全等级。

首先，代理服务器不仅只扫描数据包头部的各个字段，还要深入到包的内部，理解数据包载荷部分内容的含义。这可以为安全检测和日志记录提供最详细的信息。包过滤技术由于采用的是基于包头信息的过滤机制，所以很难与代理技术相提并论。

其次，无论上述的哪一种情况，对于外联网络来说，都只能见到代理服务器而不能见到内联网络；对于内联网络来说，也只能见到代理服务器而不能见到外联网络。这不但实现了网络隔离，使得用户网络无需与外联网络直接通信，降低了用户网络受到直接攻击的风险。而且对外联网络隐藏了内联网络的结构及用户，进一步降低了用户网络遭受探测的风险。而包过滤技术在网络隔离和预防探测方面做得不是很好。

再次，包过滤技术通常由路由器实现。如果过滤机制被破坏，那么内联网络将毫无遮拦地直接与外联网络接触，将不可避免地出现网络攻击和信息泄露的现象。而代理服务器要是损坏的话，只能是内联网络与外联网络的连接中断，但无法出现网络攻击和信息泄漏的现象。从这个角度看，代理技术比包过滤技术安全。

2.4.2　代理技术的具体作用

1. 隐藏内部主机

代理服务器的作用之一是隐藏内联网络中的主机。由于有代理服务器的存在，所以外部主机无法直接连接到内部主机。它只能见到代理服务器,因此只能连接到代理服务器上。这种特性是十分重要的,因为外部用户无法进行针对内联网络的探测,也就无法对内联网络上的主机发起攻击。代理服务器在应用层对数据包进行更改,以自己的身份向目的地重新发出请求,彻底改变了数据包的访问特性。

2. 过滤内容

在应用层进行检查的另一个重要的作用是可以扫描数据包的内容。这些内容可能包含敏感的或者被严格禁止流出用户网络的信息,以及一些容易引起安全威胁的数据。后者包括不安全的 Java Applet 小程序、Active X 控件及电子邮件中的附件等。而这些内容是包过滤技术无法控制的。支持内容的扫描是代理技术与其他安全技术的一个重要区别。

3. 提高系统性能

虽然从访问控制的角度考虑,代理服务器因为执行了很细致的过滤功能而加大了网络访问的延迟。但是它身处网络服务的最高层,可以综合利用缓存等多种手段优化对网络的访问,由此还进一步减少了因为网络访问产生的系统负载。因此,精心配置的代理技术可以提高系统的整体性能。

4. 保障安全

安全性的保障不仅指过滤功能的强大,还包括对过往数据日志的详细分析和审计。这是因为从这些数据中能够发现过滤功能难以发现的攻击行为序列,及时地提醒管理人员采取必要的安全保护措施;还可以对网络访问量进行统计进而优化网络访问的规则,为用户提供更好的服务。代理技术处于网络协议的最高层,可以为日志的分析和审计提供最详尽的信息,由此提高了网络的安全性。

5. 阻断 URL

在代理服务器上可以实现针对特定网址及其服务器的阻断,以实现阻止内部用户浏览不符合组织或机构安全策略的网站内容。

6. 保护电子邮件

电子邮件系统是互联网最重要的信息交互系统之一,但是它的开放性特点使得它非常脆弱,而且由于安全性较弱,所以经常被攻击者作为网络攻击的重要途径。代理服务器可以实现对重要的内部邮件服务器的保护。通过邮件代理对邮件信息的重组与转发,使得内部邮件服务器不与外联网络发生直接的联系,从而实现保护的目的。

7. 身份认证

代理技术能够实现包过滤技术无法实现的身份认证功能。将身份认证技术融合进安全过滤功能中能够大幅度提高用户的安全性。支持身份认证技术是现代防火墙的一个重要特征。具体的方式有传统的用户账号/口令、基于密码技术的挑战/响应等。

8. 信息重定向

代理技术从本质上是一种信息的重定向技术。这是因为它可以根据用户网络的安全需要改变数据包的源地址或目的地址,将数据包导引到符合系统需要的地方去。这在基于 HTTP 的多 WWW 服务器应用领域中尤为重要。在这种环境下,代理服务器起到负载分配器和负载平衡器的作用。

2.4.3 代理技术的种类

根据功能和具体实现位置的不同,可以将代理技术分成应用层网关和电路级网关两种类型。下面将分别进行讲述。

1. 应用层网关

应用层网关完全符合上述代理技术的特点。它能够在应用层截获进出内联网络的数据包,运行代理服务器程序来转发信息。它能够避免内部主机与外联不可信网络之间的直接连接。应用层网关仅接收、过滤和转发特定服务的数据包,如 HTTP 代理只能处理 HTTP 数据流。对于那些没有在应用层网关上安装代理的服务来说,将无法进行网络访问。应用层网关对数据包进行深度过滤,检查行为一直深入到网络协议的应用层。应用层网关不但要对报文的首部各个字段进行过滤,还要对数据内容进行检查。应用层网关对于外联网络来说是信息流的源点和终点,对外完全屏蔽了内联网络。应用层网关对于不同类型的服务的检查通过不同的代理代码进行,过滤机制远比包过滤技术复杂。由此带来的问题是针对每一种服务都要开发一种专用的代理代码,实现麻烦也不一定及时,这严重制约了应用层网关的发展。还有一个缺陷是缺乏透明性,这也是应用层网关一个令人不满的地方。但是从安全的角度看,应用层网关配置简单、安全性高、还能支持很多应用,所以获得了用户越来越多的关注。图 2-7 为应用层网关实现 HTTP 代理的示意图。

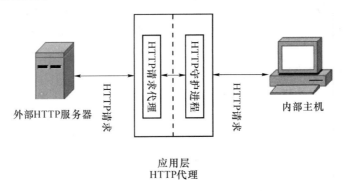

图 2-7 应用层网关实现 HTTP 代理

2. 电路级网关

电路级网关工作在会话层,是不同于应用层网关的一种代理。电路级网关可以作为服务器接收并转发外部请求,与内部主机连接时则起服务代理客户机的作用。它使用自己独立的网络协议栈完成 TCP 的连接功能而不使用操作系统的网络协议栈,因此可以监视主机建立连接时的各种数据是否合乎逻辑、会话请求是否合法。一旦连接建立,则网关只负责数据的转发而不进行过滤,即电路级网关用户程序只在初次连接时进行安全控制。用户需要改变自己的客户端程序来建立与电路级网关的通信信道,只有这样才能到达防火墙另一边的服务器。图 2-8 对电路级网关进行了描述。

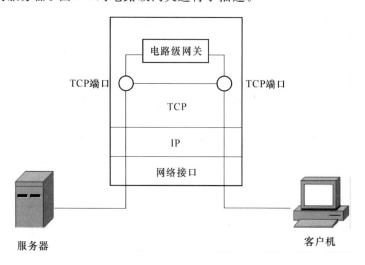

图 2-8　电路级网关

很多时候连接服务需要知道确切的目标地址。连接请求方必须要明确地指定目标主机地址和服务。为此,连接请求方和电路级网关之间需要有协议来描述目标地址和服务。连接请求方首先向电路级网关的 TCP 端口发出连接请求,然后网关再与目标主机进行连接。一旦连接建立起来,电路级网关就会在两个方向上转发数据。由于电路级网关位于会话层,所以相对于应用层来说,它是一个通用的代理,可以传递各种应用层的服务数据。这一点相对于应用层网关来说是一个明显的优势。

电路级网关在连接建立时对数据包首部各个字段进行安全过滤。能够实现对内联网络到外联网络的网络层的直接连接的阻断,并且实现内联网络的隔离。此外,还可以对连接进行各种控制,如访问时间、用户身份认证等。这些都是与应用层网关相同的特性。总之,电路级网关可以实现对网络层和传输层数据包首部各个字段的检测,其为用户提供的安全性比包过滤技术要高。

但是,电路级网关毕竟工作在会话层。在许多方面,电路级网关仅仅是包过滤技术的一种扩展。最主要的就是它对数据包内容没有监测控制能力,无法判断传递数据是否包含着风险。这是电路级网关安全性不如应用层网关高的主要地方。

电路级网关最有名的应用是 David 和 Michelle Kohlas 设计并实现的 SOCKS 协议。它是一个非常全面的电路级网关防火墙程序。它不需要在应用层服务上进行修改,只需要对用户程序传输层以下的协议部分进行修改。这个过程称为 SOCKS 化,实现起来非常容易。由于 SOCKS 本身与应用无关,所以它的性能非常好。任何依赖于 TCP 的程序都能够在SOCKS 上运行。此外,SOCKS 也可以使用高级的应用层认证措施来增加安全性。

2.4.4 代理技术的优、缺点

1. 优点

(1) 代理服务提供了高速缓存。由于大部分信息都可以重新使用,所以对同一个信息有重复的请求时,可以从缓存获取信息而不必再次进行网络连接,提高了网络的性能;

(2) 因为代理服务器屏蔽了内联网络,所以阻止了一切对内联网络的探测活动;

(3) 代理服务在应用层上建立,可以更有效地对内容进行过滤;

(4) 代理服务器禁止内联网络与外联网络的直接连接,减少了内部主机受到直接攻击的危险;

(5) 代理服务可以提供各种用户身份认证手段,从而加强服务的安全性;

(6) 因为连接是基于服务而不是基于物理连接的,所以代理防火墙不易受 IP 地址欺骗的攻击;

(7) 代理服务位于应用层,提供了详细的日志记录,有助于进行细致的日志分析和审计;

(8) 代理防火墙的过滤规则比包过滤防火墙的过滤规则更简单。

2. 缺点

(1) 代理服务程序很多都是专用的,不能够很好地适应网络服务和协议的不断发展;

(2) 在访问数据流量较大的情况下,代理技术会增加访问的延迟,影响系统的性能;

(3) 应用层网关需要用户改变自己的行为模式,不能够实现用户的透明访问;

(4) 应用层代理还不能够完全支持所有的协议;

(5) 代理系统对操作系统有明显的依赖性,必须基于某个特定的系统及其协议;

(6) 相对于包过滤技术来说,代理技术执行的速度是较慢的。

2.5 本章小结

本章主要讲述了防火墙采用的 3 种主要的访问控制技术——静态包过滤技术、状态检测技术和代理技术。对它们的工作原理、特点及相关应用分别进行了详细的讲解。再次强调一下,防火墙还可以集成其他的安全技术,但是这 3 种技术是防火墙最基础的专有技术。

第 3 章

主流防火墙的部署与实现

在具体的实现过程中,防火墙往往不只是一台单一的设备或者装到某一台主机上的软件系统,而是多台(套)设备或软件的组合。不同的组合方式体现了系统不同的安全要求,也决定了系统将采取不同的安全策略和实施办法。防火墙的部署与实现结构可以说是组织或机构安全的实现基础,对于系统的整体安全来说具有重要的意义。本章将对目前主流防火墙的具体的部署与实现结构进行讲解。

3.1 过滤路由器

3.1.1 基本概念

实现内联网络安全防护的最简单的办法就是在内联网络和外联网络之间放置一台具有数据过滤功能的路由器。这种路由器称为过滤路由器,又称为筛选路由器(Filtering Router)、屏蔽路由器(Screening Router)、筛选过滤器(Screening Filter)、IP 过滤器(IP Filter)、包过滤防火墙(Packet Firewall),早期也叫网络层防火墙(Network Level Firewall)。

过滤路由器对经过它的所有数据流进行分析,按照预定义的过滤规则,也就是网络安全策略的具体实现,对进出内联网络的信息进行限制。允许经过授权的数据通过,拒绝非授权的数据通过。

下面,通过对普通路由器和过滤路由器的比较来说明两者之间有什么不同。

1. 普通路由器是重要的网络数据传输和转发设备。通常具有若干个接口,每个接口都拥有独立的 IP 地址。当数据包从某个接口到达路由器后,路由器根据数据包包头的目的地址字段来决定将数据包转发到哪一个接口上去。转发上去的接口所连接的网络是到达目的网络的路径上的下一跳网络或者就是目的网络。

2. 过滤路由器也起到和普通路由器一样的数据转发作用。但是一般来说,过滤路由器只有两种接口,甚至只有两个接口。一种端口是外联网络接口,负责与外联网络相连接,使用户网络融入到更大的网络中去;另一种接口是内联网络接口,专门负责与受保护的用户网络相连接。过滤路由器必须具有这两种网络接口,多个接口可以连接多个内联子网络和外联网络;只有两个接口时,一个连接内联网络,一个连接外联网络。过滤路由器执行的第一个功能就是在内联网络与外联网络之间转发数据。此外,过滤路由器还有一项普通路由器没有的功能——不但要根据目的地址决定转发的接口,而且还要根据过滤规则决定是否允许转发该数据包。当该数据包满足过滤规则的允许要求时,允许该数据包向目的地转发;当该数据包满足过滤规则的拒绝或丢弃要求时,过滤路由器将拒绝数据包向目的地转发或者直接将其丢弃。这在客观上起到了物理隔绝的作用,保护了内联网络。

图 3-1 指明了过滤路由器的部署实现方式。

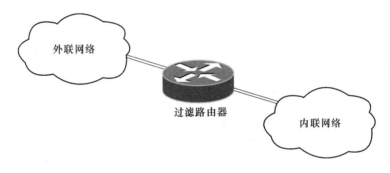

图 3-1　过滤路由器防火墙

3.1.2　优点

过滤路由器的优点是快速、性能/耗费比高、透明、实现容易。

1. 过滤路由器是从普通路由器发展而来,继承了普通路由器转发速率快的特点。路由器作为最主要的网络节点设备,其实现技术已经非常成熟,许多现代路由器的接口能够实现百兆甚至千兆级线速满负荷数据传输。这一点同样体现在过滤路由器上,过滤路由器可以高速地转发数据包,使得防火墙不会成为系统访问的性能瓶颈,这是其他类型防火墙很难赶超的优势。

2. 随着路由器生产实现技术的成熟,包过滤防火墙已经成为许多路由器可选配置的模块之一,并且有逐步成为路由器的标准配置的趋势,其价格也因为包过滤技术的普及和大规模的生产而降得很低。因此,用户只需要付出很小的代价甚至不需要任何代价即可获得相当安全的网络服务,这比单独购买独立的防火墙产品具有更大的成本优势。

3. 过滤路由器对用户来说是完全透明的。用户不需要改变客户端的程序或者改变自己的行为模式,也不必对用户进行特殊的培训或者在每台主机上安装特定的软件。用户是感觉不到防火墙对用户数据包的检查的,可以像未安装防火墙一样进行网络访问。

4. 过滤路由器的实现极其简单。用户只需要购买相应的路由器防火墙模块,然后如同其他的路由器扩展模块一样,插入路由器机箱的扩展槽即可完成部署(一般需要重新启动路由器)。当然不要忘记,这以后一定要进行防火墙参数和过滤规则的配置,这样防火墙才能算真正地被实现,否则防火墙只能为用户网络提供默认的、低水平的安全防护,甚至不能提供任何安全防护。

3.1.3 缺点

1. 过滤路由器配置复杂,维护困难。过滤规则是过滤路由器的核心,是安全策略的具体实现。理论上,过滤规则应该包括对所有可能的节点、所有可用的服务的限制条件。但是在实际使用过程中这是不可能做到的——任何管理员都无法精确地预先确定内联网络用户的行为。因此,只能在开始使用防火墙的时候制定基础的和已经明确的过滤规则,在后续的使用过程中根据需要逐步添加。这要求管理员对各种网络服务协议、数据包格式及其每个字段都有深入的了解,并且对于规则之间的关系有清晰的认识,否则过滤规则自身的不完善和多条规则之间的冲突就会成为防火墙最大的漏洞。

2. 过滤路由器只针对数据包本身进行检测,只能检测出部分攻击行为。过滤路由器主要工作在 ISO OSI/RM 7 层模型的第 3 层——网络层(当然也可以检测到第 4 层传输层的报文头信息,如源和目的端口号),这决定了它的主要过滤功能是针对传输层以下的信息单元头部各个字段的。但是目前单纯地分析某个数据包是很难发现攻击行为的,需要对高层协议的内容或者多个数据包组成的行为列进行分析才能够达到目的。所以,纯粹的网络层防火墙的安全性较低,不能够满足日益增长的网络安全需求。

3. 过滤路由器无法防范数据驱动式攻击。过滤路由器规则的制定主要是针对外联网络的,而对内联网络的攻击防范不足。这是因为防火墙保护的是内联网络,它默认内联网络的主机都是“好”的,没有恶意的。外攻击者将攻击数据包伪装成从表面上看没有任何害处的数据。当这种数据包进入内联网络后,其中包含的一些隐藏指令能够让内部主机修改与安全相关的文件,使得攻击者能够获得对系统的访问权。一般是为攻击者打开一个后门,方便攻击者绕过防火墙的过滤机制自由进出内联网络。由于这些操作是通过内部主机进行的,过滤路由器很难察觉。

4. 过滤路由器只针对到达它的数据包的各个字段进行检测,无法确定数据包发出者的真实性。换句话说,过滤路由器只能简单地判断 IP 地址,而无法进行用户级的身份认证和鉴别。很多恶意的攻击者会将攻击数据包的源 IP 地址伪装成其他可信主机的 IP 地址,过滤路由器由于没有有效的鉴别机制,将不能发现这种欺骗行为,攻击数据包也就能顺利地进入内联网络。

5. 随着过滤规则的增加,路由器的吞吐量将会下降。随着网络应用的日新月异,相应的过滤规则也不断增加,一般的网络防火墙过滤规则都在数十、数百条左右,核心级的防火墙过滤规则的数量甚至可以达到上千、上万条。虽然现代路由器包的转发速率已经达到了一个很高的水平,但是当过滤规则数量增长到了一定程度时,将会给路由器的性能带来不可避免的负面影响。这是因为每条过滤规则的检查行为都要耗费路由器 CPU 的时间等系统资源。如果过滤规则数量适当,则根据现有的路由器的能力来说不会产生太大的延迟;而当过滤规则数量逐步增加,这种累积起来的延迟就会明显地表现出来,进而又会对系统缓存等其他资源产生连锁的不利影响,路由器的性能也就逐步下降了。

6. 过滤路由器无法对数据流进行全面地控制,不能理解特定服务的上下文环境和数据。因此,它提供的信息是非常有限的,其日志的内容极其简单,很难展开深入的管理和审计分析工作。有很多过滤路由器甚至不提供日志。

3.1.4　过滤规则

过滤路由器的核心是过滤规则。过滤路由器通常置于内联网络和外联网络的边界上,控制着进出内联网络的所有数据包。过滤路由器将依据组织或机构的网络安全策略对每一个经过过滤路由器的数据包进行检查。而网络访问策略则是以一个有序的规则列表的形式存储在过滤路由器里。每一条规则都定义了一个针对某个特定类型数据包的动作。一般来说,一条过滤规则都要包括下列几个主要字段:

1. 源地址　　　　发送者的 IP 地址;
2. 源端口号　　　发送者的端口号;
3. 目的地址　　　接收者的 IP 地址;
4. 目的端口号　　接收者的端口号;
5. 协议标志　　　数据使用协议;
6. 过滤方式　　　过滤路由器对符合上述字段的数据包采取的动作,要么是"允许",即允许数据包通过过滤路由器转发;要么是"拒绝",即拒绝数据包通过过滤路由器转发。

以上字段只是过滤规则的主要字段,可以说是通用的规则。在具体的执行过程中,根据具体的需要,还有可能针对数据包包头,主要是对 IP 和 TCP 信息单元头的不同字段进行定义。

过滤路由器的过滤规则一般遵循第 1 章所述的"拒绝访问一切未予特许的服务"的设计原则,即默认状态下,一切网络访问都是被禁止的,允许访问的规则只能后续逐步地添加到系统中。在执行过程中则遵循"第 1 条匹配规则适用"的原则,即对每个数据包,过滤路由器都将从第 1 条规则开始进行顺序地检索,直到找到第 1 条匹配规则为止。

表 3-1 显示了过滤路由器的过滤规则的部分具体实例。第 1 条过滤规则的意思是禁止任何内部主机访问 IP 地址为 11.22.12.123 的外部主机。第 2 条过滤规则的意思是允许所有主机使用 TCP 访问 IP 地址为 192.168.0.6 的主机的 80 端口,这台主机很有可能是 Web 服务器。

表 3-1　防火墙过滤规则

序　　号	源　地　址	源端口号	目　的　地　址	目的端口号	协　　议	动　　作
1	*.*.*.*	*	11.22.12.123	*	*	Deny
2	*.*.*.*	*	192.168.0.6	80	TCP	Permit

在设置过滤规则的过程中最需要注意的是规则之间的关系问题。由于采用了"第 1 条匹配规则适用"的原则,所以过滤规则具有顺序敏感的特性,即不同顺序的规则执行的结果是不同的,这就带来了规则的冲突问题。一个规则冲突定义为:两个或两个以上的规则匹配同一个数据包,或者一个规则永远都无法匹配任何通过该过滤路由器的包。具体来说冲突有以下几种类型。

1. 无用冲突

无用冲突是指符合某一条过滤规则中指定的源和目的网络的数据包根本不会通过该过滤路由器。其实这是一个规则的制定问题,但是它消耗了过滤路由器的系统资源,为了统一起见,将其归入无用冲突类型。

2. 屏蔽冲突

当排在过滤规则表后面的一条过滤规则能匹配的所有数据包也能被排在过滤规则表前面的一条过滤规则匹配的时候,后面的这条过滤规将永远无法得以执行,这种冲突称为屏蔽冲突。屏蔽冲突有可能导致一些本应该被拒绝进行网络访问的数据包却被允许,或者一些本应该被允许进行网络访问的数据包却被拒绝。产生屏蔽冲突的原因是两个过滤规则之间存在包含关系,解决办法是将子集规则排在过滤规则表的前面。

3. 泛化冲突

与屏蔽冲突相对应,当一个排序在前的过滤规则能匹配的所有数据包也能被一个排序在后的过滤规则匹配将产生泛化冲突。其实在很多情况下并不能称泛化为冲突,它的作用是排除一个允许的子集或拒绝集合中的特定子集。但是对某些具有普适性的规则来说,是不允许存在例外的。因此有必要将泛化冲突检测出来,让管理员来确认是否存在问题。

4. 关联冲突

如果动作不同的过滤规则之间存在着交叉的部分,即存在着关联关系,那么允许集和拒绝集之间就会有重叠,这种情况称为关联冲突。此时两条过滤规则的顺序非常重要,如果调换两者的顺序,就会产生完全相反的结果。因此有必要将关联冲突检测出来,让管理员确认规则正确的顺序。

5. 冗余冲突

如果一条过滤规则能匹配的数据包也能匹配另一条过滤规则,并且两条过滤规则采取的动作是相同的,那么这种情况就称为冗余冲突。解决办法是若两条过滤规则之间存在着子集关系,则将子集规则排在过滤规则表的前面;若两条过滤规则之间存在着相等关系,则去掉其中任意一条过滤规则。

3.2 堡垒主机

3.2.1 基本概念

堡垒主机是非常有名的一种网络安全机制,也是安全访问控制实施的一种基础组件。通常情况下堡垒主机由一台计算机担当,并拥有两块或者多块网卡分别连接各内联网络和外联网络。外联网络中的主机如果希望与内联网络中的某台主机进行连接,需要将连接请求发送至堡垒主机,再由堡垒主机将连接请求转发至内部网络。而内部网络中的主机意图访问外联网络,也需要将连接请求发送至堡垒主机,再由堡垒主机将连接请求转发至外联网络。此外,堡垒主机还经常用于提供其他的公共服务,例如 WWW、DNS、E-mail、FTP 等。堡垒主机的主要作用是隔离内联网络和外联网络,为内联网络设立一个检查点,对所有进出内联网络的数据包进行过滤,集中解决内联网络的安全问题。由此可知,堡垒主机经常被配置为直接与外联网络相连接,为内联网络提供网关服务。因此,堡垒主机是用户网络中最容易受到攻击的主机,堡垒主机必须具有强大而且完善的自我保护机制。图 3-2 描述了一种典型的堡垒主机部署方案。

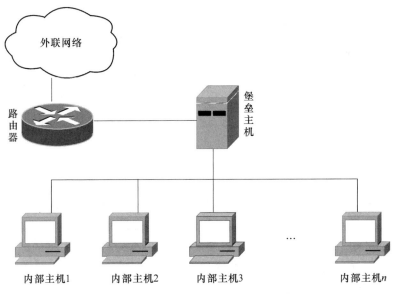

图 3-2 堡垒主机的一种典型部署方案

3.2.2 设计原则

1. 最小服务原则

堡垒主机是面向外联网络、面向公众的一台主机,也是入侵者关注的对象,极易受到攻击。这些攻击行为的发生一般都是从堡垒主机提供的网络访问服务开始的,因为这是从网络上展开攻击的唯一手段。在堡垒主机上运行并提供网络服务的各种软件不可能没有缺陷,而这些缺陷就是入侵者侵入堡垒主机的通道。因此只有采用最小服务原则,尽可能地减少堡垒主机提供的服务,而且对于必须设置的服务,只能授予尽可能低的权限,才能保证堡垒主机的安全性。

2. 预防原则

虽然堡垒主机加强了安全防范措施,但是用户必须时刻保持对堡垒主机的监控,防止堡垒主机受到外来入侵者的攻击。这是因为堡垒主机是用户网络面向外联网络最前沿的机器,对于各种攻击行为,堡垒主机是首当其冲。而且一旦堡垒主机被入侵者攻破,堡垒主机就会立刻成为入侵者攻击内联网络的桥头堡和跳板。所以为了内联网络的安全起见,用户必须加强与堡垒主机的联系,对堡垒主机的安全情况进行持续不断地监测;仔细分析堡垒主机的日志,及时地对攻击行为作出响应。同时还要作最坏的准备,努力做到即使堡垒主机被破坏了,内联网络的安全也会得以保障。为此需要仔细观察堡垒主机提供的服务,根据这些服务的内容确定其服务的可信度和权限,保证让内联网络主机只有在堡垒主机正常工作时才能信任堡垒主机。

3. 主要类型

堡垒主机主要提供了过滤功能和其他各种服务,按其应用可以分为以下3种类型:

(1) 内部堡垒主机

内部堡垒主机就是专用于向内联网络主机提供服务的内部服务器。它与内联网络的某些主机进行交互以转发信息,如它可以向内联网络的新闻服务器传送新闻,向内联网络的邮件服务器传输邮件等。在这种类型的堡垒主机上一般会启用较多的服务,并且通常会开放许多的端口来满足应用程序的需求。

(2) 外部堡垒主机

外部堡垒主机也称为无路由多宿主主机。它有多个网络接口,但这些接口之间没有直接的信息交换。它可以作为公开的网络服务器,也可以作为一台单独的防火墙,或者作为一个更复杂的防火墙的一部分。作为公开的网络服务器使用时,不转发任何请求,只提供该服务必需的端口。同样,作为防火墙使用时,也必须关闭堡垒主机的路由转发功能。这样做的目的是保证没有任何数据包流入进内联网络。

(3) 牺牲主机

当用户不能确定特定服务需要什么样的安全特性的时候,或者要使用某种特殊的服务,而现有的防火墙技术却难以保障安全性的时候,可以将这些服务配置在牺牲主机上。牺牲主机一般用于向外联网络提供服务。它上面没有任何需要保护的信息,也不与任何入侵者意图攻击的内部主机相连接,而且只提供最低限度的服务,用户只有在请求特殊的服务时才使用牺牲主机。有些时候,牺牲主机甚至是故意暴露给入侵者进行攻击,为系统的跟踪反击行为赢得时间。当然,首要的是入侵者即使攻陷了牺牲主机也不会危及内联网络的安全。

4. 系统需求

堡垒主机的系统组成必须要满足其运行的安全性要求,这些要求概括为以下几点。

(1) 强健性。堡垒主机可以长期稳定地无故障运行,堡垒主机具有足够的安全性,用户网络的安全性可以完全依赖于堡垒主机;

(2) 可用性。堡垒主机不应该发生任何停机故障。用户可以通过热备份等冗余容错措施来保障堡垒主机持续可用;

(3) 可扩展性。堡垒主机可以根据用户的需求进行适当的剪裁,能够满足用户网络不断变化的需要;

(4) 易用性。堡垒主机应该是易配置的,监控和维护操作也应该是简单、灵活的。

下面介绍堡垒主机对软硬件系统的具体需求。

(1) 内存

堡垒主机必须能够有效地运行多种网络服务,并且对多个服务请求作出快速的响应,只有这样,堡垒主机才能不成为系统的瓶颈。这就要求堡垒主机必须具有较大的主存容量。此外,系统的一级、二级高速缓存的容量也是必须考虑的重要因素,它们是直接关系到 CPU 执行任务的速度的重要因素。

(2) 外存

通常情况下,堡垒主机不需要很大的外部存储器,因为它只需要有安装操作系统和应用软件的空间即可。但是如果还想让堡垒主机承担更多的应用级服务的话,则必须有一个较大的外部存储空间。以代理服务器为例,如果想为用户提供更快的主页浏览服务,则必须能够缓存主页数据,而不必每次都向主页服务器下载。如果要让堡垒主机进行细粒度的日志记录,也需要有一个较大的存储空间。特别是强调容错的环境,甚至还需要支持 RAID 技术。

(3) 系统速度

这里的系统速度并不是指某一个单独的部件的速度,而是指系统整体的速度。它要求能够对系统整体速度产生影响的各个部件的速度相互匹配。系统速度的主要影响因素一般包括 CPU 处理速度、内存访问速度、系统总线速度及硬盘的存取速度等几个重要部分。这里面单独哪一个因素特别突出而其他因素较差都会给系统带来不利的影响,堡垒主机需要这些主要因素互相匹配,取得一个平衡。

有些资料声称堡垒主机不需要太高的性能也不需要太快的速度,这样还可以防止引起攻击者的兴趣，其实这种观点有失偏颇。堡垒主机归根到底是为用户网络提供安全的网络服务功能的，如果没有强大的硬件平台的支持，那些不断推陈出新的服务是无法配置到堡垒主机上的，而且会严重制约用户网络的连通性和可用性。此外，攻击者极少进行无目的的攻击，用户网络即使使用最低档的主机，也不会完全避免受到攻击。而且由于堡垒主机档次太低，不足以支持较高水平的安全防护技术的应用，反而增加了堡垒主机和内联网络的危险。

（4）操作系统

堡垒主机的操作系统是一个具有高度限制性的基础软件平台，并且具有高度的可靠性、高度的安全性、灵活的可扩展性及成熟性几个重要的特点。高度的可靠性指的是堡垒主机操作系统不容易出现故障，能够保证系统长期、稳定地运行，即使出现了故障也能够及时、快速地恢复。高度的安全性指的是堡垒主机操作系统具有很强的抗攻击能力，很难被入侵者攻破。灵活的可扩展性指的是堡垒主机操作系统能够灵活地适应用户网络结构和规模的变化以及对网络服务要求的变化。成熟性指的是堡垒主机操作系统拥有大规模的用户群，具有广泛的应用范围，其自身已经受到很多应用环境的验证，错误和漏洞较少，它的应用软件也非常丰富。

目前符合上述要求的通用操作系统一般有 Windows 2000/2003、Linux 和 Unix 3 种类型。Windows 2000/2003 系列操作系统具有最广泛的用户群和应用范围、最直观友好的界面、使用也非常方便，但是却有相对复杂、安全性相对较低的缺陷。Linux 的优势体现在它是免费的、安全性较高，很多服务器都使用 Linux 操作系统，但是它要求源代码公开，这不符合网络安全的要求。Unix 是网络领域最老牌的、最成熟的操作系统，虽然不同版本的 Unix 有不完全兼容、使用配置复杂等缺点，但是它的封闭性、安全性、大规模网络的适用性和丰富的网络服务使得它依然是堡垒主机操作系统的首选。

（5）服务

堡垒主机一般要设置用户网络所需的网络服务，并且还要设置对外提供的网络服务。这些网络服务构造了内联网络与外联网络相互连接的通道，它们的安全性直接影响到堡垒主机和内联网络的安全性。堡垒主机的应用服务一般分为以下 4 个级别：

① 无风险服务　　这类服务是可以直接实施的服务；
② 低风险服务　　这类服务在某些情况下会产生安全隐患，但是只需要施加一些控制措施即可消除，这类服务只能由堡垒主机提供；
③ 高风险服务　　这类服务在使用时会产生无法彻底消除的安全隐患，一般应被禁用，即使要启动这类服务也不能将其放置在堡垒主机上；
④ 禁用的服务　　这类服务具有极高的安全隐患，会给用户网络带来很大的危险，应该严禁使用。

通常在堡垒主机上设置的服务有 DNS、HTTP、SMTP、NNTP、FTP 及 Telnet 等。具体的实现方法可以选择在同一台堡垒主机上设置所有的服务，或者在多台堡垒主机上分别设置各个服务,选择的标准依据用户对网络安全和投资规模的观点和看法。

在配置堡垒主机的服务时,有两点需要特别注意:

堡垒主机上只能配置必要的服务,其他的一切非必要服务都应该关闭,防止这些服务未知的漏洞成为攻破堡垒主机的秘密通道。

堡垒主机不允许用户登录,只能有管理员账户。这样做的目的是:防止用户有意或无意的破坏;防止用户账户系统的未知漏洞成为攻破堡垒主机的秘密通道;防止用户账户被攻击者破译而成为攻击者进入内联网络的身份的掩护;使一切堡垒主机的服务都是可控的、可以预料的,防止意外发生。

5. 部署位置

堡垒主机的位置问题也是事关堡垒主机和内联网络的安全性的重要问题。

从物理位置来说,堡垒主机应该放置在一个安全性较好并且环境参数符合相应国际、国内标准的房间里。这是因为:第一,如果攻击者和堡垒主机有物理上的接触,其入侵的方法就是网络安全人员所不能控制的了;第二,堡垒主机往往配置了用户网络与外联网络互连互通的重要服务,如果受到损害则用户网络将会与外联网络完全断开。

从网络位置来说,堡垒主机不适合放置在内联网络中。这是因为堡垒主机往往是面向外联网络并提供服务的,一旦入侵者侵入堡垒主机,就可以以堡垒主机为平台获取内联网络的机密信息或采取进一步的破坏活动。堡垒主机比较适合放置在周边网络(有的资料称其为参数网络)中。周边网络实际上是内联网络与外联网络之间的一个隔离缓冲网络。堡垒主机通过设置在周边网络与内联网络之间的过滤路由器与内联网络相连。即使堡垒主机被攻破,入侵者也不可能通过监听网络通信获取内联网络的机密信息,而且内联网络也不会直接面对入侵者而受到进一步的攻击。

3.3 多重宿主主机

多重宿主主机(Multi-Homed Host)防火墙是防火墙部署与实现的另一种形态。它采用一台堡垒主机作为连接内联网络和外联网络的通道。具体做法是在这台堡垒主机中安装多块网卡,每一块网卡都连接不同的内联子网和外联网络,信息的交换通过应用层数据共享或者应用层代理服务实现,而网络层直接的信息交换是被绝对禁止的。与此同时,在堡垒主机上还要安装访问控制软件,用以实现对交换信息的过滤和控制功能。具体来说,多重宿主主机有两种经典的实现:第一种是采用应用层数据共享技术的双宿主主机防火墙,另一种是采用应用层代理服务器技术的双宿主网关防火墙。由于代理服务器技术应用广泛而且相对比较方便,所以双宿主网关类型的防火墙使用得比较多。下面将分别对这两种防火墙的原理和优、缺点进行说明。

3.3.1　双宿主主机

双宿主主机防火墙实际上就是一台具有安全控制功能的双网卡堡垒主机。两块网卡中的一块负责连接内联网络,另一块负责连接外联网络。双宿主主机防火墙通过连接内联网络的网卡可以与内联网络中的主机进行双向通信,同时通过连接外联网络的网卡可以与外联网络中的主机进行双向通信。但是必须要注意的是,内联网络与外联网络之间不能够进行直接的通信,一切信息的交换行为要通过双宿主主机防火墙提供的共享数据缓存来实现,即内联网络与外联网络之间的 IP 数据流被双宿主主机防火墙完全切断。

内联网络中的主机可以登录到双宿主主机防火墙上,利用其提供的网络服务,而双宿主主机防火墙负责维护用户账户数据库。与此同时,外联网络中的主机也可以利用双宿主主机防火墙提供的某些网络服务。如果这些网络服务被安全策略允许的话,内部用户和外部用户(或者服务器)就可以通过共享缓存共享数据以实现内联网络与外联网络之间某种服务的信息交换。但是安全策略绝对不允许内部用户与外部用户(或者服务器)直接进行连接,这种连接主要指网络层的连接。因为这样做相当于绕过了防火墙,双宿主主机将无法对网络访问行为进行控制。双宿主主机防火墙就是通过这种方法实现对内联网络的保护的。

双宿主主机防火墙的优点是:

1. 作为内联网络与外联网络的唯一接口,易于实现网络安全策略;

2. 使用堡垒主机实现,成本较低。

双宿主主机防火墙的缺点是:

1. 用户账户的存在给入侵者提供了一种入侵途径,入侵者可以通过诸如窃听、破译等多种手段获取用户的账号和密码进而登录防火墙,因此双宿主主机防火墙比没有用户账户的堡垒主机的安全性要低;

2. 双宿主主机防火墙上存在用户账户数据库,当数据库的记录数量逐渐增多时,管理员需要花费大量的精力和时间对其进行管理与维护,这项工作是非常复杂的,容易出错;

3. 用户账户数据库的频繁存取将耗费大量的系统资源,会降低堡垒主机本身的稳定性和可靠性,容易出现系统运行速度低下甚至崩溃等现象;

4. 允许用户登录到防火墙主机上,对主机的安全性是一个很大的威胁。用户的行为是不可预知的,各种有意或者无意的破坏都将给主机带来麻烦,而且这些行为也很难进行有效的监控和记录。

图 3-3 为双宿主主机防火墙的示意图。

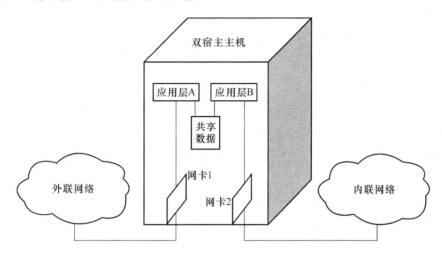

图 3-3   双宿主主机防火墙

3.3.2   双宿主网关

正是因为双宿主主机防火墙具有以上的各种缺点,所以人们将目光逐步转向了双宿主网关防火墙。双宿主网关防火墙的兴起主要得益于代理服务器技术的出现和应用。正如上面所描述的那样,双宿主主机防火墙的根本缺陷是它必须让用户先登录到防火墙主机上才能使用防火墙提供的应用层数据共享服务,为此不得不提供用户账户的维护功能。双宿主网关防火墙不需要用户登录到防火墙主机上,也就不需要维护用户账户数据,从而降低了防火墙的安全风险,符合堡垒主机的最小化原则。取而代之的是在防火墙主机上安装各种网络服务的代理服务器程序。当内联网络中的主机意图访问外联网络时,只需要将请求发送至双宿主网关防火墙相应的代理服务器上,通过过滤规则的检测并获得允许后,再由代理服务器程序代为转发至外联网络的指定主机上。而外联网络中的主机所有对内联网络的请求都由双宿主网关防火墙的代理服务程序接收并处理,规则允许的外部连接由相应的代理服务器程序转发至内联网络中的目标主机上,规则不允许的外部连接则直接拒绝。代理服务器的种类包括 HTTP、FTP、SMTP、Gopher、Telnet、NNTP 等,其种类和数量取决于网络安全策略的规定。

双宿主网关防火墙的优点是:

1. 无需管理和维护用户账户数据库,降低了系统被入侵者攻破的危险,降低了管理

员的工作复杂度,减少了防火墙的威胁;

2. 由于采用代理服务器技术,防火墙提供的服务具有良好的可扩展性。对于新增的网络服务只需要安装相应的代理服务器组件即可;

3. 所有的信息都是通过代理服务器转发的,屏蔽了内联网络的主机,组织了信息泄露现象的发生。

双宿主网关防火墙的缺点是:

1. 防火墙主机本身成为了安全的焦点,入侵者只要攻破堡垒主机就可以直接面对内联网络了,因此防火墙主机的安全配置非常重要且复杂;

2. 随着代理服务器组件的增多,防火墙主机本身的性能是影响系统整体性能的瓶颈;

3. 单台主机作为内联网络和外联网络连接的途径,带来了单失效点的问题,一旦防火墙主机停止运行,则内联网络到外联网络的连接将全部中断;

4. 灵活性较差,如果用户请求的网络服务在防火墙上没有相应的代理组件,则用户将无法使用该服务。

图 3-4 即为双宿主网关防火墙的示意图。

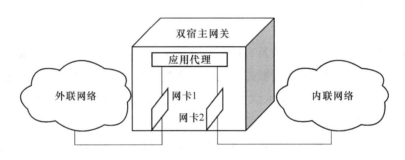

图 3-4 双宿主网关防火墙

3.4 屏蔽主机

在 3.1 节和 3.2 节分别讲解了过滤路由器和堡垒主机这两个网络安全防护系统的基本组件。在本节中,将学习一种结合了过滤路由器和堡垒主机的特点的新的防火墙部署与实现结构——屏蔽主机。图 3-5 给出了这种防火墙的实现方式。

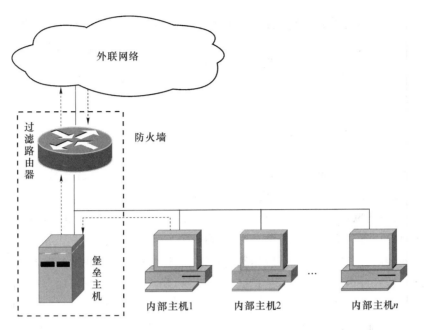

图 3-5 屏蔽主机防火墙

3.4.1 系统构成

屏蔽主机由一台过滤路由器和一台堡垒主机构成。其中,过滤路由器被部署在内联网络和外联网络相交界的位置上。而堡垒主机与其他内联网络的主机一样与过滤路由器相连接。

3.4.2 工作原理

过滤路由器的路由表是定制的,将所有外联网络对内联网络的请求都定向到堡垒主机处,而堡垒主机上运行着各种网络服务的代理服务器组件。这就是说,外联网络的主机不能直接访问内联网络的主机,对内联网络的所有请求必须要由堡垒主机上的代理服务器进行转发。对于内联网络到外联网络发起的连接则有不同的处理方法,一切以组织或机构的网络安全策略为基准。具体来说有以下两种:

1. 除了堡垒主机的请求以外,过滤路由器阻塞所有内联网络到外联网络的访问请求,过滤路由器将这些请求全部重定向到堡垒主机上,而堡垒主机上的代理服务器组件负责这些请求访问权限的判定,如果过滤规则允许,则相应的代理服务器组件将该访问请求转发至过滤路由器,再由过滤路由器转发至外联网络的目的主机;

2. 根据安全策略,过滤路由器允许某些特定的主机或者某些特定的服务请求无需经过堡垒主机上的代理服务器的处理,可以直接通过过滤路由器访问外联网络,而其他的主机和服务请求则必须经过堡垒主机上的代理服务器处理,获得授权以后才能访问外联网络。

3.4.3 安全性操作

屏蔽主机防火墙实际上结合了两种不同类型的防火墙:过滤路由器实际上执行的是包过滤防火墙的功能,而堡垒主机实际上执行的是代理防火墙的功能。结合上述内容可知,对于来自于外联网络的数据包首先都要由过滤路由器按照网络层的数据包过滤规则进行安全过滤检查。当数据包符合包过滤规则的允许条件后,才被转发至堡垒主机,由堡垒主机上安装的代理服务器进行应用级的检测。只有通过了代理服务器的检查后,该数据包才能被转发进内联网络。但是根据代理服务器的设定,该数据包的源地址有可能被改为代理服务器的服务地址。对于内联网络访问外联网络的数据包,过滤路由器依据安全策略,既有可能只经过包过滤检测就转发至外联网络,又有可能将该数据包重定向到堡垒主机上相应的代理服务器,由代理服务器进行应用级检测,符合允许条件的再由代理服务器代为转发至目的主机。

3.4.4 优点

1. 屏蔽主机是一种结合了包过滤和代理两种不同机制的防火墙系统,它能够提供比单纯的过滤路由器和多重宿主主机更高的安全性。任何攻击者都需要攻破包过滤防火墙和代理防火墙两条防线才能进入到内联网络,这增加了攻击者的难度;

2. 屏蔽主机支持多种网络服务的深层过滤,并具有相当的可扩展性。由于堡垒主机上采用的是代理服务器技术,所以只要按照需要添加代理服务器组件即可;

3. 屏蔽主机系统本身是可靠、稳固的。不同于多重宿主主机,直接面对外联网络的并不是堡垒主机而是过滤路由器。保护简单配置的路由器要比保护一台主机要容易得多。

3.4.5 缺点

屏蔽主机的主要缺点是在堡垒主机和其他内联网络的主机放置在一起,它们之间没有一道安全隔离屏障。如果堡垒主机被攻破,那么内联网络将全部曝光于攻击者的面前。此外,虽然过滤路由器的安全性比多重宿主主机要高,但是由于只执行简单的包过滤规则,因此入侵者有多种手段对过滤路由器进行破坏。一旦路由表被修改,则堡垒主机就会被旁路,堡垒主机上的代理服务器也就没有用了。所有内联网络向外联网络发出的请求都会通过被破坏的过滤路由器直接转发至外联网络,内联网络也就没有秘密可言了。内联网络的安全性都维系在一张相对脆弱的路由表上,这是一个比较严重的问题。

图 3-6 说明了这种严重的情况。其中,内联网络的网络号为 222.168.199.0,某台内部主机 R 的 IP 地址为 222.168.199.160,堡垒主机的 IP 地址为 222.168.199.6。正常情况下,路由表应明确地指出如果目的网络号为 222.168.199.0,则下一跳转发地址为 222.168.199.6。当路由表被破坏时,发往内部主机 222.168.199.160 的数据包不再经由堡垒主机进行转发,而是直接到达目的主机。对于一个入侵者来说,这就意味着内联网络的所有主机都是直接可达的,内联网络与外联网络之间没有任何阻挡了。

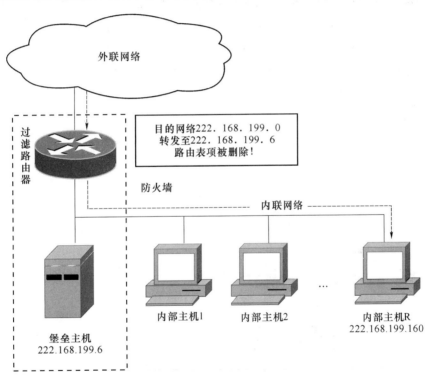

图 3-6 屏蔽主机过滤路由器路由表被破坏

3.5 屏蔽子网

屏蔽主机防火墙由于将堡垒主机放置在内联网络中,所以容易成为入侵者攻破内联网络的桥头堡和跳板,这严重降低了屏蔽主机防火墙的安全性。为了解决这个问题,又开发出了一种新型的防火墙部署结构——屏蔽子网防火墙。与前面提到的各种防火墙相比,它可以提供更高的安全性。

屏蔽子网防火墙的提出又带来了一个新的概念——非军事区(Demilitarized Zone,DMZ)。非军事区又称为屏蔽子网,就是在前面提到的周边网络或者参数网络,只是借用了"非军事区"这样一个军事术语而已。它是在用户内联网络和外联网络之间构建的一个缓冲网络,目的是最大限度地减少外部入侵者对内联网络的侵害。非军事区是一个小型的网络,在它的内部只部署了安全代理网关和各种公用的信息服务器。在边界上,非军事区通过内部过滤路由器与内联网络相连,通过外部过滤路由器与外联网络相连。安全策略的实施由执行包过滤规则的内部过滤路由器和外部过滤路由器,以及非军事区内部执行安全代理功能的一台堡垒主机共同实现。所有的这些设备集合到一起构成了一个屏蔽子网防火墙,具有网络层包过滤和应用层代理两个不同级别的访问控制功能。如果将其看做一个整体的话,由于它位于内联网络和外联网络的唯一连接点上,所以应该属于传统的单接入点防火墙。图 3-7 给出的是屏蔽子网的一种典型实现。

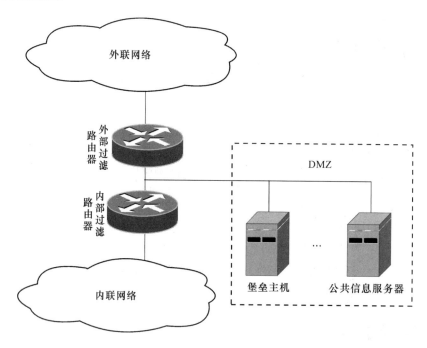

图 3-7　屏蔽子网防火墙

需要注意的是,现在的非军事区通常是由一台三叉防火墙实现的。三叉防火墙具有3个网络接口:一个接口通过内部路由器与内联网络相连接,另一个接口通过外部路由器与外联网络相连接,第三个接口才是与非军事区相连接。此时的非军事区主要部署的是公共信息服务器,堡垒主机上的安全代理网关的功能已经转移到三叉防火墙的内部来实现。图 3-8 显示的就是这种结构的防火墙。

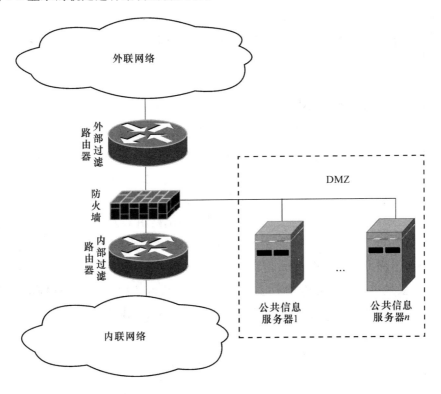

图 3-8 三叉防火墙

下面将分别介绍屏蔽子网防火墙各个组成部分的功能特性。

3.5.1 内部路由器

内部路由器部署在内联网络与非军事区的交界处,又称为阻塞路由器(Choke Router)。

内部路由器的作用是保护内联网络免遭来自于外联网络和非军事区的攻击。它执行屏蔽子网防火墙的大部分包过滤工作。

内部路由器允许从内联网络到外联网络有选择的出站服务,这些服务将只使用发出请求的内部主机提供的包过滤功能,而不使用安全代理网关提供的安全代理功能。内部主机根据自身的需要和能力来确定服务的安全性,而不同的主机对安全的定义可以是不同的。

内部路由器将限制与非军事区中安全代理网关堡垒主机进行连接的内部主机数目,而且需要对能够连接到安全代理网关堡垒主机的内部主机进行重点保护。这是因为一旦堡垒主机被入侵者攻陷,则内联网络中与堡垒主机相连接的主机将成为入侵者下一步攻击行为的主要目标。比较好的解决办法是在内联网络中部署内部服务器,如 E-mail 服务器等,由内部服务器将内部主机的网络服务请求转发到安全代理网关堡垒主机上,再转发至外联网络。

3.5.2 外部路由器

外部路由器部署在非军事区与外联网络的交界处,又称为访问路由器或者接触路由器。

理论上,外部路由器与内部路由器同样执行网络层的包过滤功能,为非军事区和内联网络提供第一层的保护。但实际上内部路由器和外部路由器的规则基本上是相同的,而且基本上是通用规则。此外,外部路由器往往由 ISP 提供,只具有简单的通用配置。因此,外部路由器只执行了一小部分的过滤功能。对于非军事区内部的服务器来说,基本上采用的都是堡垒主机的机制,安全性主要依靠主机自身的防护。对于内联网络来说,主要依靠内部路由器和堡垒主机提供的安全防护。总之,外部路由器能够提供的安全性较弱,而且也不需要它提供多么高的安全防护等级。

由此产生的一个问题是部署外部路由器的原因是什么?其实外部路由器真正的作用是防止源 IP 地址欺骗攻击和源路由攻击。尤其对于前一种攻击来说,内部路由器是无法进行判断的。假设某个攻击数据包伪装成内部 IP 地址发送到防火墙处,对于只使用内部路由器的环境来说,由于内部路由器只执行包过滤功能,没有记录会话的上下文,所以无法判断这个数据包的真伪。而对于外部路由器来说就很容易判定这个数据包是一个伪造的数据包,因为屏蔽子网防火墙一般禁止内联网络到外联网络的直接访问,凡是允许的连接都是被记录的,而攻击数据包无法确知连接的是哪些内容。

外部路由器的另一个作用是限制内联网络与外联网络之间的连接。从严格的安全策略上讲,外部路由器应该被配置为只允许堡垒主机转发的数据包通过,而不允许内联网络直接与外联网络进行连接。对于从外联网络传来的数据包,外部路由器会将其重定向到非军事区的响应服务器或堡垒主机上,而不允许其透过非军事区直接进入内联网络。

3.5.3　堡垒主机

堡垒主机负责执行屏蔽子网防火墙的应用层访问控制操作。在堡垒主机上要安装相应的代理服务器组件，对于从内部服务器或内部主机发来的请求要进行应用层检查，符合允许条件后再由相应代理服务程序代为转发至外联网络的目的主机处。堡垒主机的这种安全代理网关功能可以由三叉防火墙代替以获得更高的安全性并简化了管理行为。

3.5.4　公用信息服务器

公共信息服务器主要是为了面向外联网络提供信息服务而设立的。每一台公用服务器都是一台牺牲主机，其上只提供必要的服务且不允许向内联网络转发信息。即使被入侵者攻破也不会影响到内联网络的安全。网络信息服务可以包括 WWW 与 FTP 等多种，具体台数和种类由用户自行决定。

3.5.5　屏蔽子网的优点

1. 内联网络实现了与外联网络的隔离，内部结构无法探测，外联网络只能知道到外部路由器和非军事区的存在，而不知道内部路由器的存在，也就无法探测到内部路由器后面的内联网络了，这一点对于防止入侵者知道内联网络的拓扑结构和主机地址分配情况及活动情况尤为重要；

2. 内联网络安全防护严密。入侵者必须攻破外部路由器、堡垒主机和内部路由器之后才能进入内联网络；

3. 由于使用了内部路由器和外部路由器，所以降低了堡垒主机处理的负载量，减轻了堡垒主机的压力，增强了堡垒主机的可靠性和安全性；

4. 非军事区的划分将用户网络的信息流量明确地分成不同的等级，通过内部路由器的隔离作用，机密信息流受到严密的保护，减少了信息泄漏现象的发生。

3.6　其他结构的防火墙

以上论及的都是防火墙的基础结构，将它们进行组合即可以得到应用于不同环境、符合不同要求的更为复杂的防火墙部署方案。本节将就此展开论述。

3.6.1 多堡垒主机

第一种结构组合是在屏蔽子网中使用多台堡垒主机扮演不同的角色。多堡垒主机可以满足下列环境的需要：

1. 提高服务的可用性，同时为多个用户提供多种不同的网络服务；

2. 提高堡垒主机的可用性，对主堡垒主机进行实时监控，一旦主堡垒主机发生故障，备份堡垒主机可以立刻代替主堡垒主机的工作；

3. 提高信息服务的安全性，隔离不同安全级别的数据和服务器，使用多台堡垒主机为不同用户提供不同的数据服务，如设置内部用户专用服务器和外部用户通用服务器。

图 3-9 描述了这种多堡垒主机的防火墙结构。

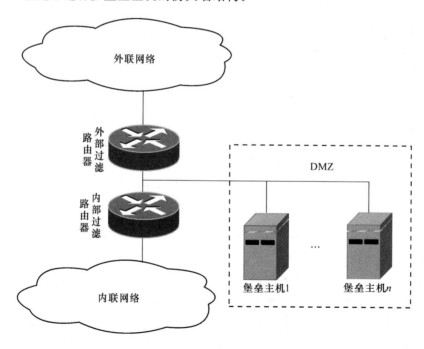

图 3-9　多堡垒主机防火墙

3.6.2 合并内部路由器和外部路由器

这种部署方案可以说是屏蔽子网结构的一种变形。它将屏蔽子网中的内部路由器和外部路由器的功能合并到一起,只使用一台过滤路由器来实现。这台过滤路由器最少要具有 3 个接口:一个接口连接内联网络,另一个接口连接外联网络,还有一个接口连接非军事区网络。这种方案最大的优点是节约了路由器的成本,但是也带来了单路由器安全性低的问题——一旦该路由器被入侵者攻破,整个内联网络将直接面对入侵者。

图 3-10 描述了这种只有一台路由器的变形的屏蔽子网防火墙方案。

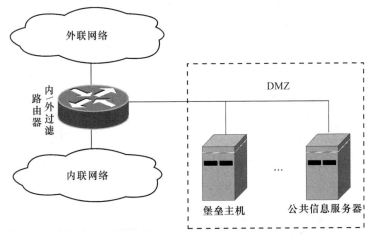

图 3-10 合并内部路由器和外部路由器的屏蔽子网防火墙

3.6.3 合并外部路由器与堡垒主机

这种防火墙方案是将屏蔽子网防火墙的外部路由器与堡垒主机合并而来的,其功能等价于屏蔽子网。能够这么做的原因是外部路由器只执行很弱的安全过滤功能,所以可以用堡垒主机来代替。这种方案节约了外部路由器的成本,在功能上也没有下降,但是堡垒主机的安全性问题必须要着重考虑。毕竟没有了外部路由器,堡垒主机更加暴露于外联网络了。图 3-11 描述了这种类型的防火墙方案。

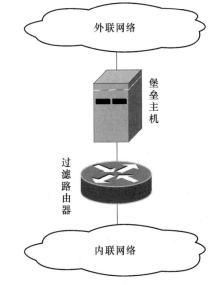

3.6.4 多外部路由器

如果要对具有多个接入点的用户网络进行安全防护,现实、较好的解决办法是在屏蔽子网防火墙中使用多台外部路由器。在这种防火墙方案中,不同的外部

图 3-11 合并外部路由器与堡垒主机防火墙

路由器连接不同的外部网络,包括组织或机构的联盟伙伴的网络。虽然外部路由器的增多增加了入侵者攻击用户网络的途径,但是这不是主要的问题。对于屏蔽子网防火墙来说,重要的还是要增强堡垒主机的安全防御机制和内联网络的过滤机制。在这一点上,多外部路由器屏蔽子网防火墙与传统的单外部路由器屏蔽子网防火墙并没有什么不同。图 3-12 描述了多外部路由器屏蔽子网防火墙的结构。

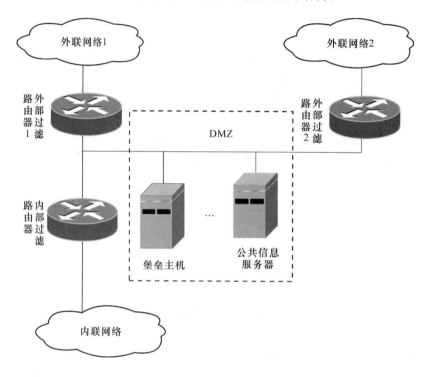

图 3-12　有两个外部路由器的屏蔽子网防火墙

3.6.5　多 DMZ

虽然多外部路由器屏蔽子网防火墙可以实现多点接入功能,但是从对内联网络提供的安全性的角度来说,它与单外部路由器屏蔽子网防火墙并没有什么不同。如果用户网络不但需要多点接入,而且还需要和不同的外联网络交换安全等级不同的数据,或者用户不希望被任何人探知自己的数据流向,那么最好的办法还是使用多个屏蔽子网。由此,这种类型的防火墙叫做多 DMZ 防火墙。这种防火墙为用户提供很好的策略可用性和服务可用性,并能增强系统的稳固性。但是具有配置复杂、管理困难的缺陷——在这种防火墙中,内部路由器、堡垒主机、外部路由器及外联网络的路由都是多重的,共享其中任何一个组件都使得多 DMZ 防火墙失去意义(除非用户有特殊的要求,比如共享同一个外联网络的路由以实现链路的安全负载平衡)。图 3-13 描述了这种复杂的多 DMZ 防火墙方案。

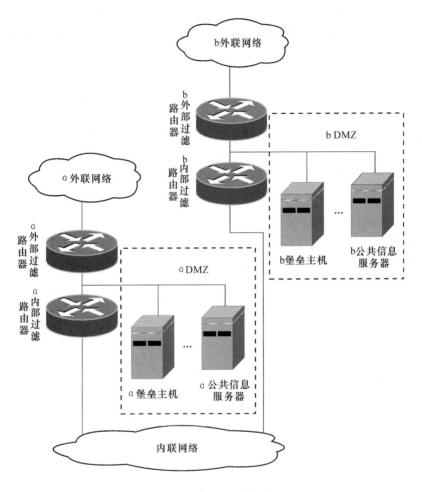

图 3-13　多 DMZ 防火墙

3.7　本章小结

正如本章开始所说的那样,不同的防火墙实现结构将直接影响防火墙执行访问控制策略的有效性,也影响到防火墙系统所能提供的安全性。本章重点讨论了目前主流的防火墙的部署与实现结构,包括基本的过滤路由器和堡垒主机,以及由此发展来的

多重宿主主机和屏蔽主机,然后讨论了目前最安全的防火墙部署与实现结构——屏蔽子网,对它们的工作特性和特点进行了表述。在本章的最后对基于上述防火墙部署与实现方案的变形结构进行了简要的说明。通过以上内容可以知道,最主要的安全防护部署方案都是基于非军事区技术的。虽然其结构及由此带来的配置、维护和管理操作复杂了一些,但是它能够为用户网络提供较高的安全等级,因此应该重点掌握关于它的知识。

第4章

防火墙厂商及产品介绍

防火墙作为主要的网络安全产品一直有许多厂家在研发和生产。在网络建设的过程中如何选择防火墙设备是一个专业而且复杂的问题。不但要对用户网络的安全需求有明确和深刻的认识,从而确定防火墙的各项性能指标,而且还要熟悉防火墙设备的市场行情,能够找到最符合用户要求且价格最低的产品。本章首先介绍评价防火墙性能的各种主要指标,其次介绍目前业界的主要信息安全设备厂商的概况和相关的主要设备特性。

4.1 防火墙性能指标

防火墙要工作于不同的网络环境中,为此,一般从以下几个方面评估防火墙的性能。

1. 可靠性

可靠性包括两层含义:一是防火墙能够加强网络的安全性;二是防火墙本身是安全可靠的,具有较强的抗攻击能力。

2. 可用性

可用性同样包括两层含义:一是防火墙可以提供多种工作模式、多种检测手段来灵活、便捷地实施安全策略,对于用户的安全性保护来说是可用的;二是对于任何因设备运行异常而出现的错误,防火墙都可以自动地进行处理,保证防火墙可以持续不断地运行,主要指基于故障转移、群集或者其他策略的冗余体系结构和备份过程等。

3. 可扩展性

可扩展性指防火墙能够适应用户网络结构和规模的变化。无论是小规模、轻量级过滤的情况,还是网络规模变大、主机数量众多、安全需求越来越苛刻的情况,防火墙都能够利用各种组件的扩展来对用户网络实施相应的安全保护。

4. 可审计性

可审计性指为了有效地监控网络数据流,防火墙应该具有较强的事件分类记录和自动分析、审计功能。防火墙应该能够对网络事件进行细粒度地分类记录,对于任何超过正常阈值范围的异常事件,可以通过多种手段进行通知和告警。防火墙还应该能够自动地对事件数据进行分析,主动地发现潜在的威胁行为,提供攻击预报功能。所有数据都应该提供易于操作的图表和图形显示。

5. 可管理性

可管理性主要是指防火墙应该为管理员提供友好且简单的图形界面,以利于管理员快速、便捷地进行防火墙运行参数和执行安全策略的配置,减少因为配置操作的复杂性带来的系统漏洞。

6. 成本耗费

成本耗费指根据用户需求而决定的设备采购费用,包括硬件组件、软件组件和整个的运行成本费用几个部分。硬件组件和软件组件是一次性费用,而整体运行成本与设备生命周期相关,包括使用、维护和升级等操作发生的费用。

防火墙具体的评估参数一般选择以下几种。

1. 吞吐量(Throughput)

吞吐量是防火墙的第一个重要指标,该参数体现了防火墙转发数据包的能力。它决定了每秒钟可以通过防火墙的最大数据流量,通常用防火墙在不丢包的条件下每秒转发包的最大数目来表示。该参数以位每秒(bit/s)或包每秒(p/s)为单位。以位每秒为单位时,数值从几十兆到几百兆不等,千兆防火墙可以达到几个吉的性能。

2. 时延(Latency)

时延参数是防火墙的一个重要指标,直接体现了在系统重载的情况下,防火墙是否会成为网络访问服务的瓶颈。时延指的是在防火墙最大吞吐量的情况下,数据包从到达防火墙到被防火墙转发出去的时间间隔。时延参数的测定值应与防火墙标称的值相一致。

3. 丢包率(Packet Loss Rate)

丢包率参数指明防火墙在不同负载的情况下,因为来不及处理而不得不丢弃的数据包占收到的数据包总数的比例,这是一个服务的可用性参数。不同的负载量通常在最小值到防火墙的线速值(防火墙的最高数据包转发速率)之间变化,一般选择线速的10%作为负载增量的步长。

4. 并发连接数

并发连接数参数指的是防火墙对业务流的处理能力,是其能够同时处理的点到点连接的最大数目。该参数直接影响到防火墙所能支持的最大信息点数,它反映了防火墙对多个连接的并行控制能力和状态跟踪能力。根据防火墙型号的不同并发连接数也不同,型号越高级并发连接数就会越多。

5. 工作模式

目前主流的防火墙都具备3种不同的工作模式:路由模式、NAT模式和透明模式。支持的工作模式的数量体现了防火墙的可用性的高低。

（1）路由模式

传统防火墙一般工作于路由模式,防火墙可以让处于不同网段的计算机通过路由转发的方式互相通信。但是,如果防火墙的不同端口所接的局域网都位于同一网段时,工作于网络层的防火墙是无法完成数据包的转发的。而且随着网络规模的增大,对于内部主机和内部路由器的设置也将变得十分麻烦。图 4-1 显示了防火墙路由模式的工作方式。

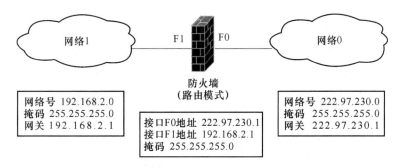

图 4-1　防火墙路由模式示意图

（2）网络地址转换（NAT）模式

NAT 模式实际上是路由模式的一种。这种模式将内联网络的 IP 地址翻译成外联网络的一个或多个合法地址,然后访问 Internet。例如,一个最常用的实现方式是防火墙用目的地接口的 IP 地址替换发送数据包的主机的源 IP 地址,并且用一个防火墙随机生成的端口号替换源端口号。NAT 模式根据可以分为正向地址翻译和反向地址翻译,也可以分为一对一地址映射模式和一对多虚拟地址模式。

（3）透明模式

透明模式下的防火墙可以克服路由模式下防火墙的弱点。它可以过滤通过防火墙的数据包,而不会修改数据包包头中的源地址或目的地址信息。透明模式防火墙不但可以完成同一网段的包转发,而且不需要修改周边网络设备的设置。在透明模式下,接口的 IP 地址被设置为 0.0.0.0,防火墙对于用户来说是"透明"的。但路由模式的优点和透明模式的优点是不能同时并存的,因此防火墙一般同时提供这两种模式供用户进行选择,让防火墙在这两种模式下进行切换。图 4-2 显示了防火墙透明模式的工作方式。

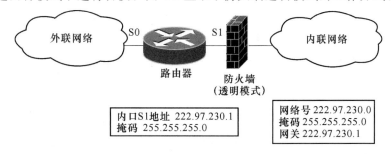

图 4-2　防火墙透明模式示意图

6. 配置与管理

对防火墙进行配置与管理的方法有两种：一种是通过图形化界面(GUI)进行，一般是通过主页方式(包括 HTTP 和 HTTPS)和 Java 等网络语言编写的界面进行网络化配置与管理；另一种是通过命令行界面(CLI)进行，一般是通过 Console 口或者 Telnet 等方式进行配置与管理。

7. 接口的数量和类型

防火墙接口的数量和类型表明了防火墙适应网络的能力。一般来说，接口的数量越多，表明防火墙可以控制的网络越多；支持的接口类型越丰富，表明防火墙越能适应多种复杂的网络。防火墙一般都设有若干内联网络接口、一个外联网络接口和用于系统配置和维护的控制接口。内联网络接口一般为 10 M 以太网口和 100 M 快速以太网口，外联网络接口一般为 1 000 M 以太网口(铜缆或光纤接口)。有的防火墙也预留了其他接口用于用户自定义其他的独立保护区域。此外，根据防火墙功能的不同，还可能有其他的一些接口，如高可用性接口(HA)等。

8. 日志和审计参数

防火墙对所有流经它的数据流都应该有详细的记录，包括正常的通信和攻击行为。防火墙对所有事件应该分类记录，分类的粒度往往决定了该防火墙日志功能的强弱。防火墙应该提供日志的自动分析功能，为网络行为分析提供第一手的数据和攻击预警。日志的安全存储也是一个重要的问题，防火墙应该有自动转存和增量备份的功能。

9. 可用性参数

可用性参数用于评价防火墙的容灾容错能力及附加的性能增强能力。对于前者，主要通过 HA 端口实现主-备份的双机模式。平常只有主防火墙在工作，备份防火墙则执行持续不断地监测主防火墙工作状态的任务。一旦主防火墙中断，备份防火墙自动接管所有任务，保证网络服务的连续性。对于后者，主要是双链路并行传递，实现网络负载平衡，达到增强系统性能的目的。

10. 其他参数

其他参数指防火墙的附加功能。主要有以下几点：

(1) 内容过滤：具体有 URL 阻断、关键词检查、Java Applet、ActiveX 控件和恶意脚本过滤等；

(2) 入侵检测：对于 IP Source Routing、IP Spoofing、SYN Flood、ICMP Flood、UDP Flood、Address Sweep、Tear Drop、Winnuke、Port Scan、Ping of Death、Land Attack、Dos 和 Ddos 等攻击的检测和警告；

（3）用户认证：可以指定用户必须通过不同等级的认证才能访问网络；实现用户的分级授权，用户的一切活动都围绕着其权限展开；可使用 Raduis 或者 IP/MAC 绑定等认证方式；

（4）VPN 与加密：防火墙可以支持第三方 VPN 设备与外联网络相应设备间的通信或者在防火墙上建立 VPN 网关，更为主要的是防火墙支持各种密码算法和协议，可以在网络之间或网络与客户端之间进行加密的安全通信。一般考虑可支持最大 VPN 会话数；各种密码算法和加密体制，如 PKI、DES、3DES、IDEA、RSA 及 AES 等；完全的正、反向加密等几个具体参数。

4.2 知名防火墙厂商及其主要产品

全世界防火墙的生产厂商有很多，从中国的角度出发，可以将它们分为国内厂商和国外厂商两大类，每一类厂商又可以分为专业的信息安全设备制造商和网络设备制造商两个子类。对于属于后一种子类的厂商来说，防火墙等安全产品只是其产品线的一部分。由于防火墙的生产厂商数量众多，所以下面将只选取几个具有代表性的国内外厂商和它们的防火墙产品进行简要介绍。

4.2.1 Juniper/NetScreen

在信息安全领域里，许多人对 Juniper 公司还不是很熟悉。但是一提及 NetScreen 科技公司的名字，很多人就都耳熟能详了。NetScreen 是信息安全业界的领先者，它的防火墙和 VPN 产品无论从性能指标还是质量上都位居世界前列。2004 年 Juniper 收购 NetScreen，丰富了自己的网络安全系列产品线，在 SSL VPN 市场取得了全球领导地位。而 NetScreen 被收购后则获得了重要的资金和渠道的支持，在安全技术和产品的研发方面更是如虎添翼。

NetScreen 成立于 1997 年 10 月，总部位于美国加州的硅谷。1998 年 11 月，原 Sun 公司的执行总裁 Robert Thomas 加盟 NetScreen 并任公司总裁。NetScreen 由 3 位留美的清华学子创建，此前，一位在 Intel 公司从事芯片设计工作，一位在 Cisco 公司从事软件设计，还有一位则在一家互联网公司从事网络安全方面的工作。3 人互补的背景和技术经验的结合加上对市场需求的把握，使 NetScreen 防火墙迅速成为市场上不可小觑的重要角色。NetScreen 至今还保持着从公司成立到产品上市只用 8 个月的时间，而且已售出的几千套产品没有一例出现硬件故障的记录。其实力可见一斑。

Juniper/NetScreen致力于发展新型的将多种功能集成到一起的网络安全产品,屡次创造业界产品性能记录,其创新的体系结构已取得了国际专利。该公司创造了多个世界第一:第一个基于特定应用集成电路(ASIC)的平台;第一个基于ASIC的防火墙;第一个入侵检测与防护(IDP)产品,以及最全的SSL VPN产品;第一台Gigabit防火墙。

该公司很早就进入了中国市场,近几年逐步加大了对中国市场的关注力度,取得了一系列的奖项,获得了业界的认可,其获得的主要荣誉简单列举如下。

1. 荣获2006年中国IT渠道冠军调查评选的"网络安全产品最佳技术创新性奖"、"网络安全产品最佳产品可靠性奖"、"企业路由器最佳销售盈利性奖"和"企业路由器最佳政策延续性奖"4项大奖;

2. 荣获中国IT服务用户满意度调查的"防火墙产品、服务满意金奖";

3. 荣获由《通信世界》主办的2006年中国通信经济年会中国十大IT助力电信企业;

4. 荣获由《中国计算机报》主办的第七届中国信息安全大会"值得信赖品牌奖";

5. TX Matrix路由矩阵荣获2005《计算机世界》"年度产品与解决方案高端路由器奖项";

6. SSG 550和NetScreen 5GT产品组合荣获《网络世界》IPSec VPN横向公开评测"编辑选择奖"。

目前,该公司拥有全球超过100个国家的两万多个大型客户,包括HP、日立、AOL及日本电信等。在中国,它同样拥有广泛的客户群,如中国电信、中国银行和中国移动等,它还参与了中国下一代科研和教育IPv6核心骨干网络的建设工作。

下面来介绍Juniper/NetScreen的防火墙产品。

对于网络安全产品,市场上提出了3种需求:第一种需求是现在主要基于软件的防火墙产品速度较慢,在带宽越来越高的网络中逐渐成为了一个新的瓶颈,因此急需高性能、支持高带宽的防火墙产品;第二种需求是建立VPN的需求,而实现VPN核心的加密、解密技术比较容易与防火墙的技术融为一体;第三种需求是现有的防火墙等网络安全产品使用起来非常复杂,典型的防火墙安装起来就需要2～3天,安全策略修改起来更为麻烦,而且操作都需要具备专门知识的人员,因此需要使用方便、快捷的安全产品。

Juniper/NetScreen基于这些需求,研发和生产了集防火墙、VPN、流量控制3种功能于一体的网络安全产品,能够很好地解决这些问题。Juniper/NetScreen的产品完全基于硬件ASIC芯片,因而在性能上比软件防火墙要高很多,同时实现了经由防火墙的VPN通信,而且其安装和使用也很简单。

Juniper/NetScreen 出品的 NetScreen 系列防火墙是由硬件来实现防火墙技术的网络安全产品。它将 NAT、包过滤、DMZ、VPN、负载均衡及流量控制等技术集成在同一设备里,具有速度快、功能完善、设置简单和高性价比的优点。

1. 专用的操作系统 ScreenOS

ScreenOS 负责驱动整个防火墙系统,其核心是一个定制的实时操作系统。它支持经过 1CSA 认证的状态检测防火墙;支持经过 ICSA 认证的 IPSec VPN 网关;提供虚拟化安全、网络和管理功能;具有高可用性,能确保为网络提供最高的可靠性;此外还拥有一组功能完备的内部及外部管理接口。总之,ScreenOS 具备了多种功能并提供了一个整合、易用的操作平台。

2. 硬件增强的防火墙技术

NetScreen 系列防火墙采用实时检测技术,提供了可扩展的网络安全解决方案。它基于专用的 ScreenOS 操作系统,经过了 ICSA 的认证;采用经过专门优化的硬件,提供了全功能、高级别安全水平的解决方案;具有强大的攻击防御能力,具备硬件加速的 Session Ramp Rates 性能;提供网络地址翻译、端口地址翻译功能;在具体实现上,它将所有的流量策略、安全政策、加密和身份验证等工作交给硬件处理,将包的路由交给路由器处理,达到了提高吞吐量、提升整体性能的目的。

3. 集成的 VPN 技术

所有 NetSereen 系列防火墙中都整合了一套全功能的 VPN 解决方案:支持 3DES、DES 和 AES 加密算法;支持 PKI X. 509 数字证书;支持 SHA-l 和 MD5 认证;同时支持网状和星状两种 VPN 网络拓扑结构。总之,NetSereen 系列防火墙支持广泛的站点到站点 VPN 功能及全面的远程接入 VPN 应用。

4. 灵活的流量管理

允许网络管理员实时监视、分析和分配各类网络流量使用的带宽。可以根据 IP 地址用户、应用或时间段来进行灵活地管理,可以设定保障带宽和最大带宽,可以利用 8 种优先等级为流量分配优先权,可以支持符合行业标准的 Diffserv 数据包标识,允许 NetScreen防火墙在 MPLS 的环境下运行。这些措施确保了关键性业务的流量不会受到影响。

5. 基于 ASIC 的访问策略的执行

NetScreen 系列防火墙使用 ASIC 芯片来进行访问策略运算。ASIC 是一个带有高速 MIPS RISC CPU 的多总线结构,具有节省 CPU 资源、减少不必要的软件层和安全漏洞的优势,可以为系统提供更高的可靠性和安全性。

6. 简单、快捷的管理操作

NetScreen 系列防火墙支持统一的远程或本地图形化管理、基于 Web 的管理及基于 Telnet 的控制台管理等多种管理功能,可提供各种类型的告警信息,记录系统与第三方报表系统兼容,此外还提供多种虚拟化功能来实施快速部署。

表 4-1 列举了 Juniper/NetScreen 防火墙/IPSec VPN 安全产品并简要说明了其适用的用户群和相应的特性。

表 4-1 Juniper/NetScreen 防火墙/IPSec VPN 安全产品简表

产　品	用　户　群	特　　性
NetScreen-HSC NetScreen-5GT NetScreen-5GT ADSL NetScreen-5GT Wireless NetScreen-5XT	小型办事处/远程办事处/零售点/固定的远程工作人员	(1) 集成的安全设备,提供状态检测防火墙和深层检测防火墙、IPSec VPN、防病毒和 Web 过滤功能; (2) 快速部署,以快速启动并运行新设备; (3) 设备冗余和故障恢复功能,可提供高可用性; (4) 为企业远程办公提供安全无线接入
NetScreen-25 NetScreen-50 NetScreen-204 NetScreen-208	地区办事处/分支办事处/中型企业	(1) 拒绝服务攻击防护; (2) 深层检测和 Web 过滤提供应用层安全性; (3) 透明模式,只需对现有网络进行最少的修改即可将设备部署到网络中; (4) 动态路由支持,以减少对人工干预的依赖性
NetScreen-500 ISG1000/ISG2000 NetScreen-5200 NetScreen-5400	大、中型企业的中央站点/运营商网络/数据中心	(1) 专用的高性能、可扩展的灵活、安全解决方案; (2) 接口灵活性,可满足各种网络连接要求; (3) 可定制的安全区,能够提高接口密度; (4) 全面的高可用性解决方案,支持在 1 s 内完成故障切换; (5) 虚拟系统支持,用于将设备分割为多个安全域

4.2.2 Cisco

Cisco(思科)这个名字在网络界久负盛誉,曾经它就是网络的代名词。Cisco 系统公司(Cisco Systems Inc)是全球领先的互联网设备供应商。Cisco 公司向用户提供端到端的网络解决方案,使用户能够建立起自己的统一信息基础设施或者与其他网络互连互通。它的网络设备和应用方案将世界各地的人通过各种各样的线路连接起来,使人们能够随时随地利用网络传送信息。

Cisco 公司是业界真正的巨头——它提供业界范围最广的网络硬件产品、互联网操作系统(IOS)软件、网络设计和实施等专业技术支持,并与合作伙伴合作提供网络维护、优化等方面的技术支持和专业化培训服务。Cisco 的技术认证可以说是中国影响最为广泛的技术认证，CCNA、CCNP 和 CCIE 被许多年轻人当做去往理想之国的护照。

Cisco 的名字取自美国旧金山(San Francisco)，那里有世界闻名的金门大桥。在过去的二十多年中，Cisco 公司曾采用过 4 个不同版本的标识，但始终将金门大桥作为自己的形象。

Cisco 公司的总部位于美国加利福尼亚州的圣何塞，在马萨诸塞州的 Chelmsford 和北卡罗来纳州研究三角园(Research Triangle Park)的分部负责 Cisco 公司部分重要的业务运作。

Cisco 公司是美国最成功的公司之一。从 1986 年生产第一台路由器以来，Cisco 公司在其进入的每一个领域都占有第一或第二的市场份额，成为市场的领导者。1990 年上市以来，Cisco 公司的年收益已从 6 900 万美元上升到 2001 年的 222.9 亿美元。公司在全球有数万名员工。

在中国，Cisco 公司同样具有重大的影响力。1994 年，中国开始建设现代化网络，同年 Cisco 系统公司在北京成立了办事处。接下来的几年，中国几个重要的骨干网络陆续开始建设，Cisco 公司抓住机会积极地投身于中国网络的建设工程中。如中国国家金融数据通信骨干网采用的就是 Cisco StrataCom IGX 交换机；ChinaNet 骨干网二期工程、中国教育科研网全国骨干网主体升级工程、河南和广东电信省网工程等都采用 Cisco 的网络设备和技术方案。经过几年的苦心经营，Cisco 公司在中国的业务开始了飞速的增长。2000 年，中国网通高速互联网(CNCNet)一期工程开通，采用 Cisco 设备和技术方案；中国电信(ChinaNet)第三期骨干网络扩容工程全部采用了 Cisco 的新一代 GSR 产品，使其骨干网络带宽由 155 M 扩充至 2.5 G，并具备随时升级至 10 G 的能力；中国联通选择 Cisco 网络产品及解决方案建设其互联网语音通信系统，该工程覆盖中国 30 个省份的 319 个城市，是全球最大的互联网语音通信网。2001 年，中国网通高速互联网(CNCNet)一期工程开通，采用 Cisco 设备和技术方案；中国电信采用 Cisco 电信级 GSR 产品升级全国 IP 骨干网。2002 年，中国联通采用 Cisco 新一代路由器建立会议电视承载网，覆盖范围达全国省会城市。2005 年，Cisco 宣布全球最大的教育网络"中国教育和科研计算机网(CERNET)"将部署 Cisco 公司 CRS-1 运营商级路由器系统，以升级其全国骨干网络，全面提高网络的整体性能。2006 年，中国电信下一代承载网(CN2)的全国范围大规模网络扩容工程之中，Cisco 公司独家承担了 CN2 运营商网络边缘(PE)的扩容工程。

Cisco 公司在业界的努力获得了广泛的认可，也为它带来了很多的荣誉。以 Cisco 在中国为例，2003 年，信息产业部授予 Cisco 系统(中国)网络技术有限公司"电子政务推荐企业"称号。2004 年，教育部授予 Cisco 系统公司"捐资助教特殊贡献奖"。而这些只是它获得奖项的很小的一部分。

Cisco 的防火墙产品是其网络安全产品线的主将,它能够为用户网络提供强大的安全性,同时对网络性能的影响很低。对外联网络它可以完全隐藏内联网络的体系结构,并且通过 Cisco 防火墙可以建立使用 IPSec 标准的虚拟专用网连接。下面就简单描述一下 Cisco 防火墙的特性。

1. Cisco 防火墙可以在单一的设备中集成丰富的安全服务,包括状态检测、VPN、入侵检测、多媒体支持和语音安全等;

2. Cisco 防火墙采用一种专用的安全操作系统,消除通用操作系统的各种安全风险,提供了可靠的安全平台;

3. Cisco 防火墙安全功能强大,综合利用了状态检测、适应性安全算法(ASA)、多种先进网络协议的组件及对 Java Applet 和 ActiveX 进行内容过滤等先进技术;

4. Cisco 防火墙支持 IKE 和 IPSec VPN 标准,能够进行通过 Internet 对远程网络和用户进行身份认证,保护基于 Internet 的网络通信的安全。利用 DES 或者 3DES 确保数据的安全性和完整性;

5. Cisco 防火墙融合了入侵检测的功能,通过特征匹配可以识别数十种常见的网络攻击行为并采取不同策略进行响应,此外 Cisco 防火墙还可以与 Cisco 网络入侵解决方案相集成,构成统一的网络防护体系;

6. Cisco 防火墙提供动态或者静态的网络地址解析(NAT)和端口地址解析(PAT)功能,实现了隐藏用户网络实际网络地址和拓扑结构的目的,同时使得多个内部用户可以共用一个内部地址,并且共享同一个宽带连接;

7. Cisco 网络设备制造商的身份使得防火墙后面的用户可以灵活地实现联网功能而且需要支持 PPPoE(PPP over Ethernet)的网络兼容;

8. 管理员可以使用 PIX 设备管理器(PDM)提供的直观的、基于 Web 的界面方便地配置和监控 Cisco 防火墙,管理员还可以使用 Cisco 防火墙提供的命令行界面(CLI),通过多种连接方式对其进行远程配置、监控和诊断;

9. 管理员还可以通过 Cisco VPN 安全管理解决方案(VMS)提供的 Cisco 安全策略管理器(CSPM)对 Cisco 防火端进行远程管理,Cisco 安全策略管理器是一种多功能、可扩展、下一代的 Cisco 防火墙集中管理解决方案;

10. Cisco 防火墙提供了较强的可管理性和可审计性,PIX 设备管理器能够提供各种实时的和历史的数据报告,并且 Cisco 防火墙支持简单网络管理协议(SNMP)等各种管理协议,此外系统日志还可以和 Cisco 或第三方管理应用相集成,因此无论是对防火墙自身还是对流经防火墙的通信量,都可以进行详细地分析、操作和控制。

Cisco PIX 系列防火墙是 Cisco 产品线里的专用防火墙系列。经过多年的发展,已经形成比较全面的产品结构。表 4-2 具体描述了 Cisco PIX 系列防火墙产品子系列及其特性。

表 4-2　Cisco PIX 系列防火墙产品及其特性列表

特性＼类型	PIX 501	PIX 506E	PIX 515E-UR	PIX 525-UR 支持千兆	PIX 535-UR 支持千兆	FWSM 高端 防火墙模块
市 场	小型办公室/ 家庭办公室	远程办公室	中、小型分支 机构	大型企业	大型企业＋ 服务供应商	大型企业＋ 服务供应商
许可用户个数	10 或者 50	无限	无限	无限	无限	无限
VPN 对等端最大数量	10	25	2 000	2 000	2 000	N/A
RAM	16 MB	32 MB	64 MB	256 MB	1 GB	2 GB
最大接口数 （物理＋逻辑）	1 个 10 BT＋ 4 个 FE	2 个 10 BaseT	8	10	24	4 096
物理接口个数	2 个 10 BaseT 4 端口交换机	2 个 10 BaseT	2 个 10/100＋ 4 个 10/100	2 个 10/100＋ 6 个 FE/GE	2 个 10/100＋ 8 个 FE/GE	4 096
双向吞吐量	60 Mbit/s	100 Mbit/s	188 Mbit/s	360 Mbit/s	1.7 Gbit/s	5.5 Gbit/s
3DES（VAC/VAC＋）	3 Mbit/s	16 Mbit/s	130 Mbit/s	145 Mbit/s	425 Mbit/s	N/A
AES-128 吞吐量	4.5 Mbit/s	30 Mbit/s	130 Mbit/s	135 Mbit/s	495 Mbit/s	N/A
AES-256 吞吐量	3.4 Mbit/s	25 Mbit/s	130 Mbit/s	135 Mbit/s	425 Mbit/s	N/A
最大连接数	7 500	25 000	130 000	380 000	500 000	1 000 000
每秒支持的最大连接数	380	700	5 000	7 500	9 400	100 000
是否支持 OSPF	√	√	√	√	√	√
是否支持基于 Web 的 设备管理方式	√	√	√	√	√	√
是否支持简单 VPN(Easy VPN)	√	√	√	√	√	√
是否支持虚拟防火墙	×	×	√7.0 版本	√7.0 版本	√7.0 版本	√2.2 版本 支持 256 个
是否支持透明防火墙	√7.0 版本	√7.0 版本	√7.0 版本	√7.0 版本	√7.0 版本	√2.2 版本
是否支持虚拟防火墙 资源限制	×	×	√7.0 版本	√7.0 版本	√7.0 版本	√2.2 版本
是否支持 802.1q Trunk	×	×	√	√	√	√
是否支持 FailOver	×	×	√	√	√	√

4.2.3　CheckPoint

CheckPoint 软件技术有限公司以以色列为基地，于 1983 年成立。公司的总部设在美国加利福尼亚红木城，国际总部设在以色列莱莫干市。公司在美国的 10 多个城市设立了分公司。

国际分支机构则分别设在英国、法国、德国、日本、加拿大、澳大利亚和中国等11个国家。

CheckPoint公司是全球首屈一指的互联网安全解决方案供应商,是Internet安全领域的全球领先企业,在全球VPN及防火墙市场上居于领导地位。其安全虚拟网络(SVN)体系结构可提供支持安全可靠的因特网通信的基础设施。通过Internet、内联网络和外联网络,SVN可确保网络、系统、应用和用户之间的安全通信。

CheckPoint的Zone Labs部门是互联网安全领域中订购率最高的个人电脑安全套件。

CheckPoint™ VPN-1/FireWall-1®是CheckPoint公司网络安全产品线中最为重要的产品,是业界领先的企业级安全性套件。它集成了访问控制、认证、加密、网络地址翻译、内容安全性和日志审核等特性。CheckPoint的OPSEC框架对该套件进行了扩展,为VPN-1/FireWall-1和许多第三方安全应用提供了集成能力和企业级管理能力。

CheckPoint通过遍布全世界88个国家及地区的2 200多家合作伙伴销售及集成其解决方案,同时提供相关的服务。CheckPoint的用户包括《财富》100强企业和其他各种规模、众多的企业及政府机构。到2002年1月,CheckPoint公司在全世界的72 000多个注册用户使用着213 000多套各种CheckPoint产品,有116 000多个网络采用其获奖的VPN解决方案,Meta IP和Meta DNS产品在全球已经发售了20 000多套。

CheckPoint公司最有名的防火墙产品是FireWall-1,它与其他防火墙的主要区别是获得了专利的状态检测技术和保护企业互联体系结构的开放平台OPSEC,下面着重了解一下它的特性。

1. 状态检测技术

由CheckPoint公司推出并持有专利的状态检测技术是网络安全技术的事实标准。状态检测技术可以提供准确而高效的业务量监测,并且可以对应用层的信息进行检查,从而提供最高水平的安全性保护。由于状态检测技术不需要单独的代理来提供每一项服务,所以用户能够很容易地获得更高的性能、可伸缩性和业务能力,从而可以比原有的体系结构更为快捷地支持新的应用。

状态检测技术监视每一个有效连接的状态,并根据状态信息决定数据包是否能够通过防火墙。状态检测技术的核心是取得专利的INSPECT引擎,其作用是比较数据包及其状态信息来决定是否允许其通过防火墙,并根据安全规则得到该数据包的控制信息。INSPECT引擎可以使用CheckPoint的INSPECT语言进行编程,可利用它对FireWall-1的内置脚本进行更改以适应新的需要,具有很强的灵活性和可扩展性。

2. OPSEC

CheckPoint的开放式体系结构解决方案(Open Platform for Secure Enterprise Connectivity,OPSEC)是行业中推动整合和互操作性的一个联盟和平台,它提供了先进的而且也是业界唯一的企业级策略管理和策略执行框架,使得CheckPoint的解决方案能够与近400家领先企业的解决方案集成并实现高度的互操作性。这些构成OPSEC联盟的公司采用此框架为用户提供企业级网络安全各方面的解决方案。这些合作伙伴通过提供经 OPSEC 认证的产品和解决方案，与 SVN 体系结构全面集成，扩展了 CheckPoint 公司的系列解决方案，使 OPSEC 成为业界最成功的联盟。

与 OPSEC 达成一致和集成的有 4 个集成点：

（1）使用 CheckPoint 的 INSPECT 虚拟机或全面的 FireWall-1 编码集的嵌入式版本；

（2）使用 INSPECT 脚本语言的应用程序；

（3）使用 CheckPoint 定义的 OPSEC 协议和应用程序编程接口；

（4）使用安全行业或者一般行业标准和标准协议。

简言之，OPSEC 为各个厂商不同安全产品的整合提供了方便统一的接口，因此 CheckPoint FireWall-1 可以有效地集成第三方的安全产品，为组织或机构的网络安全提供统一的管理平台。

3. 集中管理下的分布式客户机/服务器结构

FireWall-1 采用集中控制下的分布式客户机/服务器结构。防火墙系统由中央管理工作站和若干防火墙监控模块组成。这些防火墙监控模块和管理工作站之间的通信必须先经过认证，然后通过加密信道传输。FireWall-1 允许组织或机构定义并执行统一的防火墙中央管理安全策略。安全策略规则库由管理员在中央工作站上建立和维护，并在防火墙启动或更新时加载到各个防火墙监控模块上。每条安全规则分别指定了源地址、目的地址、服务协议类型、针对该连接的安全措施、需要采取的行动及安全策略执行点等信息。所有的安全策略规则都是通过面向对象的图形用户界面(GUI)定义。

4. 对网络协议的广泛支持

FireWall-1 支持的网络通信协议多达 100 多种，包括 Internet 的主要服务，如 HTTP、Telnet、FTP、SMTP 等。而且 FireWall-1 支持许多流行的网络应用，如 Oracle SQL、.Net、Real Audio 及 MS NetMeeting 等。FireWall-1 的这种能力主要得益于它的开放式设计结构，这种结构为扩充新的应用程序提供了便利——新服务只需在弹出式窗口中直接加入，或者使用 INSPEC 编程加入即可。FireWall-1 的扩充能力可以有效地适应不断变化的网络安全环境和应用要求。

5. 增强的身份认证

FireWall-1 可以为用户提供各种授权和身份认证的服务，而且这种服务不会对服务器和应用程序有任何不利的影响。FireWall-1 不但可以对认证过程进行集中管理，而且能够对在整个组织或机构范围内发生的认证过程进行全程的监控、跟踪和记录。FireWall-1 提供了如下 3 种认证方法。

（1）用户认证(User Authentication)

用户认证是对于每个用户的身份及相应访问权限的认证，与用户登录的 IP 地址没有关系，这一点对移动用户特别有意义。用户的认证是在 FireWall-1 的网关上实施的。

FireWall-1网关截获用户的认证请求,并把该请求重定向到相应的服务器上。当用户经过服务器的认证后,服务器将建立一个到内联网络中的目的主机的连接。后续的数据包都需经过FireWall-1网关的检查才能转接到该内部连接上。

（2）客户认证（Client Authentication）

客户认证是FireWall-1的独创功能,它是针对主机IP地址的一种认证机制,而不限制用户使用的访问协议。客户认证的机制可以用来认证任何应用。客户认证不是透明的,需要用户登录到防火墙进行认证,但不要安装任何特定的软件程序。用户通过用户认证或会话认证,同时也就已经通过客户认证。

（3）会话认证（Session Authentication）

会话认证是针对每个会话连接进行的认证,属于透明认证。当用户发出网络连接请求时,FireWall-1防火墙网关首先截获该连接并确认是否通过用户认证,若已通过用户认证则网关将建立一个与会话认证代理（Session Agent）的连接,由会话认证代理负责决定是否将该请求继续向目的主机转发。

为了实现以上3种认证方法,FireWall-1支持多种认证措施,如SecureID、Secure Key、OS Password、内部用户账户和密码、Agent及Radius等。

6. 加密

FireWall-1对加密功能的支持可以使用户在Internet上建立完全保密的信道,通过不安全的线路安全地传输数据。FireWall-1提供160多种预定义协议的可选择、透明的加密算法,包括DES、3DES、SHA-1、RC4等。FireWall-1集成了多种加密方案、密钥管理和内部权威密钥认证机构。目前可供选择的3种加密方案分别是FWZ、Manual IPSec和SKIP。

FireWall-1还支持VPN的应用,VPN中专用网之间的加密由防火墙实施,无需在每一台主机上都安装加密软件。

此外,FireWall-1还提供了SecuRemote用户加密软件用于个人用户与防火墙的透明加密通信。而且,SecuRemote用户加密软件支持动态IP地址,能够很好地适应拨号网络连接的情况。这一点对于处于外联网络中的移动用户或远程访问用户来说是十分必要的。

7. 内容安全

FireWall-1的内容安全功能支持Web、FTP、SMTP等应用,包括对文件传输的病毒扫描、URL扫描、Java Applet、ActiveX组件的剥离,支持Mail、HTTP及FTP等特定网络资源的存取控制等。它能保护用户的系统资源免遭病毒、恶意代码及垃圾文件的入侵和骚扰,同时又能提供对Internet的较好访问。此外,FireWall-1提供第三方内容扫描程序的API接口,组织或机构可以根据需要另行选择内容扫描程序。

FireWall-1的功能特性还有很多,这里限于篇幅只选择那些有代表性的功能特性进行讲述,感兴趣的读者可以登录CheckPoint的官方网站获得更为详细的资料。

4.2.4 Fortinet

美国 Fortinet 公司成立于 2000 年,公司总部位于美国硅谷。Fortinet 公司的创始人、总裁与 CEO 谢青(Ken Xie)是 NetScreen 公司的原执行总裁兼创办人之一。Fortinet 公司的技术总监为全球著名防毒专家、WildList 的创始人 Joe Wells。

Fortinet 是新一代网络实时安全防御网关的技术引领厂家,是多层威胁防御系统的创新者和先锋。Fortinet 首家推出一种基于 ASIC 硬件体系结构的新型网络安全设备——FortiGate 防火墙。FortiGate 产品除了防火墙、VPN 和 IDS/阻断的功能外,又集成了防病毒、蠕虫和内容过滤等应用层功能。可以说,FortiGate 是一套完整的、全方位的信息安全解决方案。FortiGate 系列产品已获得国际著名的 ICSA Lab 的防病毒、IPSec、NIDS 和防火墙 4 项认证证书,Fortinet 是全球唯一同时拥有这 4 项证书的厂家。

下面简要介绍屡获殊荣的 FortiGate 系列防火墙产品的功能。

1. 病毒检测与蠕虫防御,FortiGate 系列防火墙能够完全检测、消除现有的病毒和蠕虫程序,对 SMTP、POP3、IMAP、HTTP 和 FTP 流量能够进行病毒特征码的实时扫描与监控,可清除隐含在 ZIP、RAR 压缩文件中的病毒和蠕虫程序,此外还可消除 VPN 隧道的病毒和蠕虫程序;

2. 状态检测防火墙,FortiGate 系列防火墙实现了符合工业标准的状态检测防火墙,该防火墙具有多种工作模式,安全策略定义、配置灵活,具有身份认证的功能,内建用户认证数据库,支持 Ldap、Radius 认证方式,支持端口映射和非军事区,支持 IP/MAC 绑定,支持流量控制;

3. IDS/阻断。FortiGate 系列防火墙实现了实时的基于网络的 IDS/阻断。它能够检测超过 1 300 种攻击并可以阻断已知的数十种 Dos、Ddos、操作系统和应用协议的漏洞攻击;

4. 虚拟专用网(VPN)。FortiGate 系列防火墙支持 PPTP、L2TP、IPSec 及透明模式下的 VPN,支持自动 IKE 和手工密钥交换,支持 DES、3DES、AES 加密算法,并且支持 PPTP、IPSec 远程客户端;

5. 内容过滤。FortiGate 系列防火墙能够根据 URL、关键字、词组过滤阻止 Web 站点及页面,允许管理员设置例外 URL 或关键字,能够阻止 ActiveX、Java Applet 和 Cookies等网页的插件,此外还可以进行 E-mail 过滤;

6. 管理功能。FortiGate 系列防火墙提供了多种管理配置手段,管理员可以通过 HTTP、HTTPS 进行远程登录管理,也可以通过命令行,使用 SSH、Telnet 进行远程管理,还支持传统的 Console 口连接,并且能够使用前面板简单的按键和 LCD 对接口地址快速设置;

7. 日志和报告。FortiGate 系列防火墙具有较强大的日志记录与分析功能。它可以根据 7 种不同的日志级别,甚至用户自定义日志类型,采用多种形式进行记录。对于已记录的日志还可以根据多种条件进行搜索,并且提供诸如内部硬盘、远程 Syslog 主机等多种方式进行日志的存储、备份。

FortiGate 系列防火墙与传统的防火墙相比具有如下的一些优势。

1. 能够实现传统的防火墙无法实现的深度内容过滤操作;

2. FortiGate 系列防火墙利用 ASIC 硬件技术进行数据包内容病毒扫描,保证了网络的性能,并且完全覆盖了著名的 WildList 组织的病毒库;

3. FortiGate 系列防火墙采用先进、独特的行为加速处理和内容分析系统技术(ABACAS),包括 FortiASIC 内容处理器和 FortiOS 操作系统,提供了实时的内容处理;

4. FortiASIC 芯片同时包括集成的密钥加速引擎,保证了线速的数据加密和认证,具有 VPN 的功能;

5. 与其他产品的兼容性好。

下面分别介绍 FortiGate 系列防火墙产品的特性。

1. FortiGate-50A/60/100。适用于中、小型企业及分支机构。提供了基于网络的防病毒、内容过滤、防火墙、VPN、IDS/IDP 功能。3 款产品均支持无限用户数量,可通过 Fortinet 公司的实时响应服务器获得持续的病毒库更新。FortiGate-50A 在同类产品中具有极高的性价比。FortiGate-100 包括了 FortiGate-50A 的全部功能,并提供了一个用户可定义的 DMZ 端口,增加了流量控制和网络流量能力。FortiGate-60 支持两条 WAN 链路,适合冗余连接;还集成了 4 个交换端口,节省了外部的交换设备;两个 USB 端口可满足将来增加设备的需要。

2. FortiWiFi-60。它是一台支持 802.11b/g 无线访问协议的接入设备,也是一个综合的无线接入安全解决方案,能够在无线接入点上提供全面的企业级网络实时保护。FortiWiFi-60 提供了全套的网络安全功能,包括基于网络的防病毒、防火墙、内容过滤、VPN、入侵检测及防护和流量整形。FortiWiFi-60 提供双广域网链路,以支持冗余连接;它集成了 4 个交换端口,用户无需另购单独的集线器或交换机;此外还有两个 USB 接口,支持拨号 Modem 接入。FortiWiFi-60 可通过 Fortinet 公司的实时响应服务器获得持续的病毒库更新。

3. FortiGate-200/300。这两款产品适用于中、小型企业和远程办公环境。它们提供了高性能的基于网络的防病毒、内容过滤、防火墙、VPN、IDS、流量控制及 VLAN 功能。基于 ASIC 为中小型企业提供实时的网络安全服务。内部有高容量专用硬盘提供日志管理。设备包括 3 个 10/100 M 自适应的以太网接口。FortiGate-300 还提供了一个用户可定义的 DMZ/HA 端口,支持冗余的设备配置。可通过 Fortinet 公司的实时响应服务器获得持续的病毒库更新。

4. FortiGate-400/500/800/1000。这几款产品是典型的企业级安全产品。它们都能提供高性能的基于网络的防病毒、内容过滤、防火墙、VPN、NIDS/IDP、VLAN 和流量控制功能,通过 HA 高可用的冗余备份特性提供无单故障点的安全保护。配置简单、方便,允许用户自定义工作模式,并提供了安全域的安全控制能力。拥有 4/6/8/12 个 10/100/1 000 M 自适应的以太网接口。可通过 Fortinet 公司的实时响应服务器获得持续的病毒库更新。

5. FortiGate-3000/3600/4000。这几款产品适合大型企业和服务提供商,能够为它们的应用提供千兆位性能、可靠性等较高的性能指标。吞吐量分别达到了 2.25/4/ 20 Gbit/s。提供了一套完整的包括防病毒、防火墙、内容过滤、VPN、NIDS、VLAN 和流量控制功能,并且易于安装。高可用性和冗余热交换电源确保它们能够不间断地运行,增强了可靠性。此外,还提供了细粒度的安全策略,支持独立的安全区域和映射到 VLAN 的策略,实时、自动更新攻击数据库。

4.2.5 WatchGuard

WatchGuard 公司 1996 年成立于美国的华盛顿西雅图,并在各大洲设有办事处,全球员工总数约 300 多名。WatchGuard 是世界顶级的高效率和全系列 Internet 安全方案供应商,是全球排名前 5 位的专业生产防火墙的公司之一。WatchGuard 公司以生产即插即用 Internet 安全设备 Firebox 系列和相应的服务器安全软件而闻名于世。通过公司的 LiveSecurity 服务,用户可以保持其安全系统总是处于最新状态。

WatchGuard 是生产即插即用 Internet 安全设备的先行者,它可以为小到个人用户大到跨国企业的不同规模的用户提供解决方案。WatchGuard 的分级防御机制提供了可靠的网络安全特性,并且可以调节安全防御的深度和粒度,用以满足不同用户的要求。

WatchGuard 于 2004 年进入中国,已为用户提供了总计超过 1 万台的 WatchGuard 产品,并且在金融、保险、制造、交通、通信等行业及众多的跨国公司和政府单位成功地实施应用。

在数十年的发展历程中,WatchGuard 取得了令人瞩目的成绩:在全球首创了专用安全系统,在 1997 年首家将应用层安全结合到防火墙系统中,并在 2004 年首创了可全面升级的整合安全网关;2004 年全球首创可全面升级的统一威胁管理(UTM)产品;2005 年推出了基于全新技术的 Fireware Pro 安全系统和 Firebox Peak 高端安全产品。

WatchGuard 的 UTM 产品的优势包括如下方面。

1. 更高的安全性

WatchGuard 拥有独家的智能分层安全引擎技术。它将防火墙、VPN、网关防毒、入侵防御、网站分类过滤、垃圾邮件拦截等多项技术有机地整合在一起,各模块之间相互协同、共同工作。用户无需依赖签名即能获得对病毒、蠕虫、间谍软件、特洛伊木马和网络攻击的主动式保护;

2. 易用性

WatchGuard 的产品具有统一、直观的图形化管理界面,丰富的图形化日志报告和实

时监控功能。能够大大简化管理员的操作,提高他们的工作效率,有效地减少错误的发生;

3. 较高的性价比

WatchGuard 允许通过单一的许可文件,将用户购买的产品升级到同一产品线中的高端型号或添加应用层安全服务,保护了用户的业务和安全设备的投资。而且,WatchGuard 的解决方案提供了完整的集成式安全服务和能力,简化的部署和管理降低了培训和使用成本,因此价格极具竞争力。

WatchGuard 的产品包括从高端到低端的 Firebox X Edge、Firebox X Core 和 Firebox X Peak 3 大系列,均具有防火墙、VPN、网关防毒、入侵防御、网站分类过滤(WebBlocker)、垃圾邮件拦截(SpamBlocker)、反间谍软件等多项网络安全与内容安全防御功能。3 个系列的主要区别是应用环境不同:Firebox X Edge 系列适用于中小型企业、远程办公室和远程工作人员,Firebox X Core 系列适用于公司和分支机构,Firebox X Peak 系列适用于高级网络环境。下面具体介绍这 3 个系列的产品特性。

1. Firebox X Edge 系列

Firebox X Edge 系列是适用于小型企业、远程办公和远程用户的防火墙解决方案,其特点如下:

(1) Firebox X Edge 采用状态包过滤技术,具有欺骗检测、站点阻塞和端口阻塞等功能;

(2) Firebox X Edge 集成了 VPN 的功能,通过 WatchGuard System Manager 可快速建立 VPN 隧道。它可实现远程用户与远程办公的安全连接,为提高安全性,在移动用户的安全连接中使用了 3DES 加密;

(3) 通过基于浏览器的用户界面和配置向导,Firebox X Edge 易于设置和配置;

(4) Firebox X Edge 可被配置为将远程用户的工作与家庭网络加以隔离,消除了不受控的计算机对网络资源可能造成的危害;

(5) Firebox X Edge 无线设备包括了一个 802.11b/g 无线接入点,使得无线接入端和移动客户端可以接入网络,并通过 IPSec VPN、WPA 或 WEP 设定所需无线安全等级。

2. Firebox X Core 系列

Firebox X Core 在 WatchGuard 3 大产品系列中销量最好,是用于公司和分支机构的集成式安全设备产品。下面就介绍它的特性:

(1) Firebox X Core 由 WatchGuard Firebox 标准操作系统附带,并可升级到 Fireware Pro;

(2) Firebox X Core 在单一的设备中集成了状态包过滤防火墙、ILS、VPN、网管防病毒、邮件垃圾阻塞、Web 内容过滤及用户认证等丰富的功能。当升级到 Fireware Pro 之后,Firebox X Core 还可提供 Multi-WAN 故障转移、加载共享、流量管理和 QoS、高度的可用性及完全的端口独立性等更多的功能;

（3）Firebox X Core 是目前市场上唯一提供完整型号可升级的集成安全设备，可让用户方便地根据需求提高安全设备的性能、容量和功能；

（4）Firebox X Core 可以通过 WatchGuard System Manager 实现快速、简单的部署和管理。Firebox X Core 特有的自动化规则整理功能将自动地对策略规则加以组织。此外，Firebox X Core 能够提供实时的监视和完善的报告机制让用户随时了解网络运行的状况。

3. Firebox X Peak 系列

Firebox X Peak 是 WatchGuard 性能最高的集成安全设备产品系列，其特性如下：

（1）基于 WatchGuard Fireware Pro 的支持，Firebox X Peak 集成了智能层安全技术（ILS）和高级联网特性，为复杂的网络提供保护。通过 GAV/IPS（Gateway AntiVirus/Intrusion Prevention Service），用户可以获得基于签名的额外保护层。对于病毒代码、特定 Web 内容及应用程序泄漏可以实时地识别和过滤；

（2）通过千兆位的端口和千兆位的吞吐量，Firebox X Peak 的性能、可靠性、冗余度和端口密度可满足高速网络的要求。在无需更换硬件的情况下，可通过型号升级来提升性能；

（3）Firebox X Peak 能够智能地管理资源、优化通信并延长网络正常运行时间。Multi-WAN 加载共享和故障转移技术提高了性能和可靠性，而动态路由、流量管理和 QoS 在整个网络中为任务关键型服务器提供了优异的网络性能。10 个端口中的任意端口均可被配置为 External、Optional 或 Trusted，使得用户可以依照不同参数将网络进行灵活的物理分段。

表 4-3 列出了 WatchGuard 的 Firebox 网络产品系列。

表 4-3 WatchGuard Firebox 产品系列列表

产 品 系 列	产品子系列	具 体 型 号
X 系 列	Edge 子系列	Firebox® X5
		Firebox® X15
		Firebox® X50
	Core 子系列	Firebox® X500
		Firebox® X700
		Firebox® X1000
		Firebox® X2500
	Peak 子系列	Firebox® X5000
		Firebox® X6000
		Firebox® X8000

续表

产品系列	产品子系列	具体型号
E 系 列	E-Edge 子系列	Firebox® X10e
		Firebox® X20e
		Firebox® X50e
	E-Core 子系列	Firebox® X550e
		Firebox® X750e
		Firebox® X1250e
	E-Peak 子系列	Firebox® X5500e
		Firebox® X6500e
		Firebox® X8500e
		Firebox® X8500e-f

4.2.6 安氏

安氏是一家以技术著称的专业信息安全公司,1999 年成立。公司总部设在北京,在上海、广州、成都、南京等地设有分支机构,业务遍及全国。

安氏侧重于中国本土化自主可控的信息安全技术研究。安氏公司在电信、金融等行业率先推出了整体信息安全管理方案,其主要产品是"领信"系列安全产品。2002 年,安氏成功开发了全新一代安全管理解决方案——安全运行中心(Security Operation Center,SOC)。安氏公司用有一支由优秀的安全顾问组成的专业服务队伍。他们基于国际标准,为用户提供从策略制定、漏洞评估、紧急响应,乃至安全培训等全方位的服务。

经过多年的经营,安氏取得了多项荣誉。

1. 2004 年 10 月,安氏荣登第三届中国电子政务 IT 100 强;

2. 2004 年 6 月,"第二届中国电脑商年会"荣获第二届中国电脑商 500 强中供应商100 强;

3. 2004 年 5 月,赛迪集团"2004 年中国信息安全大会",荣获"2004 年度中国信息安全值得信赖的安全服务品牌"荣誉;

4. 2004 年 2 月,安氏入选"信息产业部互联网应急服务国家级试点单位";

5. 2002 年 10 月,安氏(中国)公司当选为由《互联网周刊》公布的"中国电子政务 IT100 强"之一;

6. 2002 年 5 月,成功完成上海"APEC 信息部长会议"的信息安全保卫工作;

7. 2000 年,荣获《计算机世界》产品年度奖。

安氏的产品也屡获奖项。

1. 2004 年 8 月,领信千兆 IDS 荣获《网络世界》评测实验室最高荣誉——编辑选择奖;

2. 2004 年 4 月，"2004 年中国网络安全系统防火墙技术与应用大会"领信防火墙荣获"推荐奖"；

3. 2003 年 10 月，信息产业部中国信息化推进联盟小组《中国信息建设报告》中获《信息化推荐产品入选证书》；

4. 2003 年 9 月，"2003 年中国网络安全系统入侵检测与漏洞扫描用户大会"荣获"用户推荐的入侵检测系统"产品证书；

5. 2003 年 7 月，安氏 IDS 产品荣获"2003 年度中国网络安全值得信赖的品牌"奖项；

6. 安氏 LinkTrust™ 防火墙成为人民银行推荐产品名单并列入信息安全产品政府采购指南；

7. 2002 年 12 月，安氏领信防火墙 LinkTrust™ CyberWall-100SE 获赛迪信息技术评测推选的年度精品称号；

8. 2002 年 10 月，安氏(中国)公司自主研发的百兆防火墙在 IDG 国际数据集团出版的《网络世界》杂志中获得了最高荣誉——编辑选择奖。

下面来了解一下安氏的主要产品及特性。

1. LinkTrust FireWall-50/80 Series

3 端口的 FireWall-50/80 系列防火墙是专为中小型企业、SOHO 智能家庭、远程分支机构等规模灵活的以太网环境而设计的高性能安全防护系统。以小巧、易用、结合多种安全功能为原则，使复杂的安全实施得以简化并快速部署。充分考虑小网络的用户特点，支持 ADSL 拨号上网，内置 DHCP 服务器，集成防火墙、抗攻击、VPN、流量分配、WebUI 管理，为用户提供高性价比的"即插即用"式网络安全解决方案。

2. LinkTrust FireWall-100 Series

FireWall-100 系列防火墙专为中、小企业和公司分支机构规模的网络而设计，以简洁、快速配置为原则，使复杂的安全实施得以简化。充分考虑了中小型用户特点，支持 PPPoE 与 DHCP，集成防火墙、VPN、IDS、带宽管理功能，为中、小企业提供一站式经济的、完整的解决方案。

3. LinkTrust FireWall-220 Series

FireWall-220 系列防火墙专为中、小企业和公司分支机构规模的网络而设计，具备 4～5 个 10/100 Base-T 接口。充分考虑了中、小型用户特点，支持 PPPoE 与 DHCP，集成防火墙、VPN、IDS、带宽管理功能，为中、小企业提供一站式经济的、完整的解决方案。

4. LinkTrust FireWall-400 Series

FireWall-400 系列防火墙集成 4/6 个 10/100 M 端口，在传统防火墙内外、DMZ 的基础上增加了 1～3 个物理端口供灵活配置。FireWall-400 系列涵盖了 FireWall-100 系列产品的所有特性，并提供了更高的性能与稳定性。通过划分安全级别域和设置访问控制规则来实现各端口、子网、安全域之间的数据包转发，高度集成了防火墙、ASIC VPN(仅用于某些型号)、入侵检测、带宽管理、防拒绝服务网关、多媒体通信安全、认证授权、内容安全控制、ADSL/ISDN 接入安全、高可用性配置能力等众多安全服务,提供高度安全、可信和健壮的安全解决方案。另外,404Q-SP 和 406Q-SP 自身还集成了 ASIC VPN 处理器 Security Processor 200,支持处理所有的与安全相关的协议,处理能力相当于 1 000 MIPS,等同于 12~18 颗的 Pentium Ⅲ 级微处理器对数据加密的处理能力,赋予了 404Q-SP 和 406Q-SP 高速的数据加密处理能力,在 IP 安全通信领域中承担着 VPN 中央数据加密处理核心节点的位置。

5. LinkTrust FireWall-500 Series

FireWall-500 系列防火墙专为要求千兆位吞吐性能的大型企业网络而设计,采用1 U 专用千兆安全服务器平台,有 4 口、8 口不同的配置。采用先进的安全域(Security Zone)结构,提供复杂网络多个子网之间的安全控制方案,防火墙的每个物理网口可以挂接任意多个逻辑子网,通过划分安全鉴别域和设置访问控制规则来实现各端口、子网、安全域之间的数据包转发。高度集成了防火墙、VPN、入侵检测、带宽管理、防拒绝服务网关、多媒体通信安全、认证授权、内容安全检测、高可用性配置能力等众多安全服务,提供高度安全、可信和健壮的安全解决方案。

6. LinkTrust FireWall-2000 Series

FireWall-2000 系列防火墙专为千兆位流量的网络服务运营商、大型数据中心等电信级骨干网络而设计。采用 2 U 专用千兆安全服务器平台,完全模块化可扩展结构,具有热插拔特性的冗余部件为用户提供最大的不间断运行时间。FireWall-2000 系列标配 4 个 10/100/1000 Base-T 网口,4 个 SFP 千兆插槽,充分满足用户的定制需求。

7. LinkTrust FireWall-3600 Series

FireWall-3600 系列防火墙专为千兆位流量的网络服务运营商、大型数据中心等电信级骨干网络而设计,采用 2 U 专用千兆安全服务器平台,完全模块化可扩展结构,具有热插拔特性的冗余部件为用户提供最大的不间断运行时间。FireWall-3600 系列标配 4 个 10/100/1000 Base-T 网口,4 个 SFP 千兆插槽,充分满足用户的定制需求。

4.2.7 天融信

天融信公司成立于 1995 年,目前公司总部设在北京,拥有北京、武汉、成都 3 大研发中心,同时在全国 32 个城市设有分支机构,拥有一支由 1 000 多名信息安全专业研发、咨询与服务人员组成的队伍。

天融信公司于 1996 年推出了中国第一套拥有自主版权的防火墙产品,具有填补国内空白的重要意义。随后几年又推出了 VPN、IDS、过滤网关、安全审计、安全管理等一系列相关安全产品。2001 年组织并构建了 TOPSEC 联动协议安全标准,提出了一套集各类安全产品和集中管理、集中审计为一体的全面的、联动的、高效的、易于管理的 TOPSEC

安全解决方案。又于2004年底在业界率先提出"可信网络架构(TNA)",强化可信安全管理在安全建设中的核心地位,通过全局安全管理,实现多层次的积极防御和综合防范。

2000—2004年,天融信公司市场份额连续5年均居国内安全厂商之首。据两大权威咨询机构 IDC 及 CCID 统计:天融信 2004 年全年防火墙市场份额超过了 16%,名列所有国内外安全厂商第一位,为国内信息安全企业树立了一座里程碑。到目前为止,天融信公司拥有覆盖全国,涉及政府、电信、金融、军队、能源、交通、教育、流通、邮政、制造等行业的万余家用户群体。

如表4-4所示,在成立后的10余年里,天融信取得了令人瞩目的成就,获得了许多的荣誉。

表 4-4　天融信获奖表

获奖时间	荣誉名称	颁发单位
2003 年 2 月	2002 年中国网络安全产品市场年度成功企业	中国电子信息产业发展研究院
2004 年 5 月	2004 年值得信赖的综合品牌奖	中国计算机学会
2004 年 6 月	2004 年安全产品政府信息化应用卓越奖	IT 产品行业竞争力调查专家评审组
2004 年 8 月	信息安全产品服务用户满意金奖	中国电子信息产业发展研究院
2004 年 10 月	电信行业优秀解决方案奖	中国信息产业商会
2005 年 2 月	2004—2005 网络安全产品市场年度成功企业奖	中国电子信息产业发展研究院
2005 年 2 月	2004 亚太地区高科技、高成长 500 强企业	Delotte
2005 年 4 月	2005 年度中国信息安全值得信赖政府行业品牌	中国计算机学会计算机安全专业委员会
2007 年 1 月	中关村科技园区创新型试点企业	北京市人民政府/科技部/中国科学院
2007 年 1 月	2006 年新技术应用奖	计算机世界/中国电子学会
2007 年 4 月	信息安全十年优秀企业奖	中国电子信息产业发展研究院/《网管员世界》杂志社/中国计算机学会计算机安全专业委员会
2007 年 4 月	2007 中国信息安全值得信赖品牌奖	中国计算机报社/中国计算机学会计算机安全专业委员会

下面将着重介绍天融信公司的防火墙产品。

1. 网络卫士防火墙 银河系列

银河防火墙(NGFW4000-UF TG-5736)产品属于网络卫士系列防火墙的最高端产品,广泛适用于电信、金融、政府、大型企业等高带宽、大流量的应用环境。

该产品是基于 Multi-Thread SOC 并行计算安全平台的新一代高端防火墙产品。它应用先进的 ASIC+多核处理器硬件平台,采用多线程并行处理技术体系架构,达到了防火墙 10 G 和 VPN 2 G 的性能指标,是天融信公司第一款真正意义上的高性能高端防火墙产品。该产品同时提供了一个万兆接口,可以接拨万兆网络环境,是国内首款具备万兆网络接入能力的防火墙产品。

该产品还具有以下显著特色：

（1）产品提供一个10 G（万兆）接口扩展模块，可以接入万兆网络环境；

（2）产品提供最多达15个网络接口，同时具有12种灵活组合形式；

（3）采用自主知识产权的安全操作系统——TOS（Topsec Operating System）；

（4）防火墙吞吐量可以达到10 Gbit/s，VPN吞吐量可以达到2 Gbit/s，性能强大；

（5）能够对VPN数据进行检查，拦截各种有害数据，保证VPN通信的安全，为用户提供CleanVPN服务；

（6）完全内容检测（Complete Content Inspection，CCI）可实时将网络层数据还原为完整的应用层对象，并对这些完整内容进行全面检查，实现彻底的内容防护；

（7）内置的攻击检测能力，能够抵御数十种攻击，还可以和IDS产品实现联动；

（8）丰富的AAA功能，支持会话认证；

（9）同时支持正、反向地址转换；

（10）支持众多网络通信协议和应用协议；

（11）具有智能的负载均衡和高可用性。

2. 网络卫士防火墙 猎豹系列

网络卫士猎豹系列防火墙系统是天融信为政府、金融、电力行业的中型企业等用户量身打造的高性能的防火墙产品。

猎豹系列采用的内置核心ASIC芯片是天融信公司在上一代ASIC开发基础上，投资数千万，历时3年研发出的新一代可编程安全芯片。它是国内安全厂商真正拥有的具有自主知识产权的安全芯片。采用SoC（System on Chip）技术，芯片内置硬件防火墙单元、7层数据分析单元、VPN加密单元、硬件路由交换单元、快速报文缓存、MAC等众多硬件模组，使得防火墙全部业务功能都在ASIC系统内完成。高度集成化确保产品具有低功耗、高性能、高稳定、长寿命的特点。

猎豹系列实现了真正的线速防火墙。内置的专用硬件加速芯片，保证防火墙系统从64字节到1 518字节的数据处理，从简单功能到复杂网络应用组合，都可以达到100%的线速转发。加之天融信自主TAPF（Top ASIC Packet Fastpath）技术，报文转发延迟比传统防火墙降低了数十倍，完全避免了网络数据处理瓶颈的问题。

双引擎使系统具备强大的扩展能力，系统采用了高性能管理CPU＋新一代可编程ASIC硬件构架，对于未来用户的新需求、新协议、新威胁，可以实现快速开发升级，延长了产品应用寿命，从而保护了用户投资。

网络卫士猎豹防火墙采用最新的CCI技术，提供对OSI网络模型所有层次上的网络威胁的实时保护。网络卫士系列防火墙可对还原出来的应用层对象（如文件、网页、邮件等）进行病毒查杀，并可检查是否存在不良Web内容、垃圾邮件、间谍软件和网络钓鱼欺骗等其他威胁，实现彻底防范。

网络卫士猎豹防火墙采用有完全自主知识产权的 TOS 安全操作系统,采用全模块化设计,使用中间层理念,减少了系统对硬件的依赖性,有效保障了防火墙、VPN、防病毒、内容过滤、抗攻击、带宽管理等功能模块的优异性能。TOS 具有良好的扩展性,为未来迅速扩展更多特性提供了基础。

3. 网络卫士防火墙 NGFWARES 系列

网络卫士 NGFWARES 系列防火墙产品是天融信公司为行业分支机构、中小型企业、教育行业非骨干节点院校、单位内部的部门级等中、小用户开发的高性价比的安全平台。具有如下的技术优势:

(1) 网络卫士 NGFWARES 系列防火墙产品既提供 1 U 可上机架的产品,也提供小巧的桌面型产品。具有灵活的配置向导和一键恢复功能;

(2) 将防火墙、VPN、身份认证、IDS 等安全特性充分融合、优化,并提供交换、路由、组播、NAT、DHCP 等多种特性。成为集路由、交换、语音支持的多功能的安全网关。

(3) 支持 LAN、ADSL、CABLE、电力、小区宽带等多种接入方式,并支持链路备份、多路径均衡;

(4) 提供串口、Web、SSH 和 Telnet 等多种管理方式,配置简单;

(5) 支持 IPSec VPN、PPTP、L2TP 等多种 VPN 接入,支持 VPN 集中管理。

4. 网络卫士防火墙 NGFW4000 系列

NGFW4000 系列是天融信网络卫士系列防火墙的中端产品,适用于网络结构复杂、应用丰富的政府、军工、金融、学校、中型企业等各种网络环境。其主要技术特点如下:

(1) NGFW4000 系列产品具有访问控制、内容过滤、防病毒、NAT、IPSec VPN、带宽管理、负载均衡、双机热备等多种功能,广泛支持路由、多播、生成树、VLAN、DHCP 等各种协议;

(2) NGFW4000 系列产品采用等级化的区域设计,不同区域的访问采用严格的通信策略、安全策略和默认策略的三重控制,控制范围从网络分层协议的 2 层 MAC 地址、3 层 IP 地址、4 层协议端口,一直到 7 层的应用及内容,实现完全内容检测(CCI)。多级过滤形成了立体的、全面的安全机制,针对不同等级的业务网络,可以灵活选择不同级别的控制措施;

(3) 防火墙内置攻击防御和防病毒功能,可以防范几十种攻击类型,支持高达 17 万种的病毒过滤;

(4) 具有超强的健壮性架构,采用了安全稳定的自主操作系统 TOS。支持双系统引导,当主系统损坏时,可以启用备用系统,不影响设备的正常使用;并且系统设计了健康监控模块,监控各应用模块是否工作正常,同时内置黑匣子,实时记录安全状态,并能随时导出设备的健康运行记录。

5. 网络卫士防火墙 NGFW4000-UF 系列

NGFW4000-UF 系列是网络卫士系列防火墙的高端产品,是集成防火墙、VPN、带宽管理、防病毒、内容过滤等多功能的综合性网关产品,具有高性能、高可靠性、高安全性的特点,适用于金融、电信、教育等大型网络系统,特别是网络结构复杂、应用丰富、高带宽、大流量的大、中型企业骨干级网络环境。其主要技术特点如下:

(1) NGFW4000-UF 系列采用天融信自主知识产权的安全操作系统 TOS 并采用模块化结构设计,既提高了产品性能,又提高了产品的灵活性、高效性和安全性。通过简单的 License 控制,可以集成防火墙、VPN、带宽管理、防病毒、反垃圾邮件等众多功能;

(2) NGFW4000-UF 系列能够在核心网络中同所有网络设备一起构建高可用性及高安全性的拓扑结构,自身能够实现状态同步,能够实现动态的链路切换,同时提供了电源冗余功能,最大限度地满足了网络的健壮性及稳定性,保证了整个网络的不间断工作;

(3) 提供完善的日志功能、监控功能、报警功能、SNMP 管理、系统升级、报文调试和配置恢复等高级管理功能;

(4) 支持基于源地址、目的地址、接口、Metric 的策略路由,支持单臂路由,支持 Trunk(802.1q 和 ISL),能够在不同的 VLAN 虚接口间实现路由功能,支持 IGMP 组播协议和 IGMP Snooping,支持对非 IP 的 IPX/NetBEUI 的传输与控制;

(5) 支持服务器阵列,防火墙将阵列对外表现为单台设备,防火墙将流量在这些服务器之间进行智能均衡。支持完整生成树(Spanning-Tree)协议,可以在交换网络环境中支持 PVST 和 CST 等工作模式,在接入交换网络环境时可以通过生成树协议的计算,使不同的 VLAN 选用不同的物理链路,将流量由不同的物理链路进行分担,从而实现流量均衡;

(6) 既有默认接口配置,又可根据用户实际要求灵活扩展配置。

4.2.8　东软

东软是中国领先的软件与解决方案提供商。1991 年,东软创建于东北大学。目前,东软总部位于沈阳,在沈阳、大连、南海、成都建有东软软件园,以及 8 个大区"虚拟总部",并在 40 多个城市设立销售和服务网络,在美国、日本、匈牙利和阿联酋设有分公司。经过 10 多年的发展,东软公司已经成为一家以软件技术为核心,以软件与服务、医疗系统、IT 教育与培训为主要业务领域,集软件研究、设计、开发、制造、销售、培训与服务为一体化的解决方案提供商。

东软的 NetEye 防火墙(FW)产品采用独创的基于状态包过滤的"流过滤"体系结构,保证了从数据链路层到应用层的完全高性能过滤,并可以进行应用级插件的及时升级和安全威胁的有效防护,实现网络安全的动态保障。通过东软 NetEye 网络安全实验室和应用升级包开发小组的协同应急响应体系,使得流过滤不仅能够带给用户高性能的应用层保护,还可以进行特殊应用和新应用的快速定制开发和安全事件的及时响应。

NetEye 防火墙采用先进的 NP 架构,运行于 NetEye 安全操作系统之上,具有高吞吐量、低延迟、零丢包率和强大的缓冲能力,完全满足高速、对性能要求苛刻的网络应用。同时,NetEye 防火墙集成 VPN 功能,简单及人性化的虚拟通道设置,有效提高了 VPN 的部署灵活性、可扩展性,大大降低了部署维护的成本。

　　具体来说,东软 NetEye 防火墙有如下的特性。

　　1. 同时获得应用代理和包过滤最新防火墙国家标准认证。

　　(1) 应用级防火墙国家标准(GB/T 18020—1999)的认证;

　　(2) 包过滤级防火墙国家标准(GB/T 18019—1999)的认证。

　　2. 采用专用服务器硬件和安全的核心操作系统。

　　3. 支持路由及交换两种工作模式,支持 IEEE 802.1q 的 Trunk 封装协议。

　　4. 支持桥模式下和路由模式下的应用层过滤。在桥模式下和路由模式下均可对应用级协议进行细度的控制,支持通配符过滤。

　　(1) 对 HTTP 可以进行命令级控制及 URL、关键字过滤,并过滤 Java Applet、ActiveX等小程序;

　　(2) 对 FTP 可以进行命令级控制,并可以控制所存取的目录及文件;

　　(3) 对 SMTP 支持基于邮件地址、内容关键字、主题的过滤,并可以设定允许 Relay 的邮件域;

　　(4) 支持替换服务器头信息,提供反向代理服务器保护技术。

　　5. 具有实时网络数据监控功能,实时监控网络数据包的状态、网络流量的动态变化。具有网络嗅探的功能,实时抓取网络上的数据包,进行解码和分析。具有自动搜集与防火墙相连子网中的主机信息的功能,搜集的信息包括 IP 地址、MAC 地址、用户名、用户所在组等。

　　6. 具有物理断开功能。可以设置防火墙网卡的睡眠时间和活动时间,让防火墙在指定的时刻自动进行睡眠和活动的转换。支持双机热备份功能,切换时间最短不超过 1 s。

　　7. 具有物理上分离的以太网网络管理接口,可本地管理及远程集中管理;全中文 GUI 管理界面,通过 GUI 管理界面能够完成全部配置、管理工作;支持 SNMP,方便管理员使用第三方的网管平台进行管理。

　　8. 提供灵活、全面的访问控制功能,可以基于网络地址、通信协议、网络通信端口、用户账号、信息传输方向、操作方式、网络通信时间、网络服务等。

　　9. 具有一次性口令用户身份认证功能,并支持标准的 Radius 协议第三方认证。

　　10. 支持动态的网络地址转换(NAT),支持 IP 和 MAC 地址绑定。

　　11. 在防火墙设备的基础上,具有平滑的 VPN 扩充功能,VPN 采用国家密码管理机构批准使用的硬件加密和认证(HASH)算法。

　　12. 具有安全的自身防护能力,可以实时防止多种网络攻击和扫描,当出现异常事件时,根据管理员配置,可以进行报警。

　　13. 防火墙上的配置信息、过滤规则可以方便地下载并保存在软盘或某 PC 机中,以供备份,需要时再上载或恢复。

14. 具有完善的审计、日志系统,日志系统支持防火墙内部和网络数据库外部两种存放方式,支持多台防火墙系统日志的集中管理。审计日志包括事件日志和访问日志。事件日志负责记录防火墙上曾经发生过的事件(如运行错误、运行信息、网络攻击、端口扫描等)。访问日志负责记录经过防火墙的网络连接并记录相关信息。具有相应的图形和报表功能,数据可以导出。

15. 流量控制和基于优先级的带宽管理,提供基于 IP 地址及用户的最大流量控制功能,提供基于优先级的带宽管理功能。

16. 具有强大的产品升级能力,能够根据用户应用需求,实现对用户特殊应用及新出现应用的安全保护。能够随着新的网络攻击行为的出现而迅速添加相应的升级包,以达到防范攻击的目的。

表 4-5 列举了 NetEye 系列防火墙产品的型号并进行了简要描述。

表 4-5　NetEye 系列防火墙产品列表

型　　号	名　　称	简　　述
4010	企业级低端百兆防火墙	用于小型企事业单位和机构
4016	企业级中低端百兆防火墙	用于中、小型企事业单位和机构
4032	企业级中高端百兆防火墙	用于大、中型企事业单位和机构
4120	企业级千兆防火墙	用于大、中型企事业单位和机构
4200	电信级千兆防火墙	用于电信级大、中型企事业单位和机构

4.3　本章小结

本章首先介绍了防火墙的性能评估标准,主要是从可靠性、可用性、可扩展性、可管理性、可审计性和成本控制几个角度阐述了这个问题。接着围绕这些评估标准给出了防火墙的一些常用指标,如吞吐量、时延、丢包率、路由模式、并发连接数及接口数量与类型、日志和审计功能参数、可用性参数等。这些参数一般是考察各种防火墙性能的共性参数,直接体现了防火墙的主要性能。随后简要介绍了目前防火墙的一些主要生产厂商的情况和它们的产品特性。在这里选取的厂商都是具有一定特色的,如 CheckPoint 首次提出了状态检测的概念,Juniper 是 ASIC 技术的先驱,Cisco 是将路由技术与防火墙技术结合得最完美、最成功的厂商,Fortinet 凭借 UTM 成为最令人瞩目的后起之秀等。它们的防火墙产品都是防火墙中的主流产品,代表了防火墙设备发展的方向,非常值得关注。下一章将着重从技术角度阐述防火墙未来的发展趋势。

第 5 章

防火墙技术的发展趋势

随着计算机网络技术的迅猛发展,其应用的范围和深度日益加大,对网络的安全性需求也随之日益提高。在这种背景下,防火墙技术得以长足进步。本章内容就是对防火墙未来发展的主要趋势进行归纳和总结,让读者对这种重要的网络安全技术和设备的发展方向有一个明确的认识。

5.1　分布式执行和集中式管理

在防火墙的具体实现方面,主要将采取分布式或者分层的模块部署来执行安全过滤功能,而对于各模块的管理等其他功能的实现将采用集中式的策略进行,在网络规模较大或者有特殊需求时甚至将采用分层集中的方式进行。

5.1.1　分布式或分层的安全策略执行

传统防火墙一般都位于内联网络和外联网络相交界的关键节点处。正如本书前面章节所描述的那样,在这个位置上容易实施安全控制功能。但是,一旦黑客攻破了这个关键点,那么整个内联网络都将暴露在黑客面前,安全性将不复存在。而且,随着黑客技术的不断提升,防火墙面临着黑客越来越大的安全威胁,所以单失效点是一个急需解决的重要问题。

随着网络接入技术日益更新、层出不穷及各种组织或机构网络建设的不断开展,内联网络从单一结构、单一接入技术逐步走向多种结构、多种接入技术的融合,数据的流向也变得十分复杂。而传统的防火墙并不能很好地适应这种多接入点混合网络的特性。

采用分布式或者分层的方式执行安全过滤功能,可以解决上述的问题。防火墙模块分别部署在各个内联网络和外联网络交界的节点上,解决了多接入点数据访问的问题;在接入点和内联网络关键数据交换节点上分级部署,实现了层层设防、分层过滤的更加安全的网络安全防护;网络防火墙与主机防火墙相互配合,又加强了系统资源的安全性。这种方式又被称为区域联防或者深度防御。

为了实现防火墙分布式或分层的部署,Cisco 和 3Com 等大型网络设备开发商已经开发出分布式防火墙和嵌入式防火墙等新型防火墙,其采用的技术也逐步成熟。

5.1.2 集中式管理

防火墙实现的一个重要内容是如何进行安全管理。防火墙为了实现安全过滤,需要收集经过它的数据流并进行信息分析,而这些信息分析的结果也是其他安全技术的基础数据资料。当实现防火墙的分布式或分层部署以后,如何及时、高效且不增加太多系统负担地将各个防火墙搜集的信息融合到一起,得到系统整体运行安全态势数据就成为了一个更为重要的问题。同时,分布与分层带来的新问题还有在这种条件下如何实现高效、快捷的防火墙配置和维护等操作。

对于这些问题,计算机科学界一直都在研究、探索,最早采用的都是集中式的管理模式,后来发展为分布式的管理模式。现在思想又在回归,重新采用集中式的管理模式。这种回归充分证明了集中式管理具有管理成本低、容易实现快速响应和快速防御、能够保证在大型网络中安全策略的一致性等优点。未来研究的重点是集中式管理快速、高效、低耗的实现技术。

5.2 深度过滤

深度过滤技术又称为深度检测技术,是防火墙技术的集成和优化。深度过滤技术一般将状态检测技术和应用层技术结合在一起,对数据进行深入细致的分析和检查。具体实现上,深度过滤技术可以组合不同的现有防火墙技术,达到不同的检测深度。总的来说,深度过滤技术有正常化、双向负载检测、应用层加密/解密、协议一致性4个基本特征。

5.2.1 正常化

对应用层攻击进行检测,很多时候都要用到特征字符串的匹配技术。而不正常的特征字符串匹配经常会造成系统的误报和漏报。攻击者为了避免系统检测到攻击代码的特征字符串,往往采用多种技术对特征字符串进行伪装,改变该字符串的编码方式。这些攻击行为可以有效地对 IDS 和 IPS 进行欺骗。

解决这个问题需要利用正常化技术,对于隐藏在帧数据、Unicode、URL 编码、双重 URL 编码和多形态的 Shell 等类型攻击行为的检测,正常化技术是非常有效的。

5.2.2　双向负载检测

　　深度过滤技术可以检查或修改 ISO OSI/RM 7 层模型所有层次数据包的各个部分。如对于 HTTP 的深度检测能够查看到消息体中的 URL、数据包头和各种参数等信息并允许修改或转换它们,这一点与 NAT 技术类似。深度过滤技术允许防火墙自动进行配置,以便正确检测服务变量,如最大长度、隐藏字段和 Radio 按钮等。如果请求的变量不匹配、不存在或者不正确的话,该请求将被丢弃,防火墙将该事件写入日志并给管理员发出警告信息。

5.2.3　应用层加密/解密

　　防火墙必须能够处理应用层经过加密的数据。例如,微软的 SSL 被广泛应用于各种环境,它能以加密的方式确保数据的安全性。如果不对 SSL 加密的数据进行解密,就不能对其中的信息进行分析,更不可能判断其中是否含有应用层的攻击信息。而且由于 SSL 的安全性很高,所以用户众多,如果不能对组织或机构中经 SSL 加密的关键应用程序进行检测的话,深度过滤技术的优势将没有任何意义。

5.2.4　协议一致性

　　深度过滤技术在应用层进行状态检测。各种应用层协议,如 HTTP、FTP、SMTP、POP3 和 DNS 等,都由相关的标准文献进行定义。当这些协议中的各个字段被提取出来以后,深度过滤技术将依照标准文献定义的规则检查其合法性,确认数据是否与这些协议定义相一致,以防止其中隐藏的攻击行为。

　　在日益复杂的网络环境中,深度过滤技术对实现应用程序的全面保护来说是一种必需的安全防护技术。各个组织或机构部署网络应用的时候,应该确保防火墙能够满足上述的 4 个基本特征。

5.3　建立以防火墙为核心的综合安全体系

　　随着防火墙的广泛使用,防火墙的局限性被不断地发现。与此同时,各种各样的网络安全产品不断地推出。如何实现防火墙与其他网络安全产品的联动,构建一个以防火墙为核心的综合安全体系,最大限度地发挥各个安全设备的优势,提高被保护网络的安全性成为人们日益关心的问题。

不同产品都有其自身的特性,如何安排好它们的位置、设定好它们的功能是一个非常复杂的任务。举例来说,内联网络与外联网络的交界处只能放置像防火墙这样必须放置在这里的设备,否则会对系统的性能造成不利影响,像IDS等设备只能置于旁路的位置。但在实际使用中,IDS的任务往往不仅是检测,而且很多时候需要IDS对入侵行为作出及时的反应,而旁路的位置难于实现这个要求,同时主链路还不能串接太多的设备。与IDS情况类似的还有VPN、病毒检测等设备。这需要防火墙与IDS等设备联合起来,协同配合,共同建立一个有效的安全防范体系。

在精心设计、精确安排各个设备功能和操作规范的同时,还需要考虑这些设备间的互操作问题。各个厂商的不同设备都有其专属性,包括代码和通信协议等都不相同,这是设备间实现互连互通的主要障碍。必须制定一种各个安全设备都能够理解和遵守的操作协议,设计一个网络安全设备通信的统一平台,这也是实现以防火墙为核心的综合安全体系的必要条件。

5.4 防火墙本身的多功能化,变被动防御为主动防御

多功能化也是防火墙发展的主要方向之一。用户在进行防火墙的选择时,出于降低复杂性和节约成本的目的,往往希望防火墙能够支持更多的功能。例如,在防火墙上提供广域网接口,支持路由协议,实现路由器的功能,省却了对路由器的需要。此外,防火墙附加VPN模块,利用防火墙建立起安全的数据通道,不但省却了对VPN设备的需要,而且实现了防火墙对VPN连接的监控,加强了系统的安全性。据IDC统计,国外90%的加密VPN都是通过防火墙实现的,利用防火墙建立虚拟专用网是较长一段时间内用户使用的主流模式。

不仅如此,随着各种功能模块进入防火墙,防火墙将从目前的被动防护设备发展为可以智能、动态地保护网络的主动安全设备。例如,拥有陷阱机制、反向跟踪能力的入侵检测功能的加入为防火墙增加了主动跟踪检测入侵者的能力。再如,各种认证机制的实现,无论是防火墙本地认证或者是第三方认证都将为防火墙提供强大的用户身份的确认功能,进而实现细致、精确的权限分配,动态地适应网络的应用环境。

5.5 强大的审计与自动日志分析功能

随着安全管理工具不断完善,针对可疑行为的审计与自动安全日志分析工具将成为

防火墙产品必不可少的组成部分。它们可以提供对潜在的威胁和攻击行为的早期预警。日志的自动分析功能还可以帮助管理员及时、有效地发现系统中存的安全漏洞,迅速调整安全策略以适应网络的态势,此外它还可以为自适应、个性化网络的建设提供重要的数据。

5.6　硬件化

为了能够高速地执行更多的功能,防火墙必须实现硬件化。硬件化评判的标准是看数据转发控制过程是由软件完成还是硬件完成。以往的防火墙多是通过 CPU 主机加软件代码控制进行数据处理,在性能上已经成为系统的瓶颈。而硬件化系统使用的则是专用的芯片级处理机制,主要采用基于 ASIC 和基于网络处理器两种思路。

采用 ASIC 技术的防火墙往往设计了专门的数据包处理流水线,对存储器等资源进行了优化。ASIC 技术是实现高级的千兆线速防火墙的主要技术方案,其技术的主要提倡者 NetScreen 公司也因此取得了令人瞩目的成就。但 ASIC 技术具有开发成本高、开发周期长、难度大、专物专用、灵活性差的缺陷,妨碍了 ASIC 技术的发展和应用前景。目前,上述缺陷通常采用 FPGA 结合 ASIC 的方式来解决。

网络处理器是专门为处理数据包而设计的可编程处理器。它包含多个数据处理引擎,这些引擎可以并发进行数据处理操作,比通用处理器具有明显的优势。网络处理器对数据包处理的一般性任务进行了优化,同时其体系结构也采用高速的接口技术和总线规范。简言之,网络处理器具有完全的可编程性、简单的编程模式、最大化系统灵活性、高处理能力、高度功能集成、开放的编程接口和第三方支持能力几个特性。基于网络处理器的网络设备与采用通用处理器的设备相比,其处理能力会有很大的提升。

5.7　专用化

此外,人们对网络安全的认知早已从最早的模糊、粗浅提高到比较深刻的水平。人们已经不满足于对整个内联网络统一标准的安全防护。根据各个子系统的不同功能,对内联网络不同部门要实施不同级别的安全防护,即防火墙要能实施精细的安全管理,又称为防火墙的"包厢化"功能。由此,专用防火墙概念也被提了出来。它可以根据特定的需求制定安全策略,实现了特殊用户的专属保护。目前,单向防火墙(又称为网络二极管)就是其中比较重要的一种。其作用是使网络上的信息只能从外联网络流入内联网络,而不能从内联网络流入外联网络,从而达到保密的目的。

5.8　本章小结

　　本章总结了防火墙的发展趋势,指出了防火墙减少自身的封闭,增强与其他安全设备的协作;采用新的结构,增加新的技术,增强安全策略的可执行性;提高可管理性等方面未来的工作内容。所有这些都围绕着建设一个高效的网络安全防护体系的中心思想展开,这也是所有安全策略和安全产品的最终目的。

入侵检测篇

通过对网络知识的学习可以知道,网络作为一种重要的信息载体,它的作用早已不仅限于充当人与人之间的交流媒介,而已经对人类社会的运行模式产生了深刻的影响。这种影响广泛地渗透到了人类社会生活的各个角落,无论是经济、政治还是军事方面,也无论是个人生活还是国家大事,网络都是举足轻重的一环。

既然网络起到如此之大的作用,那么对于网络技术与系统的核心——信息数据的获取、使用和控制——即成为所有人必须面对的一个重要问题。这是因为网络及信息的安全不但可以为信息技术带来高效益成果提供有力的保障,而且面对敌对势力的信息窃取和信息侵略行为,它可以提供一层重要的屏障。网络与信息安全正在成为维持国家发展、保持社会稳定、维护国家安全、影响国家和民族长远利益的一个重要因素。

但是,正如矛与盾永远都在相互抗衡、相互斗争一样,网络的攻击与防御技术的斗争也一直在进行着,而且在可预见的未来也不会出现某一方完全压倒另一方的情况,只是在某一个时期互有胜负而已。

目前,随着网络技术的飞速发展及网络应用的逐步深入,网络探测与攻击技术的发展速度已隐然超越了网络防御技术,各种新的攻击技术层出不穷。这主要是因为网络应用普及速度越来越快,人们对于网络的要求也越来越高,许多新的网络技术的推出考虑得最多的是如何满足人们的需求,而对于安全问题的考虑相对就没有那么多了,系统的漏洞和缺陷为攻击者留下了许多方便之门。与此同时,网络探测与攻击技术的研究也随着网络理论和应用研究的不断深入而不断地深化。总之,目前已有的网络安全技术已经不能有效地保障网络与信息的安全了。

最明显的例子就是防火墙。本书反复强调防火墙不是万能的,因为它还有很多的不足之处。传统防火墙的主要缺陷之一在于对内联网络的防范措施不力。这是因为一般的防火墙存在的目的就是为了保护用户网络,所以它们都假定内联网络是安全的而外联网络是不安全的。但研究表明,50%以上的攻击行为是从内部发起的,而且都是致命的,防火墙在这一点上处理得不够好。传统防火墙的另一个主要缺陷是,它主要是作为一个边界安全控制设备而存在的,只能针对经过防火墙的数据流进行处理,而不能从整体的角度出发进行分析并处理系统负载所蕴含的重要信息。虽然前几章讲述了许多新的防火墙,也已提到针对上述的缺陷,人们提出了许多有特色的解决方案。但是这些还远远不够,为了进一步地增强网络的安全性,更好地发挥防火墙的威力,人们又研发了一种新的安全技术——入侵检测(Intrusion Detection)技术。

入侵检测技术是人们对网络探测与攻击技术层出不穷的反应,其研制的目的是通过对系统负载的深入分析,为系统提供更加强大、可靠的主动安全策略和解决方案,阻断更加隐蔽的网络探测与攻击行为。它弥补了防火墙的不足,为防火墙提供了有力的支持。两者相互协调配合,构建了更加安全的网络防御体系。下面的章节将详细地讲述入侵检测技术的原理、功能、特性及实际应用的情况等内容。

第 6 章

入侵检测技术概述

本章将讲述入侵检测技术的基本知识,为读者构建入侵检测技术的基本框架。本章从计算机系统面临的威胁讲起,指明攻击行为的过程。然后讲述针对这些行为系统将采取什么技术措施进行反应,这种技术措施即为入侵检测技术。随后展开论述入侵检测技术的基本概念、发展历程、不同的分类方法、功能和作用、入侵检测系统的部署与实现及该技术的不足之处等问题。

6.1 计算机系统面临的威胁

在这里讲述的威胁是指利用计算机和网络系统在系统设计或者配置和管理方面的漏洞,对系统的安全造成威胁的行为,无论这种行为是无意的还是有意的。这些威胁行为从广义上说,既包括对系统的探测,又包括对系统的攻击和入侵。主要的威胁行为包括如下几方面。

6.1.1 拒绝服务

拒绝服务指的是目标服务器不能提供正常的服务。根据其采用手段的不同,可以分为以下几种不同的方法:

1. 服务请求超载

服务请求超载指在短时间内向目标服务器发送大量的特定服务的请求,使得目标服务器来不及进行处理,最终造成目标服务器崩溃。

2. SYN 洪水

SYN 洪水是一种经典的攻击方式。它利用了 TCP 的 3 次握手机制,在短时间之内向目标服务器发送大量的半开连接报文,即只发送初始的 SYN/ACK 报文而不发送最后的

ACK报文。目标服务器只能为这些恶意的连接保留资源,希望接收到不可能传来的确认报文。最终在短时间之内耗尽目标服务器的系统资源,造成真正的连接请求无法得到响应。

3. 报文超载

报文超载不同于服务请求超载,报文超载一般向目标主机发送大量的响应报文,如ICMP回应请求报文等。但它们的结果是一样的,都是使得目标主机无法应对大量的报文以致崩溃。

6.1.2 欺骗

欺骗是攻击者获得用户网络信息的重要手段之一,可以分为以下几种情况:

1. IP 地址欺骗

大多的 Internet 协议都缺乏源地址认证的功能。攻击者可以将攻击数据包的源 IP 地址伪装成合法用户的 IP 地址来骗取网络安全设备的信任,从而达到蒙混过关、进入用户内联网络的目的。

2. 路由欺骗

路由欺骗指通过伪造或修改路由表来达到攻击目的。路由欺骗主要有以下几种类型。

(1) 基于 ICMP 的路由欺骗:攻击者伪装路由器将特意构造的 ICMP 重定向报文发给目标主机。目标主机修改自己的路由表,将报文按照攻击者指示的路由发往不可控制的网络;

(2) 基于 RIP 的路由欺骗:攻击者通过广播错误的路由信息使得被动接收路由信息的网络或主机按照攻击者的意图构建错误的路由表项;

(3) 源路由欺骗:攻击者利用 IP 的源路由机制,将正常的数据包重定向到指定的网络或主机上。

3. DNS 欺骗

DNS 欺骗是攻击者先于域名服务器返回给目标主机一个伪造的数据报文,目的是将目标主机连接到受攻击者控制的非法主机上,或者是在进行 IP 地址验证时欺骗服务器。

4. Web 欺骗

Web 欺骗是攻击者通过创建某个网站的镜像,使得用户将对正常网站的访问改成对该镜像网站的访问。两个网站最大的不同是镜像网站受到攻击者严密的监视,所有用户提交的信息都被攻击者记录,从而得到用户的账号、密码等关键信息。

6.1.3 监听

网络监听是进行网络探测的一种重要手段。它主要是通过对网络中传递的信息的分析来获得目标网络的拓扑结构、主机服务的提供情况、用户的账号和密码等重要信息。网络监听能够执行的基础是网络协议大多是开放的、总线是共享的,只需要将自己的网卡配制成混杂模式就可以获得整个局域网上传递的明文信息。

6.1.4 密码破解

虽然目前已经有了多种认证的方法,但是账户/密码模式仍然是最常用的方法。账户/密码模式的安全性完全依赖于密码的安全性,这是因为账户信息是非常容易查询到的,而密码信息是应该被严格保密的。由此产生了多种针对密码的破解方法,其中最常用的是根据用户的习惯进行试探的字典攻击法。

6.1.5 木马

木马程序是目前计算机网络面临的最大威胁。它利用各种欺骗手段将木马程序种植到目标主机中,而后通过木马程序的运行悄悄地在用户系统中开辟后门,将用户的重要信息传递到攻击者指定的服务器上。

6.1.6 缓冲区溢出

操作系统要为每个运行的程序分配数据缓冲区。缓冲区溢出攻击则是故意向缓冲区传递超出缓冲区范围的数据。这些精心编制的数据将覆盖程序或函数的返回地址,使得指令指针跳转到入侵者希望的位置继续执行操作,一般是攻击代码的起始位置。

6.1.7 ICMP 秘密通道

ICMP 作为网络控制信息传递的基础协议在所有实现 TCP/IP 的网络上存在。许多访问控制设备并不阻断这种协议的传输。但是,ICMP 的某些字段并不被安全设备检查,攻击者即可利用这些字段传递秘密信息。

6.1.8 TCP 会话劫持

TCP 会话劫持指攻击者强行介入已经建立的 TCP 连接,从而达到进入目标系统的目的。

6.2　入侵行为的一般过程

6.2.1　确定攻击目标

攻击者根据其目的的不同会选择不同的攻击对象。攻击行为的初始步骤是搜集攻击对象的尽可能详细的信息。这些信息包括：攻击对象操作系统的类型及版本、攻击对象提供哪些网络服务、各服务程序的类型及版本，以及相关的社会信息。攻击对象操作系统的不同决定了攻击方法的不同。对于攻击对象操作系统信息的确定，一般是通过正常访问过程中系统返回的有关信息进行判断。另一种方法是通过向攻击对象发送特殊的网络数据包，根据攻击对象的不同反应区别不同的操作系统及版本。这种判定方法的基础是对于不同的操作系统，TCP/IP 栈的实现是不同的。这种方法又称为操作系统的 TCP/IP栈指纹识别。网络服务、服务程序及其版本的不同也决定了攻击者要采用不同的攻击方法。这是因为不同的网络服务，以及实现这些服务的不同版本的服务程序可以利用的漏洞是不同的。一些与计算机系统无关的社会信息同样不能忽视，它们往往是构造信息探测字典的基础，甚至影响到攻击发起的时间。

6.2.2　实施攻击

当获得了攻击对象的足够多的信息后，攻击者采用的一种攻击方法是利用相关漏洞渗透进目标系统内部进行信息的窃取或破坏。一般来说，这些行为都要经过一个先期获取普通合法用户权限，进而获取超级用户权限的过程。这是因为很多信息窃取和破坏操作必须要有超级用户的权限才能够进行，所以必须加强对用户权限特别是超级用户权限的管理和监督。现在应用得越来越多的攻击手段——分布式拒绝服务攻击（Ddos）——采用的则是另一种攻击方法。它根本不用获得什么权限，而是采用比较具有破坏性的方式——靠大量的数据包淹没服务器——来达到破坏攻击对象服务能力的目的。这种攻击方法相对简单，但是破坏效果显著，是计算机用户需要重点提防的攻击类型。

6.2.3　攻击后处理

攻击者在成功实施完攻击行为后，最后需要做的是全身而退，即消除登录路径上的路由记录，消除攻击对象系统内的入侵痕迹（主要指删除系统日志中的相关记录），根据需要设置后门等隐秘通道为下一次的入侵行为作准备。至此，一个经典的攻击过程就完成了。

6.3 入侵检测的基本概念

上述两节描述了计算机网络面临的种种危险。对于这些危险,诸如防火墙等传统的安全措施往往不能很好地进行处理。最好的处理办法就是为用户部署专门针对这些危险而设置的入侵检测系统。

James Anderson 在 1980 年完成的技术报告《计算机安全威胁的监控(Computer Security Threat Monitoring and Surveillance)》中首次提出了入侵检测的概念。他使用了"威胁"这个词,实际上与"入侵"的概念是等同的。入侵是指系统内部发生的任何违反安全策略的事件,具体包括对系统的非授权访问、授权用户超越其权限的访问、合法用户的非法访问、恶意程序的攻击及对系统配置信息和安全漏洞的探测等几种类型。1997 年,美国国家安全通信委员会(NSTAC)下属的入侵检测小组(IDSG)给出了一个被广泛接受的入侵的定义,即入侵是对信息系统的非授权访问及(或)未经许可在信息系统中进行的操作。

入侵检测简单地说就是检测并响应针对计算机系统或网络的入侵行为的学科。它包括对系统的非法访问和越权访问的检测;包括监视系统运行状态,以发现各种攻击企图、攻击行为或者攻击结果;还包括针对计算机系统或网络的恶意试探的检测。而上述各种入侵行为的判定,即检测的操作,是通过在计算机系统或网络的各个关键点上收集数据并进行分析来实现的。1997 年,美国国家安全通信委员会(NSTAC)下属的入侵检测小组(IDSG)给出了一个入侵检测的经典定义,即入侵检测是对企图入侵、正在进行的入侵或者已经发生的入侵进行识别的过程。

入侵检测技术就是通过数据的采集与分析实现入侵行为的检测的技术,而入侵检测系统即为能够执行入侵检测任务的软、硬件或者软件与硬件相结合的系统。图 6-1 给出了一个通用的入侵检测系统模型。

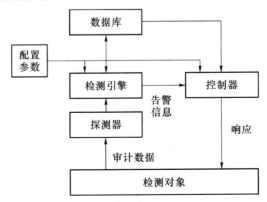

图 6-1 通用的入侵检测系统模型

其中主要部件功能简要描述如下：

1. 探测器：也称为数据收集器，负责收集入侵检测系统需要的信息数据，包括系统日志记录、网络数据包等内容；

2. 检测引擎：也称为分析器或者检测器，负责对探测器收集的数据进行分析。一旦发现有入侵的行为，即刻发出告警信息；

3. 控制器：根据检测器发出的告警信息，针对发现的入侵行为，自动地做出响应动作；

4. 数据库：为检测引擎和控制器提供必要的数据支持。包括检测规则集、历史数据及响应等信息。

随着计算机安全技术与理论研究的不断深入，人们对计算机安全技术的认识也越来越深刻，并且逐步勾画出各种更加细致和精确的安全模型作为计算机安全技术应用与发展的指导。在这些安全模型中，P^2DR 模型由于具有动态、自适应的特性，符合计算机安全运行和发展的特点，所以被越来越多的人所接受。在这个安全模型中，明确定义了入侵检测技术的位置和重要作用，可以说是入侵检测技术的理论基础。图 6-2 描述了这种 P^2DR 模型。

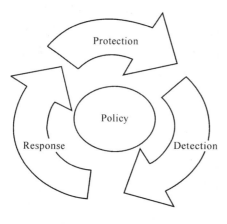

图 6-2　P^2DR 模型

P^2DR 是策略（Policy）、防护（Protection）、检测（Detection）和响应（Response）的缩写。其中，策略是整个模型的核心，规定了系统的安全目标及具体安全措施和实施强度等内容；防护是指具体的安全规则、安全配置和安全设备；检测是对整个系统动态的监控；响应是对各种入侵行为及其后果的及时反应和处理。

从这个模型可以看出，入侵检测技术是其基础性的关键内容，渗透到模型的所有部分。入侵检测技术不但要根据安全策略对系统进行配置，还要根据入侵行为的变化动态地改变系统各个模块的参数，协调各个安全设备的工作，以优化系统的防护能力，实现对入侵行为的更好的响应。安全策略不但是入侵检测子系统的一个重要数据来源，而且随着系统的运行将不断地被入侵检测子系统优化。

6.4　入侵检测的主要作用

1. 识别并阻断系统活动中存在的已知攻击行为，防止入侵行为对受保护系统造成损害；

2. 识别并阻断系统用户的违法操作行为或者越权操作行为,防止用户对受保护系统有意或者无意的破坏;

3. 检查受保护系统的重要组成部分及各种数据文件的完整性;

4. 审计并弥补系统中存在的弱点和漏洞,其中最重要的一点是审计并纠正错误的系统配置信息;

5. 记录并分析用户和系统的行为,描述这些行为变化的正常区域,进而识别异常的活动;

6. 通过蜜罐等技术手段记录入侵者的信息,分析入侵者的目的和行为特征,优化系统安全策略;

7. 加强组织或机构对系统和用户的监督与控制能力,提高管理水平和管理质量。

6.5　入侵检测的历史

早在 20 世纪 70 年代,James Anderson 负责主持了一个由美国军方设立的关于计算机审计机制的研究项目。1980 年 James Anderson 完成了题目为《计算机安全威胁的监控(Computer Security Threat Monitoring and Surveillance)》的技术报告,该报告首次提出了入侵检测的概念,被认为是入侵检测技术领域的开山之作。

1984—1986 年,乔治敦大学的 Dorothy Denning 和 SRI/CSL(SRI 公司计算机科学实验室)的 Peter Neumann 设计并实现了入侵检测专家系统 IDES(Intrusion Detection Expert System)。该系统采纳了 James Anderson 的若干建议,实现了基于统计分析的异常检测和基于规则的滥用检测。该系统在入侵检测的历史上具有重要的意义,而 SRI 公司也一跃成为入侵检测领域的领军企业。1987 年,Dorothy Denning 以此为基础发表了论文《入侵检测模型(An Intrusion Detection Model)》。这是入侵检测历史上的又一力作,入侵检测领域的研究工作由此开始广泛地展开。关于入侵检测的首次专题研讨会也于同年由 SRI 公司召开。

1988 年,Stephen Smaha 为美国空军 Unisys 大型主机设计并开发了 Haystack 入侵检测系统。同时出现的还有为美国国家计算机安全中心 Multics 主机开发的 MIDAS (Multics Intrusion Detection and Alerting System)入侵检测系统。1989 年,Los Alamos 美国国家实验室开发了用于内部安全检测的 W&S(Wisdom and Sense)入侵检测系统。这些系统都是早期基于主机的入侵检测技术的代表。

1990 年,加州大学戴维斯分校的 Todd Heberlien 等人开发了 NSM(Network Security Monitor),并以此为基础发表了论文《网络安全监视器(A Network Security Monitor)》。该系统首次将网络数据包作为审计数据信息源,标志着入侵检测的两大阵营——基于主机的入侵检测和基于网络的入侵检测——正式形成。

为了综合利用基于主机的入侵检测技术和基于网络的入侵检测技术的优点,在美国军方等多个部门的支持下,1991年,Stephen Smaha 在 NSM 系统和 Haystack 系统的基础之上,主持设计并开发了分布式入侵检测系统(Distributed Intrusion Detection System,DIDS)。这是将基于主机的入侵检测与基于网络的入侵检测进行融合的第一次努力。

1992年,SAIC 开发了计算机滥用检测系统(Computer Misuse Detection System,CMDS)。1993年,Haystack Labs 开发了 Stalker 系统。它们是首批商用的入侵检测系统。

在同一个时期,美国空军又开发了自动安全测量系统(Automated Security Measurement System)(ASIM)用于美国空军网络数据流的安全检测。该系统是第一个软件与硬件相结合的基于网络的入侵检测系统。它的设计团队于1994年成立了 Wheel Group 公司,其产品就是著名的 NetRanger——目前使用最多、功能最强,同时也是经受实践考验最多的入侵检测系统。

在整个20世纪90年代乃至21世纪初,入侵检测技术的研究从未停止过,人们将各种理论结合进入侵检测系统中,开发出了各具特色的多种入侵检测系统,期望能够获得更高的检测性能。1992年,美国加州大学圣巴巴拉分校的 Porras 和 Ilgun 提出了状态转移分析的入侵检测技术并实现了原型系统 USTAT。在同一时期,Los Alamos 国家实验室的 Kathleen Jackson 设计开发了基于统计分析的 NADIR 入侵检测系统,使用专家系统检测异常行为。1994年,SRI 公司的 Porras 开发了 IDES 的后继版本 NIDES。以此为基础,SRI 公司开发了用于分布式环境的 EMERALD 系统。1995年,美国普度大学 COAST 实验室的 Sandeep Kumar 以 STAT 为基础,提出了基于有色 Petri 网的模式匹配计算模型,并实现了 IDIOT 原型系统。1996年,美国新墨西哥大学的 Forrest 小组提出了基于计算机免疫学的入侵检测技术。1997年,Cisco 公司将入侵检测系统设计成标准模块,可以安装到路由器中;同年,ISS 公司设计并开发了基于 Windows 平台的 RealSecure 入侵检测系统,这两个系统的成功研发标志着商用入侵检测系统的成熟。1999年,Los Alamos 美国国家实验室的 Vern Paxson 开发了 Bro 系统,实现了高速网络环境下的入侵检测。同年,美国哥伦比亚大学的 Wenke Lee 研究小组在 Computer Network 上发表了论文《Bro:一种实时的网络入侵者检测系统(Bro:a System for Detecting Network Intruders in Real-Time)》,首次提出了基于数据挖掘技术的入侵检测框架。在20世纪90年代的中后期,加州大学的戴维斯分校发布了 GRIDS 系统,将入侵检测技术的应用扩展到了大规模网络环境中去。2000年,美国普度大学的 Diego Zamboni 与 Eugene Spafford 提出了入侵检测的自治代理的概念并实现了原型系统 AAFID 系统。它是入侵检测技术向着主动式、自适应、分布式的方向发展的重要一步,并立刻被许多人所采纳。

从 21 世纪初到现在,入侵检测技术的研究主要是基于网络,并向着混合型和分布式的方向发展。随着近几年木马和蠕虫程序的泛滥,人们对于高速检测算法和入侵响应技术的研究热情也越来越高。目前已经形成了以 SRI、普度大学、加州大学戴维斯分校、Los Alamos 国家实验室和新墨西哥大学等数强并立的研究局面。

6.6 入侵检测的分类

根据不同的标准入侵检测可以划分成不同的类型。目前最常用的划分标准是检测数据的来源和检测方法。根据检测数据的来源不同,可以将入侵检测划分成基于主机的、基于网络的及两者相互结合的 3 种类型。根据检测方法的不同,又可以将入侵检测划分成异常检测和滥用检测两大类型。

6.6.1 按照检测数据的来源划分

虽然基于主机的、基于网络的及两者相互结合的 3 种入侵检测类型的具体实现和操作是完全不同的,但是它们的本质都是通过对一系列事件进行分析,并与已有的历史知识相比较,来确定是否发生入侵行为及入侵行为的种类。下面将分别对这 3 种类型进行介绍。

1. 基于主机的入侵检测

随着计算机技术和应用的不断发展,出现了越来越多的针对主机进行攻击的方法,用户主机面临着严重的威胁。为了保护主机及资源不受有意或无意的篡改或删除,信息数据不会泄漏,计算机科学界研究开发了基于主机的入侵检测技术。

基于主机的入侵检测系统(Host Intrusion Detection System,HIDS)可以部署在各种计算机上:它不仅能够安装在服务器上,甚至可以安装在 PC 机上或者笔记本电脑中。通常情况下,组织或机构往往将基于主机的入侵检测系统部署在具有较高价值的服务器上作为信息安全保障的重要屏障。这些服务器包括各种关键的基础网络服务服务器、业务服务器和数据库服务器等。基于主机的入侵检测技术是系统整体安全策略实施的重要环节。图 6-3 描述了基于主机的入侵检测系统的结构。

基于主机的入侵检测系统通过分析特定主机上的行为来发现入侵。而特定主机上的行为通过该主机的审计记录和系统日志中的数据,再加上文件属性等其他辅助信息进行表述。具体来说,基于主机的入侵检测系统的工作是通过扫描系统审计记录、系统日志和应用程序日志来查找攻击行为的痕迹;通过对文件系统及相关权限的配置检测敏感信息是否被非法访问和篡改;还要检查进出主机的数据流以发现攻击数据包。

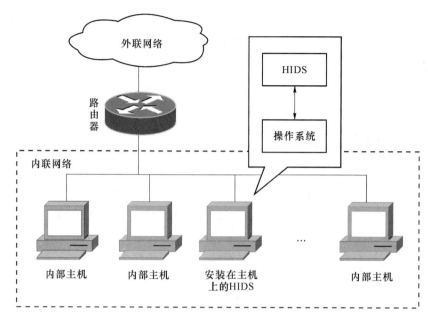

图 6-3　HIDS 结构示意图

通过上面段落的描述可以知道,基于主机的入侵检测系统检查判断的依据是系统内的各种数据及相关记录。具体来说,可以分成以下几种。

（1）系统审计记录

操作系统的审计记录由操作系统核心的审计子系统产生,用于记录当前系统的活动信息,如进程与系统调用状态、执行的命令及参数等。虽然不同的操作系统对于审计记录内容的组织与安排方式各有不同,但是基本上都是按照时间顺序将这些信息记录到一个或多个审计文件中。

系统审计记录是基于主机的入侵检测系统首选的数据源。在操作系统设计时就已经考虑到了审计记录的组织安排与安全保护,即系统审计记录具有较高的可靠性、安全性和可信性。此外,系统审计记录中的信息是系统底层的活动情况,内容最为详尽。因此,它能够精确地刻画用户和进程的行为特征,关于主机的入侵行为很难在审计记录中抹掉自己的痕迹。

（2）系统日志

系统日志是指利用操作系统日志机制生成的日志文件总称,专门用于记录系统内部各种信息源产生的信息。它与系统审计记录的不同之处在于它是由操作系统内核外的程序产生的,这些程序易受攻击;系统日志文件存储的保护级别也比较低,容易被篡改或删除。

虽然系统日志比系统审计记录的安全性差一些,但是它也具有可以分类记录各种特定的事件并且简单易读的优势,因此系统日志也是入侵检测系统的一个重要的数据来源。

不同的操作系统其系统日志的内容和组织安排各有不同。但是只要是系统内部产生的信息,系统日志都会有所记录,内容包括系统内进程的启动、运行和终止等信息,记录范围既包含普通进程,又包含重要的守护进程;系统内关键命令的运行;系统用户的登入、登出操作相关信息等。

（3）应用程序日志

应用程序日志是由应用程序维护的,关于特定应用的日志信息。

与系统审计记录和系统日志相比,应用程序日志不由操作系统维护,更容易受到攻击;应用程序日志也不一定完全具备系统审计记录和系统日志那样的审计特性。可以说,应用程序日志的可用性、可靠性和可信性都较低。

但是,随着系统复杂化的加深,从系统审计记录中的底层信息里难于获得系统的整体运行情况,这个问题同样存在于系统日志中。此外,越来越多的攻击行为向主机提供的网络服务方向集中,系统审计记录和系统日志难于提供必须的应用层信息。因此,在越来越多的时候不得不通过应用程序日志获取必要的信息。但是,正如上一段所描述的那样,如何增强应用程序日志的安全性和可信性是人们必须面对的重要课题。

（4）其他数据源

除了上述3种主要的数据源以外,基于主机的入侵检测系统还可以依据人工提供的数据信息,以及文件系统提供的数据信息进行检测。人工提供的数据信息包括系统配置信息、系统策略设定信息、软硬件错误信息等。文件系统提供的数据信息包括文件的属性、访问权限的设定甚至文件的完整性摘要信息等内容。

一旦检测到入侵行为的发生,那么基于主机的入侵检测系统可以利用多种手段进行响应。这些响应措施包括:生成入侵事件报告;利用电子邮件、传呼机、手机短信、声、光及屏显等方式告知安全管理人员;按照预先设定好的程序自动阻断攻击行为,甚至利用诱骗技术反向探查攻击源头等。需要注意的是,攻击的响应并非只在攻击过程结束以后进行,现在的入侵检测系统往往可以在攻击的开始和攻击过程的中间就可以检测到该入侵行为并立即进行响应以最大限度地减少本地系统的损失。

基于主机的入侵检测的优点是:

（1）能够监测所有的系统行为,可以精确地监控针对主机的攻击的过程。基于主机的入侵检测的数据源主要选择系统审计记录和系统日志,其监测范围已经深入到了系统的内部,所有的文件、用户和进程操作及系统内部的变化等内容都能够被记录,而针对主机的入侵行为实质上是对系统进行的非法操作。换一句话说,就是针对主机的入侵行为都将在各种记录中留下确定的痕迹,而且很难被抹去,也就容易被入侵检测机制控制。

（2）不需要额外的硬件来支持。基于主机的入侵检测系统可以直接安装在现有的受保护的主机或服务器上,不需要安装、维护或管理特定的硬件设备。

（3）能够适合加密的环境。随着网络安全要求的日益提高,安全传输成为了一个重要的问题。目前比较好的解决办法是在传输链路上使用加密手段来保障信息数据的秘密性、完整性和可用性。而且也出现了很多具有影响的加密传输应用技术,如 VPN。基于主机的入侵检测系统运行于主机之上,处理的是经过解密的信息,因此加密技术对其毫无影响。

（4）网络无关性。基于主机的入侵检测系统不需要考虑主机工作在什么样的网络环境之下。无论是交换式的网络还是令牌式的网络,对于基于主机的入侵检测系统来说都没有什么区别。这是因为基于主机的入侵检测系统只需要考虑进出主机系统的数据包的格式和内容即可,而不需要考虑这些数据包是如何到达目的地的。

基于主机的入侵检测的缺点是:

（1）基于主机的入侵检测系统不具有平台无关性,可移植性差。基于主机的入侵检测系统都是安装在特定的操作系统之上的,符合特定的操作系统的特性要求。既然操作系统之间差别很大,不具有可移植性,所以基于主机的入侵检测系统也就不具有可移植性。

（2）当检测手段较多时,会影响安装主机的性能。从受保护主机或服务器的角度来说,基于主机的入侵检测系统是一个共生软件,入侵检测系统与本地主机系统同时运行,处理的数据也与本地主机系统紧密相关,因此存在着性能上的相互牵制。当入侵检测系统为了增强检测的精度和强度而采用了多种检测手段时,会给本地主机系统的性能带来较大的负面影响,出现服务响应延迟增大甚至拒绝服务的现象。

（3）维护和管理工作较为复杂。基于主机的入侵检测系统需要安装在受保护的主机之上。具体安装在哪些主机和服务器上是需要网络安全管理人员仔细考虑的问题。部署数量过多直接提高了入侵检测系统的成本,而且也使得安全信息的收集、策略的分发及系统的维护等操作成为令人头疼的事情。但是,部署数量要是少了的话,就不能为用户提供足够的安全防护。

（4）无法判定基于网络的入侵行为。到达某台主机或服务器的单个数据包看起来是无害的,但是它确实是某种网络攻击行为的一个组成部分,有可能只负责完成服务的探测功能。这种入侵行为只有通过获取全局的网络信息才能够被检测出来,基于主机的入侵检测对此是无能为力的。

2. 基于网络的入侵检测

基于网络的入侵检测系统（Network Intrusior Detection System,NIDS）的出现晚于基于主机的入侵检测,两者的内涵完全不同。它的出现主要是因为基于主机的入侵检测技术只能够检测分析到达主机的网络数据包,而不能够提供网络整体的负载信息。但是,网络整体的负载信息往往蕴含着极为重要的针对特定目标网络的攻击行为信息,因此基于主机的入侵检测难于发现这些入侵行为。

基于网络的入侵检测系统往往由一组网络监测节点和管理节点组成。一般来说,网络监测节点负责收集分析网络数据包,并对每一个数据包或可疑的数据包进行特征分析和异常检测。如果数据包与系统预置的策略规则相吻合,网络监测节点就会发出警报信息甚至直接切断网络连接,并向管理节点报告攻击信息。而管理节点负责构建系统整体安全态势信息。图 6-4 描述的是一种基于网络的入侵检测系统的部署结构。

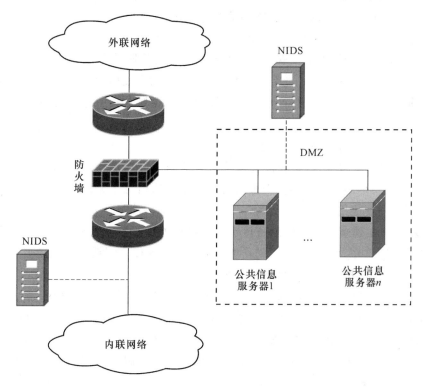

图 6-4　NIDS 的部署结构

基于网络的入侵检测系统的优点是:

(1)具有平台无关性。基于网络的入侵检测系统的检测数据源是网络上的数据包,而无论正常的还是非法的数据包都是基于某种标准的网络协议的,否则无法进行传输。因此,基于网络的入侵检测系统与受保护的主机类型没有任何关系,也即该系统具有平台无关的特性,可以适用于多种类型的网络;

(2)不影响受保护主机的性能。基于网络的入侵检测系统不被安装在受保护的主机上,而且其行为类似于静默的监听者。即它不需要消耗主机的任何资源,也不会对到达主机的正常数据包有任何的操作。因此,这种类型的入侵检测系统对主机的性能不会有任何的影响;

(3)对攻击者来说是透明的。网络监测节点可以被配制成只运行网络监测服务,并且完全可以处于被动监听的状态,因此难于被攻击者发现,也就不受攻击行为的影响;

（4）能够进行较大范围内的网络安全保护。每个网络监测节点可以监控一定范围的网络，那么只需要少量网络监测节点就可以获得相当规模的网络的攻击信息，这一点是基于主机的入侵监测难于企及的；

（5）检测数据具有很高的真实性。基于网络的入侵检测系统，其数据来源是网络上的原始数据包。由于数据包的内容被入侵者故意更改的可能性极小，所以检测数据的可信度很高。而且这些数据里非常有可能包含了入侵者的身份和攻击方法等信息。与之相对比，基于主机的入侵检测系统就不得不时刻面对检测数据是否被入侵者篡改的问题；

（6）可检测基于低层协议的攻击行为。基于网络的入侵检测系统检查所有数据包的首部信息和有效载荷内容并进行分析，从而能很好地检测出利用低层网络协议进行的攻击行为。

基于网络的入侵检测系统的缺点是：

（1）不处在通信的端点，无法像进行网络通信的主机那样处理全部网络协议层次的数据。因此，从获得的网络数据流中重新构建应用层的信息十分困难。基于网络的入侵检测系统很难发现应用层的攻击行为；

（2）对于现在越来越流行的加密传输很难进行处理。毕竟加密、解密操作不是入侵检测系统的本职工作，而且加密、解密功能的运行会给入侵检测系统的性能带来较大的负面影响，不符合入侵检测系统对效能的要求；

（3）对于交换网络的支持不足。对于交换网络，基于网络的入侵检测系统只能检查它直接连接的网段的通信，对于其他网段的信息则无法直接获取。通常的解决办法是将入侵检测系统连接到交换机的镜像端口。交换机其他的端口会将经过自己的数据映射到镜像端口处。这样，入侵检测系统即可利用镜像端口监测映射过来的连接到各个交换端口的其他网段的数据。但不是所有的交换机都支持端口镜像，也不是全部的交换端口都将数据映射到镜像端口，而且受到处理能力的限制，当交换的数据流量较大时，基于网络的入侵检测系统也不可能采集并监控全部端口的数据；

（4）基于网络的入侵检测系统也要面对处理能力的问题。尤其是在网络负载较大的时候，基于网络的入侵检测系统往往疲于对数据包进行反复的解码操作，对于来不及处理的数据包只能舍弃。因此，基于网络的入侵检测系统不能够及时有效地分析、处理大规模的数据；

（5）容易受到拒绝服务攻击。这是因为基于网络的入侵检测系统需要检测所捕获的网络通信数据，并维持多种网络事件的状态信息，很容易被拒绝服务攻击数据包耗尽资源或降低其处理速度；

（6）很难进行复杂攻击的检测。因为基于网络的入侵检测系统要维持多种网络事件信息，所以很难花费大量的时间计算和分析某种非常复杂的攻击行为。

虽然有这样和那样的缺点，但是基于网络的入侵检测主要是着眼于系统的整体安全态势并且具有较强的数据提取能力,这符合信息安全整体化、系统化、协作化的趋势,在实际中也发挥了重要的作用,因此成为网络安全研究的一个重点方向。目前,主流的入侵检测系统大部分都是采用基于网络的和混合式的架构。

图 6-5 描述了基于网络的入侵检测系统的结构。

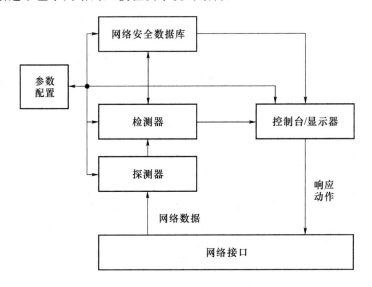

图 6-5　NIDS 结构示意图

下面将讨论基于网络的入侵检测系统的设计过程中必须考虑的一些关键问题。

（1）数据包的获取

数据包的获取是基于网络的入侵检测系统的基础。可以利用两种不同的方法来实现:一种是在以太网上进行监听来获取数据,另一种是连接到路由器或交换机的监听端口或者镜像端口来获取数据。

① 以太网协议规定主机进行数据传输时采用广播的方式进行,即在同一个局域网段内的所有主机都可以收到发送主机发出的数据包。在正常的方式下,主机的网卡要对到达的数据包进行过滤,只接收目的 MAC 地址是本地主机 MAC 地址的那些数据包,对于其他 MAC 地址的数据包则一律丢弃。可以通过对网卡进行设置,将这种接收方式改变为接收网络上所有到达本地主机的数据包而不论其目的 MAC 地址是否是本地主机,这样就可以进行局域网段的监听工作了。网卡的这种工作模式被称为混杂模式（Promiscuous）。在将网卡设置成混杂模式之后,下一步要直接访问数据链路层,在网卡将数据提交给系统的协议栈之前将数据交由入侵检测程序处理,这样才算真正完成网络数据的获取工作;

② 在实际的网络建设中,最经常采用的是交换式网络,即各局域网通过交换机或者路由器进行连接。经过交换设备连接的网络不再具有广播的特性,广播只在各个局域网内部实现,也就无法采用上述的监听方法。如前所述,通常的解决办法是将入侵检测系统

连接到路由器或者交换机的镜像端口或者监听端口。所有经过该交换设备的数据除了按正常方式进行转发以外，还会转发到镜像端口或监听端口处。这样，入侵检测系统即可利用镜像端口或监听端口监测映射过来的连接到各个端口的其他网段的数据，从而达到截获网络数据流的目的。而针对前面提到的这种方式的缺点，目前的解决办法只能是将入侵检测系统串接到流量最大的上行和下行端口处。毫无疑问，这不是一个最好的选择。

（2）检测引擎

检测引擎负责入侵行为的判定，其设计是基于网络的入侵检测系统的核心问题，它直接关系到入侵检测系统的性能。通常检测引擎可以分成两类：一是嵌入式规则检测引擎，二是可编程检测引擎。

① 嵌入式规则检测引擎的具体代码对于用户是不可见的。用户只能配置入侵检测的规则，但无法了解嵌入在系统内部的实现机制。嵌入式规则检测引擎的使用比较容易，用户只需要在给定的规则集合中选取某个子集，或者根据要求自定义检测规则即可。嵌入式规则检测引擎设计的关键问题是检测规则和引擎架构的设计；

② 可编程检测引擎允许用户使用特定的编程语言或脚本语言来自己编程实现具体的检测模块。可编程检测引擎灵活性强，但是需要用户拥有较高的专业知识水平。可编程入侵检测引擎设计的关键问题是实现入侵检测功能的脚本语言的定义及该语言与检测引擎架构接口的设计。

在各种基于网络的入侵检测系统的背后起到支撑作用的是各种适用于入侵检测的安全技术。下面就对其中比较重要的一些技术进行简要介绍。

（1）特征分析技术

特征（Signature）分析技术是最早用于入侵检测的安全技术。它的本质就是"匹配"，匹配的对象是截获的网络数据包，比较的参照物是能够代表入侵行为的特征字符串。检测引擎将数据包与预存的特征字符串进行比较，如果匹配成功，则意味着发现了某种入侵行为并进行相应的响应操作，否则读取下一条特征字符串进行比较，直到将全部特征字符串比较完毕为止。

现在的特征分析技术逐步加入了协议分析功能。可以对 OSI 7 层模型中的网络层和传输层进行解码，并能够理解这两层协议各字段的含义及可能的取值。现在的特征检测不但包含了对各种协议的各个字段取值的检查，而且能够迅速地对数据负载进行定位，从而更有效地进行特征字符串的匹配操作。

（2）协议分析技术

协议分析技术的基本思想是各种网络数据包都是基于某种标准的网络协议的，而各种标准的网络协议的格式是有严格规定的。因此可以将截获的网络数据流按照各层协议的规定进行重新组装，并按照协议标准定义的内容进行分析。协议分析的重点内容在于检查数据包各层协议的各个字段取值是否合理，如果超出合理范围则认为是一个非法数据包。

在常规的协议分析基础之上又延伸出了状态协议分析技术。这种技术不仅仅考虑单一的网络数据包,而是将某个会话的所有流量当做一个整体进行考虑,即检测操作的核心在于会话的状态。这种技术出现的原因是很多网络攻击行为不是只由一个单独的数据包完成的,而是分散成多个数据包,合起来才构成一个攻击行为序列。需要考虑这些行为的状态特征才能够将它们从正常的数据流中区分出来。状态分析技术与第2章讲述的防火墙状态检测技术类似,可以参见前面章节的讲解。

现代协议分析技术的趋势是加强应用层协议的分析。这样做的原因是目前越来越多的入侵行为都集中到主机提供的网络服务上,入侵者纷纷利用应用服务的漏洞展开对系统的攻击。因此,应用层协议分析技术成为了入侵检测技术研究的重点,主要问题在于如何高效快速地跟踪应用层协议交互过程中的状态转换和参数变化,以及如何从异常的变化中快速地确定攻击行为的种类并进行响应。

总的来说协议分析技术具有性能高、识别准确率高、反隐藏能力强、系统开销小的优点。

(3) TCP 流重组技术

目前80%以上的网络应用都是基于TCP的,针对TCP的数据报文进行检测也就成为了基于网络的入侵检测系统的工作重点。但是针对TCP报文进行检测是一件比较困难的事情,TCP数据流的重组就是入侵检测系统首先需要面对的难题。下面将简要描述该问题的要点:

① 序列号问题。TCP使用序列号来保证目标系统能够顺序重组TCP报文,并且重传机制也需要序列号进行操作。处于被动监听状态的基于网络的入侵检测系统需要对通信双方随机选择的序列号进行跟踪,否则无法重组TCP报文,也就无法进行入侵检测。此外,还要考虑TCP报文的乱序和序列号丢弃问题。很不幸的是,即使将序列号问题处理得很好,也不可能避免受到恶意的攻击;

② 窗口问题。窗口机制是TCP的重要机制,通过它可以实现端到端的流量控制。基于网络的入侵检测系统通过截获网络数据流获得TCP连接的窗口信息,并通过窗口信息判断截获的数据包是否是正好落到窗口中的合法数据包。但是,由于无法做到与通信主机同步,所以基于网络的入侵检测系统获得的窗口数据并不一定是最新的窗口数据。这对于报文的检测会产生不利的影响,容易误判;

③ 特定报文的处理问题。攻击者往往会发送序列号相同但内容不同的报文,使得入侵检测系统无法判断哪一个报文才是有效的,达到了干扰入侵检测系统重组TCP报文的目的。此外,攻击者还可以先发送一些会被接收方拒绝的报文段,然后只经过很小的延迟后发送真正的攻击数据。这种方式将造成入侵检测系统序列号推演错误而无法接收攻击数据,从而达到避开入侵检测系统的目的;

④ 数据重叠问题。TCP报文段也存在着与IP碎片一样的数据重叠覆盖问题,而且

不同的系统对于该问题的处理方法不同。如果入侵检测系统的处理方法与操作系统不一致就会产生漏报或误报的现象。

（4）IP碎片重组技术

IP碎片机制本来是为了解决不同MTU网络的互连互通问题而提出的，即数据包经过MTU较小的网络时会被分割成满足该网络MTU要求的较小的碎片来继续传递，到达目的地后再进行重组。目前随着交换技术和设备的发展，IP碎片已经不再是网络连通的主要问题了。但是攻击者却充分利用了这种机制，创造了多种基于IP碎片机制的攻击方法。这些攻击方法包括碎片覆盖、碎片重写、碎片超时及针对网络拓扑的碎片技术等。而基于网络的入侵检测系统需要在系统内对这些碎片进行重组，才能还原请求的内容，进而进行分析操作。基于网络的入侵检测系统的IP碎片重组问题的要点列举如下：

① 必须考虑到IP碎片乱序到达的问题。入侵检测系统必须能够处理攻击者故意打乱碎片的传输顺序的情况，这样通常会造成入侵检测系统的漏报现象；

② 必须具有处理没有结尾的IP碎片流的能力。攻击者往往向目标网络发送没有结束标志的大量的碎片流。入侵检测系统为了能够重组IP碎片，就不得不为这些碎片预留缓冲区等系统资源，最终的结果是入侵检测系统耗尽所有的系统资源而宕机；

③ 入侵检测系统处理IP碎片的方式应该与目标系统一致。目标系统如果采取丢弃碎片的策略，而入侵检测系统采取碎片重组的策略，则入侵检测系统容易受到攻击者垃圾碎片攻击的侵扰；目标系统如果采取重组碎片的策略，而入侵检测系统采取丢弃碎片的策略，则入侵检测系统将很有可能遗漏攻击数据流；

④ 必须考虑碎片重叠的问题。攻击者通过精心的设计，利用碎片重叠的机制将攻击数据传递到目标系统。入侵检测机制必须能够对这种方式进行判断，关键的问题是需要了解目标系统对于碎片重叠问题的处理机制。

（5）零复制技术

传统的网络数据的处理需要经过由网络设备到操作系统内存空间复制数据，再由系统内存空间到用户应用程序空间复制数据的两次过程。整个过程需要用户向系统发出系统调用的请求来完成，而CPU不得不停下来响应用户的请求以完成该复制操作。这严重制约了CPU的处理能力，降低了系统的工作效率。

零复制技术的基本思想是在数据从网络设备到用户程序空间复制的过程中，尽量减少复制操作和系统调用的次数，消除CPU的参与。零复制的实现技术是DMA数据传输技术和内存区域映射技术。

① DMA技术将数据直接传递到系统内核预先分配好的内存空间中，该过程不需要CPU的参与；

② 内存区域映射技术将系统存储数据的内存区域映射到检测程序的应用程序空间。

检测程序直接对该内存进行访问,不需要系统内存空间向用户空间进行复制,减少了系统调用的开销。

（6）蜜罐技术

在出现以前,各种网络安全技术实现的只是单纯的防御。面对越来越多的攻击手段,网络安全措施显得捉襟见肘,十分被动。

蜜罐技术（Honeypot）的出现改变了这种局面,从被动的防御逐步转变为主动的防御。蜜罐实际上是一种牺牲系统,不包含任何可以被利用的有价值的资源。它存在的唯一目的就是将攻击的目标转移到蜜罐系统上,诱骗、收集、分析攻击的信息,确定入侵行为的模式和入侵者的动机。

蜜罐的部署很容易,只需要设置一台外联网络可以访问到的服务器,并且秘密地安装网络监控系统即可。不过,设置蜜罐仍然存在安全风险——容易被入侵者控制作为进攻内联网络的跳板,为了解决这个问题又引入了蜜网的概念。

蜜网（Honeynet）是指增强了各种入侵检测和安全审计技术的蜜罐。不但能够记录下入侵者的破坏行为,而且还可以尽量减少对其他系统造成的风险。

数据收集是蜜罐技术的核心问题。蜜罐需要详细记录入侵者的攻击行为,但是要保证入侵者不会删除或篡改日志记录。通常采用的办法是向安全日志服务器备份日志文件。

蜜罐技术另一个显著的优点是可以大大减少入侵检测系统要分析的数据量。入侵检测系统不需要在进出内联网络的海量数据中搜寻攻击数据的蛛丝马迹,而只需要针对蜜罐系统的数据进行分析即可,因为蜜罐系统的数据大部分是攻击数据。而且,它为分析网络入侵行为提供了一个很好的研究平台,这是其他安全技术难于实现的。

3. 混合式的入侵检测

基于主机的入侵检测能够对主机上的用户或进程的行为进行细粒度的监测,很好地保护了主机的安全。基于网络的入侵检测则能够对网络的整体态势作出反应。这两种优点都是用户所需要的,因此计算机安全界对两者的融合进行了大量的研究,并称这种融合系统为混合式入侵检测系统。正如 6.5 节所描述的那样,早在 1991 年,Stephen Smaha 在 NSM 系统和 Haystack 系统的基础之上,主持设计并开发了分布式入侵检测系统 DIDS,这是融合两种不同类型入侵检测技术的第一次重要的努力。该项目受到了美国军方等多方面的支持和赞助,也从一个侧面反映了用户的迫切需求。后来 SRI 公司开发的用于分布式环境的层次化入侵检测系统 EMERALD,1996 年美国加州大学戴维斯分校开发的用于大规模网络环境的基于图表的层次化入侵检测系统 GRIDS 及普度大学结合了协同工作思想的基于自治代理的 AAFID 系统都是对两种入侵检测技术进行融合的探索和实践。虽然技术上有所出入,但是它们在本质上都是由多个监测模块执行分布式协同检测,一个管理中心进行集中式分析管理,这也是目前主流入侵检测系统的基本实现思想。总之,分布式的实现方式是入侵检测系统的一个重要的发展方向。在具体的实现上,混合式的入侵检测主要分为两种类型:一种是采用多种检测数据源的入侵检测技术,另一种是采用多种不同类型的检测方法的入侵检测技术。图 6-6 描述的是一种混合式入侵检测系统的经典部署结构。

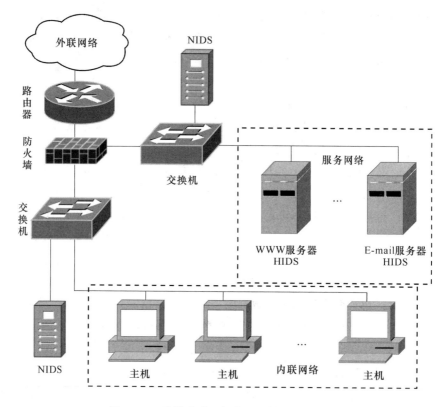

图 6-6　一种混合式入侵检测系统的部署结构

6.6.2　按检测方法划分

根据对检测数据的分析方法的不同,入侵检测技术可以分成以用户正常行为为参照的异常检测和以已知攻击特征为参照的滥用入侵检测两种类型。下面将分别对这两种入侵检测技术进行介绍。

1. 异常入侵检测

异常入侵检测是根据系统或用户的非正常行为或者对于计算机资源的非正常使用检测出入侵行为的检测技术。异常检测的基础是需要建立系统正常活动状态或用户正常行为模式的描述模型。异常检测的操作是将用户的当前行为模式或系统的当前状态与该正常模型进行比较,如果当前值超出了预设的阈值,则认为存在着攻击行为。异常检测最显著的特点是可以检测未知的攻击行为,但是检测的准确程度依赖于正常模型的精确程度。如何建立异常检测使用的正常模型是异常入侵检测技术研究的重点问题。下面将对异常检测的几种主要的方法进行简单介绍。

(1) 基于统计分析的异常检测

入侵检测系统根据每一个用户的操作动作为其建立一个用户动作特性表。通过对比该用户当前的操作动作特性和用户动作特性表中存储的用户动作特性的历史数据,就可以判断出是否有异常的行为发生。该方法充分利用了概率统计理论,实现相对简单。但是这种基于统计分析的方法对相互关联的一系列入侵事件的次序性不敏感,对于异常行为判断阈值条件过于单一化,而且判断阈值的确定比较困难。此外,还要求检测数据来源稳定且具有相似性,这些条件在实际中是很难得到满足的。

(2) 基于机器学习的异常检测

这种异常检测方法通过机器学习技术实现入侵检测,主要的实现方法有归纳学习、类比学习等。其本质是将系统和用户的网络行为特征转换为可度量的区域中的数据,然后与通过学习得到的演进模式相比较,评估当前系统或用户行为特征数据的变化,进而确定入侵行为的发生。这种方法检测效率高、误警率低,但对独立的异常行为的检测及对用户行为动态变化的处理还需要进一步完善。

(3) 基于贝叶斯推理的异常检测

设变量 $A_i \in \{0,1\}$, $i \in N$ 表示系统不同方面的特征, $A_i = 1$ 表示有异常行为发生, $A_i = 0$ 表示系统正常。再设 I 表示系统当前遭受入侵攻击,则 A_i 的可靠性用 $P(A_i = 1 | I)$ 表示, A_i 的敏感性用 $P(A_i = 1 | I)$ 表示。基于贝叶斯推理的异常检测方法即为在任意时刻,测量变量 $A_1, A_2, \cdots, A_n$ 的值来判断是否有入侵行为发生。

给定每个 A_i, I 的可信度为:

$$P(A_i = I | A_1, A_2, \cdots, A_n) = P(A_1, A_2, \cdots, A_n | I) \frac{P(I)}{P(A_1, A_2, \cdots, A_n)}$$

假定每个 A_i 仅与 I 相关,与其他测量条件 A_j, $i \neq j$ 无关,则有:

$$P(A_1, A_2, \cdots, A_n | I) = \prod P(A_i | I)(i = 1, 2, \cdots, n)$$

$$P(A_1, A_2, \cdots, A_n | -I) = \prod P(A_i | -I)(i = 1, 2, \cdots, n)$$

可得:

$$\frac{P(I | A_1, A_2, \cdots, A_n)}{P(-J | A_1, A_2, \cdots, A_n)} = \frac{P(I) \prod P(A_i | I)}{P(-J) \prod P(A_i | -J)}(i = 1, 2, \cdots, n)$$

由此,根据各个异常测量的值、入侵的先验概率及入侵发生时每个测量的异常概率,就能够确定入侵的概率。为了保证检测的准确性,要求保证各测量值 A_i 之间相互独立。

(4) 基于贝叶斯网络异常检测

贝叶斯网络是有向无环图 DAG(Directed Acyclic Graph),由代表变量的节点及连接这些节点的有向边构成。节点代表随机变量,可以是任何问题的抽象。节点间的有向边代表了节点之间相互依赖的关系(由父节点指向子节点),用条件概率表示关系的强度,没有父节点的用先验概率进行表达。贝叶斯网络通过指定的与相邻节点相关的概率集合计算随机变量的连接概率分布,所有根节点的先验概率和非根节点概率构成了这个集合。

贝叶斯网络适用于表达和分析不确定和概率性事物,可从不完全或不确定的知识或信息中作出推理。贝叶斯网络实现了贝叶斯定理指明的学习功能,能够发现大量变量之间的关系,可以很好地进行预测及数据分析。

基于贝叶斯网络异常检测方法是通过建立起异常入侵检测贝叶斯网,然后将其用做检测工具分析异常测量结果。

(5) 基于贝叶斯聚类的异常检测

基于贝叶斯聚类的异常检测通过使用贝叶斯统计技术对给定的数据进行搜索并划分不同类别的数据集合,这些数据集合反映了基本的因果机制(同集合的成员与其他集合的成员相比更加相似)。通过这一点就可以区分出异常的用户类,进而推断入侵事件发生,完成异常入侵行为的检测。

(6) 基于数据挖掘的异常检测

数据挖掘技术本来用于提取海量数据中隐含的有用信息。这种技术与异常检测技术相结合,意味着能够从系统审计记录、系统日志、应用程序日志及网络信息流等数据源中提取入侵检测系统感兴趣的、隐含在大量数据中的、未知的重要信息。而这种信息是难以通过手工的方法从浩如烟海的审计数据中提取出来的。提取出来的知识信息被定义为概念、规则及规律等形式,并再次应用于入侵行为的检测。基于数据挖掘的入侵检测优势在于海量数据的处理,但是却难于满足检测的实时性要求。

(7) 基于特征选择的异常检测

这种类型的入侵检测是通过从一组参数中选择能够代表入侵行为的子集来判定攻击行为的发生。其关键的技术点有两个:一个是参数的选择问题,不同环境下不同的入侵类型选择的参数不可能完全相同,理想的情况是系统能够自动、动态地选择出最好的集合;另一个是异常行为和入侵行为的判断问题,必须严格区分这两种不同的行为,减少漏报和误报。

（8）基于神经网络的异常检测

神经网络模拟人类大脑处理信息的方式来构造知识系统。将其应用到入侵检测系统中的主要作用是通过当前信息单元序列和历史信息单元序列集合的输入，判断系统是否发生入侵行为，当然还需要利用信息单元序列训练神经网络。其优点是能够处理有噪声的数据和模糊数据，并能自动学习进化。缺点是网络结构和权值的确定需要经过反复尝试，命令序列的合适的规模也难以确定。

（9）基于模式预测的异常检测

这种入侵检测技术的基本思想是认为事件序列是相互关联的，具有一定的可被辨别的模式，并不是完全随机的。这种技术的经典应用是利用时间规则识别用户正常行为模式的特征，并以此动态地修改规则集，提高检测系统的准确性。根据对用户行为的观察，系统归纳出一套具有较高可信度的规则集来构成用户的行为框架。那么，对于异常行为的检测主要将依据这个框架进行判断。

2. 滥用入侵检测

滥用（Misuse）入侵检测通过对现有的各种攻击手段进行分析，找到能够代表该攻击行为的特征集合。对当前数据的处理就是与这些特征集合进行匹配，如果匹配成功则说明发生了一次确定的攻击。

滥用入侵检测可以实现的基础是现有的、已知的攻击手段，都能够根据攻击条件、动作排列及相应事件之间的关系变化等内容进行明确地描述，即攻击行为的特征能够被提取。

因为每种攻击行为都有明确的特征描述，所以滥用检测的准确度很高。但是，滥用检测系统依赖性较强，平台无关性较差，难于移植。而且对于多种攻击模式特征的提取和维护的工作量也较大。此外，滥用检测只能根据已有的数据进行判断，不能检测出新的或变异的攻击行为。最后，滥用检测无法识别内部用户发起的攻击行为。

下面将对滥用检测的几种主要的方法进行简单介绍。

（1）基于模式匹配的滥用入侵检测

这种滥用检测是最基本的检测模式。原理是通过在网络数据中查找特定的字符串或编码组，即搜索攻击行为的特征，来实现滥用入侵检测。这种方法简单、易于实现，但是计算量大、误报率高，不适用于高速网络。

（2）基于状态转移分析的滥用入侵检测

这种方法将入侵的整个过程看做是一个状态迁移的过程，即系统从初始的安全状态转变为被侵入的状态。状态迁移的过程用状态转移图表示，为了准确地识别攻击行为造成的状态转换，图中只包含成功实现入侵所必须发生的关键事件。状态转移图可以根据系统审计记录中包含的信息画出。

（3）基于专家系统的滥用入侵检测

专家系统首先输入已有的攻击模式的知识，当事件记录等检测数据到来时，入侵检测系统根据知识库中的内容对检测数据进行评估，判断是否存在入侵行为。专家系统的优点在于用户不需要理解或干预专家系统内部的推理过程，而只需把专家系统看做一个智能的黑盒子即可。

（4）基于条件概率的滥用入侵检测

基于条件概率的滥用入侵检测方法是将入侵方式与某个事件序列相对应，通过观测到的事件的发生情况来推测入侵行为的出现。这种推理检测入侵方法的理论依据是贝叶斯定理，是对贝叶斯方法的改进。

设：ES 表示事件序列，先验概率为 $P(I)$，后验概率为 $P(ES|I)$，事件出现的概率为 $P(ES)$，则有：

$$P(I|ES) = P(ES|I) \times P(I)/P(ES)$$

通常可以给出先验概率 $P(I)$。对入侵报告数据进行统计处理，又可得：

$$P(ES|I) \text{和} P(ES|\overline{I})$$

则有：

$$P(ES) = (P(ES|I) - P(ES|\overline{I})) \times P(I) + P(ES|\overline{I})$$

故可以通过事件序列的观测，从而推算出 $P(I|ES)$。

基于条件概率的滥用入侵检测的缺点是先验概率难以给出，且事件的独立性难以满足。

（5）基于模型推理的滥用入侵检测

基于模型推理的滥用入侵检测的基础是建立误用证据模型。在此基础上，系统针对某些用户行为或系统活动进行监视，并推理是否发生入侵行为。这种入侵检测方法的关键是建立包含各种攻击行为序列的数据库。它的优点是对于专家系统不易处理的未确定的中间结论，可以用模型证据推理来解决。此外，还可以减少审计数据量。它的缺点是增加了创建模型的开销，运行效率无法明确估算，难以维护。

3. 异常检测与滥用检测的比较

滥用入侵检测技术根据已知的攻击行为特征建立异常行为模型，然后将用户行为与之进行匹配，匹配成功则意味着有一个确定的攻击行为发生。该技术具有较好的确定解释能力，可以得到较高的检测准确度和较低的误警率。但是，只能检测到已知的攻击行为，对于已知攻击的变形或者新型的攻击行为将无法进行检测。

异常入侵检测技术则是试图建立用户或系统的正常行为模型，任何超过该模型允许阈值的事件都被认为是可疑的。这种技术的好处是能够检测到未知的攻击，尽管可能无法明确指出是何种类型的攻击。但是，这种方法往往不能反映计算机系统的复杂的动态本质，很难进行建模操作。

很明显,无论滥用检测还是异常检测都是入侵检测技术的具体实施,其各自的特点决定了它们具有相当的互补性。为了符合用户越来越高的安全要求,可以将两种方式结合起来,使得入侵检测系统的检测手法具有多样性的特点。在不同的条件下采用不同的检测方法,提高了系统的检测效率。

6.7　入侵检测技术的不足

入侵检测技术虽然解决了防火墙技术不能很好地实现攻击行为的深层过滤的问题,但也不能将其视为一劳永逸解决系统安全问题的万能钥匙,它也有相当多的缺陷:

1.无法完全自动地完成对所有攻击行为的检查,必须通过与管理人员的交互来实现;

2.不能很好地适应攻击技术的发展,只有在熟知攻击行为的特征后才能识别检测它。虽然存在智能化、可自学习的入侵检测技术,但还不能跟上变形攻击技术和自发展攻击技术的步伐;

3.入侵检测技术很难实现对攻击的实时响应。往往是在被动地监测到攻击序列开始后,还需要与防火墙系统进行联动,才能完成阻断攻击的动作。这对于那些一次性完成的攻击行为(瞬发攻击)是毫无作用的;

4.入侵检测技术本质是一种被动的系统,无法弥补各种协议的缺陷,只能尽量地去适应协议的规范;

5.无论是基于主机的还是基于网络的入侵检测系统,其信息源都来自于受保护的网络,那么系统的检测精度要依赖于系统提供信息的质量和完整性。受此限制,在很多情况下,无法完全达到入侵检测技术的理论水平;

6.处理能力有限,当系统满负荷运转时,不能及时有效地分析、处理全部的数据;

7.无法完全适应现代系统软件和硬件技术的发展速度,最明显的例子就是现有的入侵检测系统不能很好地支持不断出现的各种应用服务,也不能很好地融合进多样化的现代网络;

8.无法快速地适应组织或机构的系统安全策略的变化,调整过程较为复杂。

6.8　本章小结

入侵检测技术是对计算机系统面临的各种威胁的一种响应。到目前为止,该技术已经经过了数十年的探索,其应用也逐步走向成熟。作为防火墙技术的重要补充,它解决了防火墙技术不能很好地进行攻击行为的深层过滤的问题,能够分析、识别并阻断复杂的入侵行为序列。按照检测数据来源划分,可以分成基于主机的、基于网络的及混合式3种类型;按照使用的检测方法划分,又可以分成异常检测和滥用检测两大类。虽然入侵检测技术的提出极大地减轻了安全系统的压力,满足了用户对系统安全的大部分的迫切要求,但是还要看到,入侵检测技术的本质还是一种被动的技术,无法主动地防御攻击行为,也很难对攻击行为进行实时响应。与防火墙技术一样,入侵检测技术也不是万能的,还需要与其他安全技术相配合才能实现对用户系统更好地保护。

第 7 章

主流入侵检测产品介绍

入侵检测系统作为一种主要的网络安全产品有许多厂商在研发和生产。如何选择入侵检测系统是一个专业而且复杂的问题,对用户系统的安全会产生直接的影响。不但需要对用户的安全需求及面临的威胁有清楚的认识,而且还要熟悉入侵检测系统的市场行情,只有这样才能找到最符合要求且性价比最高的产品。本章首先介绍评价入侵检测系统性能的各种主要指标,其次介绍目前主流的入侵检测产品的特性。

7.1 入侵检测系统的性能指标

本章将从有效性、可用性和安全性 3 个方面介绍入侵检测系统的性能指标。有效性指的是入侵检测系统针对各种攻击行为的检测处理能力和判断的可信性。可用性指的是入侵检测系统对于数据的处理能力。安全性指的是入侵检测系统本身的抵御攻击的能力。

7.1.1 有效性指标

有效性的评估主要包括攻击检测率、攻击误警率和可信度 3 个指标。攻击检测率指的是入侵检测系统能够正确报告攻击行为发生的概率。攻击误警率指的是入侵检测系统出现漏报和误报现象的概率。漏报指的是对确切发生的攻击行为入侵检测系统却没有任何反应。误报指的是入侵检测系统对不是攻击的行为进行告警,提示发生了某种入侵。可信度指的是入侵检测系统对攻击行为是否发生及攻击类型等信息判断的正确程度。

在实际中,若入侵检测系统选择的检测手段和检测数据源非常合适,系统较为敏感,则攻击检测率就会提高,同时攻击误警率也会提高,但检测的可信度同样会随之提高;否则攻击检测率将变得很低,同时攻击误警率也将降低,但检测的可信度同样会随之降低。

与有效性指标相关的还有一些重要因素,包括可检测到的入侵特征数量、IP 碎片重组能力、TCP 流重组能力等,这里不再赘述。

7.1.2 可用性指标

可用性指标有很多种参数,列举如下:

1. 检测延迟指从攻击发生开始到攻击行为被检测出来的间隔时间。该参数与攻击破坏程度直接相关;

2. 系统开销指入侵检测系统为达到某种程度的检测有效性而对用户系统资源的需求情况。其值越低越好;

3. 吞吐量指入侵检测系统能够正确处理的数据流量,一般以 Mbit/s 来度量。超过这个值,入侵检测系统就会因为来不及处理而丢包;

4. 每秒抓包数(p/s)指的是入侵检测系统每秒钟能够捕获处理的数据包的个数。吞吐量与每秒抓包数是不同的两个概念:吞吐量等于每秒抓包数乘以网络数据包的平均大小。当数据包的平均大小具有较大差异时,在每秒抓包数相同的条件下,吞吐量的差异也会很大。在流量相同的情况下,数据包越小,处理的难度也就越大;

5. 每秒网络连接监控数指入侵检测系统对于网络连接的处理能力。直接影响到入侵检测系统进行协议重组分析和应用重组分析的能力;

6. 每秒事件处理数反映了检测分析引擎的处理能力和事件日志记录的后端处理能力。有时分别用事件处理引擎的性能参数和报警事件记录的性能参数两个值代替;

7. 系统的可用性主要是指入侵检测系统部署、配置、使用、管理与维护的方便性和容易程度的度量。

7.1.3 安全性指标

与其他系统一样,入侵检测系统也存在着很多的弱点和缺陷。这些弱点和缺陷一旦被攻击者利用,就会导致入侵检测系统失去作用,更不用说为用户系统提供安全防护了。因此,入侵检测系统自身的可靠性也是其重要的性能指标。

入侵检测系统的安全性指标包括两个方面:一个是指入侵检测系统对各种已知的或者未知的攻击行为的抵抗能力,即在各种环境下入侵检测系统都可以工作而不崩溃,尤其需要强调的是要能够抵御分布式拒绝服务攻击 Ddos,重点是入侵检测系统对外的可靠性;另一个是指入侵检测系统的数据通信机制是可靠的,通信不能够被篡改和假冒,只有这样才能够保证检测判断的正确性,强调的是入侵检测系统内部的可信性。

7.2　主流入侵检测产品介绍

入侵检测系统的产品有很多,受篇幅限制本书不可能一一列举介绍。下面将选取一些主要的入侵检测产品为读者进行简要讲解。

7.2.1　Cisco 的 Cisco Secure IDS

Cisco 公司是世界上最大的网络设备制造商,它的产品涉及网络的各个组成部分。Cisco Secure IDS 是 Cisco 公司为其路由器和交换机产品设计的附加模块,用于实现入侵检测功能,是一套软、硬件结合的系统。

Cisco Secure IDS 由 3 个基本部件组成,分别是用于信息报告的传感器、嵌入到 Cisco 各种网络硬件中负责实现检测功能的入侵检测系统模块 IDSMS 及负责汇总传感器的报告并对其进行配置和管理的控制器。

Cisco Secure IDS 的前身是著名的 WheelGroup 出品的 NetRanger,在业界享有盛誉。其主要的特点是性能很高、配置灵活,能够综合多个节点的信息并监视整个网络上的攻击行为。它的另一个主要的特点是不但要检测单个数据包的内容,还要根据上下文检测入侵行为。据称是世界上接受实际考验最多的基于网络的入侵检测系统。

随着 NetRanger 加入 Cisco 并产生 Cisco Secure IDS,以 Cisco 在网络技术研发和网络设备制造方面的巨大能力为支撑,其检测优势得到了更好的发挥。并且能够与 HP 公司的 OpenView 安全管理产品很好地协同,提供兼容 SNMP 的管理特性和标准接口,使其具有可以接受系统统一的安全策略管理的能力。

Cisco Secure IDS 的缺点是价格昂贵,并且需要有较高水平的管理人员进行配置、管理和维护操作。

7.2.2　Network Security Wizards 的 Dragon IDS

Network Security Wizards 是入侵检测领域的后起之秀,它的入侵检测产品是 Dragon IDS。

Dragon IDS 程序简单,但是功能强大,它是为数不多的将真正的代码放在攻击签名中的入侵检测产品。签名使用一个非常简单的指令集来建立,而且允许用户定制他们自己的攻击签名。此外,Dragon IDS 能够检测到较多种类的攻击行为,而且检测速度很快,用户也可以通过基本的参数集合自行定义检测的对象。

Dragon IDS 最大的缺点是易用性极差。它通过命令行的方式执行操作,只有非常简单的基于 Web 的报告工具,不提供中央控制台或者任何类型的 GUI 管理工具,数据报告复杂冗长,需要用户具有较深的 Unix 知识背景。

总之,Dragon IDS 虽然性能强大,但是远没有达到成熟的阶段,还需要进一步地完善。

7.2.3 Intrusion Detection 的 Kane Security Monitor

1997 年 9 月,Intrusion Detection 推出了基于主机的入侵检测系统 Kane Security Monitor (KSM) for NT。它由 3 部分组成:审计器、控制台及代理。代理用来扫描 Windows NT的日志文件并将统计结果提交给审计器。审计器用于根据统计记录分析系统或用户的行为并产生告警信息。控制台提供了一个 GUI 界面,系统管理人员可以通过这个界面来接收告警信息、查看历史记录或者对用户或系统的行为进行实时地监控。

Kane Security Monitor 的优点是具有较强的对 TCP/IP 族的监测能力。其缺点是系统处理能力不是很强,不适合高速的网络环境。

7.2.4 Internet Security System 的 RealSecure

Internet Security System(ISS)公司是商用入侵检测系统生产开发的先行者,也是领先的安全技术企业,在入侵检测方面它的代表产品是 RealSecure 系列。

RealSecure 入侵检测系统包括工作组管理器和传感器两大组成部分。工作组管理器是 RealSecure 入侵检测系统的核心,起到中心控制器的作用。具体来说,工作组管理器负责对传感器进行配置和管理,并对传感器产生的数据进行处理。传感器则是负责具体执行入侵检测任务的部件。

工作组管理器又包含控制台、事件收集器及数据库 3 个部分。控制台负责配置和管理传感器部件,并依据传感器传送的数据及数据库中的内容生成用户报告。事件收集器负责与传感器进行联系并给控制台收集传感器的上报数据。数据库负责存储传感器收集的数据以供控制台分析和生成用户报告时使用。

传感器又可分为 3 种类型。第 1 种类型叫做网络传感器,负责对部署网段发起的攻击行为的检测和响应。第 2 种类型叫做操作系统传感器,通过对安装主机的系统日志进行扫描来发现基于主机的攻击行为。第 3 种类型叫做服务器传感器,为安装主机提供更为详尽的保护。它不但能够分析系统日志,而且可以分析系统审计记录,还能在网络协议栈的多个部分设立检查点来深入地检查主机的网络活动。

RealSecure 入侵检测系统具有较高的性价比,并且能够运行在多种操作系统之上。此外,RealSecure 入侵检测系统还正在努力实现与其他著名的网络设备和安全设备进行联动,这又进一步扩大了它的影响力。

7.2.5 Axent Technologies 的 OmniGuard/Intruder Alert

与前面所讲的 Kane Security Monitor 入侵检测系统的审计器、控制台和代理 3 层结构相同，OmniGuard/Intruder Alert（ITA）的结构也分为同样的 3 个组成部分，而且它们在功能上也有着对应的关系。

ITA 与 Kane Security Monitor 入侵检测系统相比较，其技术优势在于提供了对更多的操作系统平台的支持。例如，ITA 的管理器和代理能够运行在 Windows 系列和 Netware 系列的操作系统上，而所有的组成部分都能在多种 Unix 环境下运行，包括 Solaris、SUN OS 及 HP-Unix 等类型。由此延伸出的另一个优点是，ITA 系统可以根据运行环境和需要进行灵活的裁剪，由其构成的安全解决方案可以适用于多种应用环境。

7.2.6 Computer Associates 的 SessionWall-3/Etrust Intrusion Detection

Computer Associates 生产的 SessionWall-3/Etrust Intrusion Detection 是一种非常具有特色的入侵检测系统。它是一款智能化的入侵检测产品，不需要用户具有较高的网络管理技能，能够完全自动地识别网络使用模式、特殊的网络应用，并且能够识别各种基于网络的入侵行为。此外，它还能够为用户的生产活动和安全策略的优化提供建议。具体来说，它有如下特点：

1. 强大的安全检测功能。实现了内容扫描、入侵监测、阻塞、报警和记录等一系列的安全功能；支持公司保护（Company Preservation），又称诉讼保护，即能够对电子邮件的内容进行监视、记录和存档；实现了对大量 URL 的分类控制；具有对 Java Applet/ActiveX 恶意程序及病毒代码的检测能力；可以对控制访问权限提供登录和管理的访问控制；

2. 丰富的管理功能。能够对用户或系统的活动进行详细的记录；提供了多种统计分析报表；提供了多种实时统计和图形显示功能；

3. 易用性强。系统具有即插即用的特性；入侵检测系统对于用户网络是透明的，不需要对网络配置进行更改；系统具有基于图形的友好的用户界面；用户可以方便地添加新的规则，或者利用菜单选项对现有规则进行更改；

4. 应用范围广泛。该系统可以满足各种网络保护需求，适用于各种金融机构、各种规模的企业、教育机构及政府机构等。

7.2.7　NFR 的 NID 系统

NFR 公司的 NID 系统就是原先广为人知的 IDA 系统(Intrusion Detection Appliance),这是因为 NFR 首先提出了开放源代码的入侵检测系统的概念。NID 系统是一种基于规则检测的网络入侵检测系统,也具备异常检测的功能。

NID 系统的重要特点是设计了一种用于网络管理和安全检测的脚本语言——N-Code。N-Code 是一种定义网络数据包特征模式的过滤器语言,用于创建检测特征库。NID 系统的另一个特点是具有很强的网络监视和报告功能,允许用户收集通过网络的各种协议的数据。

NID 系统的缺点是攻击信息描述简单,攻击数据查看麻烦,并且缺乏可靠的签名功能。

7.2.8　Trusted Information System 的 Stalkers

Stalkers 入侵检测系统系出名门,由 Haystack Labs 于 1993 年推出。它是一个基于主机的入侵检测系统,能够安装在 Windows NT 及多种版本的 Unix 之上,包括 Solaris、HP-Unix 和 SCO Unix 等。Haystack Labs 于 1996 年 6 月推出了 Stalkers 的后继版本 WebStalker Pro,主要的使用对象是 Web 服务器。1997 年 10 月,Trusted Information System 公司收购了 Haystack。该公司以开发了著名防火墙系列产品 Gauntlet 而扬名计算机安全界,这次收购行动的直接作用是丰富了该公司的产品线,获得了入侵检测的先进的核心技术,提高了自身安全产品的研发能力。收购了 Haystack 以后,Trusted Information System 公司又继续推出了在 NT 下运行且为 Proxy Server 设计的入侵检测系统——Proxy Stalkers 等产品。现在 Stalkers 系列入侵检测产品实现了与 Gauntlet 系列防火墙产品的联合部署,实现了检测、识别、响应的一体化操作。

7.2.9　Network Associates (NAI) 公司的 CyberCop Monitor

Network Associates(NAI)公司由著名的 Sniffer 类探测器开发商 Network General 公司与著名的反病毒厂商 Mcafee Associates 公司合并而成。NAI 从 Cisco 公司取得授权,将 NetRanger 的引擎和攻击模式数据库使用在自己的 CyberCop Monitor 入侵检测系统中,因此从 CyberCop Monitor 的许多特点中可以看到 NetRanger 的影子。

CyberCop Monitor 被设计成混合式的入侵检测系统,通过单一控制台提供基于网络和主机的入侵检测功能。它由两个主要组件组成:控制台和代理。其中,控制台采取远程集中管理模式,对多个代理进行安装、配置和管理,并负责产生用户报告;而代理则在目标主机上执行基于网络或主机的检测任务。CyberCop Monitor 的代理还支持异常检测操作,可以识别当前用户行为与历史活动的偏差情况。此外,CyberCop Monitor 的控制台支持对警报事件的过滤分析,能够减少告警数量并简化报告。

7.2.10 CyberSafe 的 Centrax

CyberSafe 的 Centrax 是一个混合式的入侵检测系统。它提供了 3 种类型的客户端:批处理器、实时主机检查器和实时网络检查器。Centrax 的工作方式与 RealSecure 类似,也使用传感器加控制台的方法。

Centrax 的优点是能够进行大范围的主机内容检查。其缺点是用户无法清除报警,对报警信息进行分类处理非常困难。而且,Centrax 基于网络的检测功能要弱得多。

7.3 本章小结

本章先从有效性、可用性和安全性 3 个方面介绍了入侵检测系统的评价指标。接着选取了 10 个比较著名的入侵检测产品依次为读者进行介绍。通过这些产品的介绍可以看出:将基于主机的入侵检测技术和基于网络的入侵检测技术进行结合是入侵检测系统发展的主要方向,用户的需求促进了入侵检测能力的不断提高,但同时还要兼顾易用性、可管理性等方面的要求。

第 8 章

入侵检测技术的发展趋势

入侵检测技术能够分析、识别并阻断很多的攻击行为,是一种不可或缺、重要的系统防护技术。它的发展方向将对用户信息资源的安全性产生直接、重大的影响。本章将对入侵检测技术可能的发展方向进行简要的介绍,为读者描述未来的入侵检测系统可能拥有的重要特性。

8.1 攻击技术的发展趋势

系统的安全防护技术与攻击技术是一对矛盾的共生体。随着安全防护技术不断地推陈出新,攻击技术也有了长足的发展,甚至比安全防护技术进步得还要快,反过来又刺激了安全防护技术新一轮的研究热潮。近年来,攻击技术主要向着以下几个方面发展。

8.1.1 攻击行为的复杂化和综合化

入侵者不再单纯地使用某一种手段对系统进行攻击,而是同时采用多种手段。入侵者通常综合地使用多种嗅探方法尽量全面地获得用户系统的服务和结构特性,随后根据获得的信息有针对性地采用多种渗透和攻击方法,最大限度地确保入侵行为的成功实施。多种攻击行为往往掩盖了入侵者的真实目的,使得系统难于进行分析和判断。

8.1.2 攻击行为的扩大化

随着计算机技术的普及,针对主机或者网络的攻击行为再也不是只能由一小撮高手才能进行的游戏,任何感兴趣的人都可以通过非常容易获得的各种攻击工具完成针对目标系统的入侵,而且这种行为往往造成目标系统的严重损失。很多恶意的或者心存不满的人甚至相互敌对的国家都已经认识到了这一点,这几年层出不穷的计算机安全案件及数次国家间的战争行动都证明了计算机系统攻击行为的巨大破坏力。

8.1.3 攻击行为的隐秘性

其实保证攻击行为的隐秘性是攻击技术的一个经典话题,简单说就是如何使得受害者不能找到罪犯。随着计算机技术研究的不断深入,人们对计算机系统本身及网络与协议的特性的认识越来越深刻,有更多的隐秘手段应用到了攻击技术中,如间隔探测、乱序探测、系统权限跃迁及嵌套式入侵等多种方法都已经被广泛地使用,并且其操作的执行也更加细致和精确,因此也就更加难于被发现和跟踪。

8.1.4 对防护系统的攻击

以往的攻击行为都是直接针对用户系统的资源和数据进行的,攻击操作都选择小心地避开用户系统的安全防护措施,因此操作上多有掣肘,难于达到攻击的目的。现在出现了攻击用户系统安全防护措施的趋势——攻击者对安全防护措施进行试探和分析,获取安全防护措施的特性知识和漏洞信息,进而采取有针对性的操作使得防护措施失效或被旁路。其根本目的还是为了更容易且更有效地获取用户系统的资源和数据。

8.1.5 攻击行为的网络化

单独地攻击主机的能力毕竟是有限的,而且受制于其所处的网络位置和连接特性,很多时候不能更好地执行攻击操作。此外,单独地攻击主机由于目标确定,也容易被用户系统的安全防护措施跟踪、识别。网络化的攻击行为可以充分利用网络上多台傀儡主机的特点和能力,在短时间内执行很高强度的攻击操作,使得目标系统难于应对。而且真正的攻击者淹没在多台傀儡主机的攻击行为之中,非常难于发现。此外,目标系统的安全防护措施穷于应付突如其来的攻击操作,无法付出更多的精力去跟踪、识别谁是真正的入侵者。

总之,入侵技术的发展及随之而来的花样百出的入侵手段对入侵检测技术提出了更高的要求。

8.2 入侵检测技术的发展趋势

入侵检测技术的发展趋势主要表现在以下几个方面:

8.2.1   标准化的入侵检测

由于用户对入侵检测技术的需求日益提高,越来越多的安全企业投身于入侵检测系统的研发工作。多种各具特色的入侵检测系统出现在市场上并为厂家带来了巨大的利益。但是,各种入侵检测系统之上没有一个统一的标准,使得各种系统之间难于交换数据,不能实现协同工作。虽然已经有了 CIDF 模型和 IDEMF 标准等种种努力,但是它们的工作进展缓慢,还没有制定出一个可以被广泛接受的标准。总之,入侵检测系统架构的通用化及实现的标准化是入侵检测技术发展的必然趋势。

8.2.2   高速入侵检测

随着网络连接线路的质量和性能的不断提高及网络数据连接和交换技术的飞速发展,各种高速网络的应用也越来越广泛。小到普通家庭的宽带接入,大到基于光信号传输技术的通信骨干网,高速、海量的信息交换为人们带来了一个全新的未来。当然,同时也带来了不能忽视的安全问题——在这种高速、海量的数据交互环境下如何实现安全检测。传统的入侵检测技术受制于数据的处理能力,而无法适应这种高速的网络。未来的发展趋势是重新设计入侵检测系统的软件结构和算法以提高数据处理能力,重新设计检测模块以符合新出现的高速网络传输协议的需要,采用诸如数据分流等新的部署实现结构以进一步增强对大规模数据的适应性。

8.2.3   大规模、分布式的入侵检测

基于主机的入侵检测技术只适用于特定的主机系统。而目前的基于网络的入侵检测技术虽然采用的是分布式的检测方式,但是还需要一个中心模块进行管理,具有单失效点的固有缺陷。这些问题决定了目前的入侵检测技术难于适合普遍存在的大规模异构网络的安全需求。虽然有美国普度大学融入了协同工作思想的 AAFID 系统等努力,但入侵检测技术在这个方向上还有很长的路要走。需要重点研究解决的关键问题有如何及时、有效地获取异种主机及异构网络上的安全信息,如何有效地组织检测模块之间的协同工作,如何在系统的各组成部分之间完成信息的交换及这种类型的入侵检测系统要采用什么样的架构。

8.2.4   多种技术的融合

入侵检测技术其实只提出了完成安全防护工作的目标,那么所有对完成安全防护工

作有利的技术都可以应用到入侵检测系统中。这些技术包括适合于大规模数据分析和内容提取的数据挖掘技术、具有自修复和自学习能力的计算机免疫学技术、具备知识更新和学习能力的神经网络技术及具备优化能力的遗传算法技术等。这些新技术的应用可以提高入侵检测系统对于多种复杂的入侵行为的探测、识别和响应能力,能够大大增强用户系统的安全性。需要重点解决的关键问题是如何将这些技术平滑地融合进入侵检测系统中,同时不损害这些技术的特有优势。

8.2.5　实时入侵响应

目前的入侵检测系统虽然有很多的告警和通知手段,但是只具备很低的实时响应能力。这是因为目前的入侵检测系统是一种被动的系统,不能作为系统行为的主动参与者融合进操作过程中去,而只能通过截获系统中的数据进行判断、分析。这些截获、分析、判断及响应等操作的延迟使得入侵检测系统无法立刻介入系统的行为过程。目前,人们已经认识到了这一点,也提出了一些解决的办法,最受关注的应该是入侵防御系统(Intrusion Protection System,IPS)。

8.2.6　入侵检测的评测

作为一种安全手段,如何评估入侵检测系统的性能是每一个用户需要面对的问题。由于入侵行为的多样性,入侵检测系统的特点也大相径庭。如何构建一套能够体现入侵检测技术特点及用户安全需求的统一的评估标准和评估方法也是入侵检测技术必须完成的重要任务。从目前来看,对入侵检测的评测主要集中在攻击类型检测范围、系统资源占用和入侵检测系统自身的可靠性几个方面。

8.2.7　与其他安全技术的联动

入侵检测技术虽然能够实现很多的安全功能,但是正如6.7节描述的那样,它不是万能的,也有很多缺陷。为了给用户提供完善的安全防护,应该综合利用多种安全措施,包括入侵检测设备、防火墙设备或者VPN设备等。这就要求入侵检测系统必须改进以往独立、封闭的工作模式,能够提供安全、开放的数据接口与其他安全设备进行必要的信息交换。最终,所有的安全设施都将置于系统统一的安全管理策略的控制之下进行协调工作,这是安全管理的最终目标。

8.3　本章小结

　　本章首先分析了攻击技术的发展情况,指明了用户将要面对的严重信息威胁。随后主要介绍了入侵检测技术标准化、高速、分布式、实时、多技术融合及与其他安全技术联动的发展趋势。总之,入侵检测技术作为信息安全领域研究的重点,它的研究范围既包括对安全理论和安全技术的深入探索,又包括对这些理论和技术的应用实践。但是需要注意的是,一切理论的发展和技术的应用都围绕着安全需求展开,唯一的目的就是尽量提高用户系统的安全性。

VPN 篇

随着信息化技术的迅速发展,企业之间及企业内部的网络与 Internet 互连,使现代企业网的概念发生了根本性的变化。

要使政府部门之间、跨地区的企业内部之间的网络互连,传统的方式都是通过租用专线实现的。出差在外的人员如果需要访问公司内部的网络,将不得不采用长途拨号的方式连接到企业所在地的内联网。这些连接方式价格非常昂贵,一般只有大型的企业可以承担,而且还会造成网络的重复建设和重复投资。Internet 的增长和广泛使用为专用通信信道需求提供了一个解决方案,并且推动了采用基于公网的虚拟专网的发展。从而使跨地区企业的不同部门之间、或者政府的不同部门之间通过公共网络实现互连成为可能,可以使企业节省大量的通信费用和资金,也可以使政府部门不重复建网。

这些新的业务需求给公共网络的经营者提供了巨大的商业机会。但是,如何保证企业内部的数据通过公共网络传输的安全性和保密性,以及如何管理企业网在公共网络上的不同节点成为了企业非常关注的问题。虚拟专网技术(VPN)采用专用的网络加密和通信协议,可以使企业在公共网络上建立虚拟的加密通道,构筑自己的安全虚拟专网。企业的跨地区部门或出差人员可以在外部经过公共网络,穿过虚拟的加密通道与企业内联网络连接,而公共网络上的用户则无法穿过虚拟通道访问企业的内联网络。

目前的企业一般都是通过部署 IPSec VPN 来为移动用户和商业合作伙伴提供访问其后台服务和资源的远程接入通道。现在对于站点到站点(Site-to-Site)的通信,IPSec VPN 是唯一的解决方案。但在客户到企业(Client-to-Enterprise)的连接这方面,IPSec VPN 却面临着迅速失宠的尴尬局面,原因之一就在于随着客户端用户人数的增长,为他们安装 IPSec VPN

客户端和提供技术支持的工作已经让众多网络管理员不堪重负。另外，IPSec隧道也为攻击者留下了打通企业防火墙并直接威胁中心网络的通道。因此，研究人员又引入一种新的技术——SSL VPN。SSL VPN 虽然只适合点对网的连接，但是它最大的好处之一就是不需要安装客户端程序——远程用户可以随时随地从任何浏览器上安全接入到内联网络，安全地访问应用程序，无需安装或设置客户端软件，降低了企业的维护成本。因此，在点对网互连的领域，SSL VPN 在易用性和安全性上有着突出的优势。

下面的章节将对 VPN 技术进行详细的论述。

第9章

VPN 基础知识

本章主要讲述 VPN 的一些基础知识,包括 VPN 的定义、原理、系统配置、类型、特点及安全机制等内容。通过对本章的学习,读者可以比较全面地了解 VPN 的架构,帮助读者奠定进一步学习的基础。

9.1 VPN 的定义

对于虚拟专用网(Virtual Private Network,VPN)技术,可以把它理解成是虚拟出来的企业内部专线。它可以通过特殊的加密通信协议在位于 Internet 不同位置的两个或多个企业内联网络之间建立专有的通信线路。就好像架设了一条专线一样,但是它并不需要真正地去铺设光缆之类的物理线路。这好比去电信局申请专线,但是不用给铺设线路的费用,也不用购买路由器等硬件设备。VPN 技术最早是路由器的重要技术之一,而目前交换机、防火墙设备甚至 Windows 2000 等软件也都开始支持 VPN 功能。总之,VPN 的核心就是利用公共网络资源为用户建立虚拟的专用网络。

虚拟专用网是一种网络新技术,它不是真的专用网络,但却能够实现专用网络的功能。虚拟专用网指的是依靠 ISP(Internet 服务提供商)和其他 NSP(网络服务提供商),在公用网络中建立专用的数据通信网络的技术。在虚拟专用网中,任意两个节点之间的连接并没有传统专网所需的端到端的物理链路,而是利用某种公众网络资源动态组成的。所谓虚拟是指用户不再需要拥有实际的物理上存在的长途数据线路,而是使用 Internet 公众数据网络的长途数据线路。所谓专用网络是指用户可以为自己制定一个最符合自己需求的网络。

简单地说,VPN 是指通过一个公用网络(通常是 Internet)建立一个临时的、安全的连接,是一条穿过混乱的公用网络的安全、稳定的隧道。它能够让各单位在全球范围内廉价架构起自己的"局域网",是单位局域网向全球化的延伸,并且此网络拥有与专用内联网络相同的功能及在安全性、可管理性等方面的特点。VPN对客户端透明,用户好像使用一条专用线路在客户计算机和企业服务器之间建立点对点连接,进而进行数据的传输。虽然VPN通信建立在公共互联网络的基础上,但是用户在使用VPN时感觉如同在使用专用网络进行通信,所以得名虚拟专用网络。VPN是原有专线式专用广域网络的代替方案,代表了当今网络发展的最新趋势。VPN并非改变原有广域网络的一些特性,如多重协议的支持、高可靠性及高扩充性,而是在更为符合成本效益的基础上达到这些特性。

通过以上分析,可以从通信环境和通信技术层面给出了VPN的详细定义:

1. 在VPN通信环境中,存取受到严格控制,当只有被确认为是同一个公共体的内部同层(对等)连接时,才允许它们进行通信。而VPN环境的构建则是通过对公共通信基础设施的通信介质进行某种逻辑分割来实现的;

2. VPN通过共享通信基础设施为用户提供定制的网络连接服务,这种定制的连接要求用户共享相同的安全性、优先级服务、可靠性和可管理性策略,在共享的基础通信设施上采用隧道技术和特殊配置技术措施,仿真点到点的连接。

总之,VPN可以构建在两个端系统之间、两个组织机构之间、一个组织机构内部的多个端系统之间、跨越全球性因特网的多个组织之间及单个或组合的应用之间,为企业之间的通信构建了一个相对安全的数据通道。

9.2 VPN的原理及配置

9.2.1 VPN的原理

在VPN定义的基础上来分析一下VPN的原理。一般来说,两台具有独立IP并连接上互联网的计算机,只要知道对方的IP地址就可以进行直接通信。但是,位于这两台计算机之下的网络是不能直接互连的。原因是这些私有网络和公用网络使用了不同的地址空间或协议,即私有网络和公用网络之间是不兼容的。VPN的原理就是在这两台直接和公网连接的计算机之间建立一条专用通道。私有网络之间的通信内容经过发送端计算机或设备打包,通过公用网络的专用通道进行传输,然后在接收端解包,还原成私有网络的通信内容,转发到私有网络中。这样对于两个私有网络来说,公用网络就像普通的通信电缆,而接在公用网络上的两台私有计算机或设备则相当于两个特殊的节点。由于VPN连接的特点,私有网络的通信内容会在公用网络上传输,出于安全和效率的考虑,一般通信内容需要加密或压缩。而通信过程的打包和解包工作则必须通过一个双方协商好的协议进行,这样在两个私有网络之间建立VPN通道将需要一个专门的过程,依赖于一系列不同的协议。这些设备和相关的设备及协议组成了一个VPN系统。一个完整的VPN

系统一般包括以下3个单元：

1. VPN 服务器端

VPN 服务器端是能够接收和验证 VPN 连接请求，并处理数据打包和解包工作的一台计算机或设备。VPN 服务器端的操作系统可以选择 Windows NT 4.0/Windows 2000/Windows XP/Windows 2003，相关组件为系统自带，要求 VPN 服务器已经接入 Internet，并且拥有一个独立的公网 IP。

2. VPN 客户机端

VPN 客户机端是能够发起 VPN 连接请求，并且也可以进行数据打包和解包工作的一台计算机或设备。VPN 客户机端的操作系统可以选择 Windows 98/Windows NT 4.0/Windows 2000/Windows XP/Windows 2003，相关组件为系统自带，要求 VPN 客户机已经接入 Internet。

3. VPN 数据通道

VPN 数据通道是一条建立在公用网络上的数据链接。其实，所谓的服务器端和客户机端在 VPN 连接建立之后，在通信过程中扮演的角色是一样的，区别仅在于连接是由谁发起的而已。

9.2.2　VPN 系统配置

本小节将主要介绍 VPN 在操作系统中的配置过程。Windows 2000 Server 及以上版本操作系统都可以作为 VPN 服务器，Windows 2000 及以上版本操作系统都可以作为 VPN 客户机。配置的主要过程分为服务器配置、客户机配置、连接过程及 Active Directory 配置。下面以 Windows 2003 为例对 VPN 系统配置进行详细说明。

1. 服务器配置

服务器是 Windows 2003 系统，Windows 2003 中 VPN 服务叫做"路由和远程访问"，系统默认就安装了这个服务，但是没有启用。

在管理工具中打开"路由和远程访问"，如图 9-1 所示。

图 9-1　路由和远程访问示意图 1

在列出的本地服务器上点击右键,选择"配置并启用路由和远程访问",弹出"路由和远程访问服务器安装向导",如图 9-2 所示。

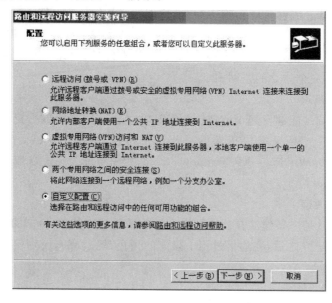

图 9-2　路由和远程访问示意图 2

在此,由于服务器是公网上的一台一般的服务器,不是具有路由功能的服务器,是单网卡的,所以这里选择"自定义配置"。如图 9-3 所示。

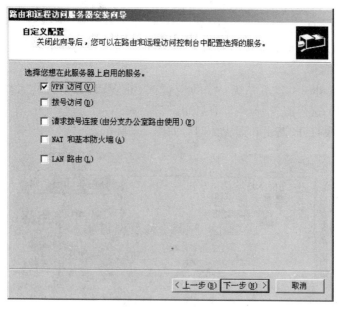

图 9-3　路由和远程访问示意图 3

这里选"VPN访问",单击"下一步",配置向导完成,如图9-4所示。

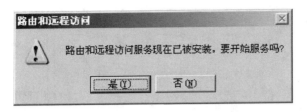

图9-4 路由和远程访问示意图4

点击"是",开始服务。启动了VPN服务后,出现"路由和远程访问"的界面,如图9-5所示。

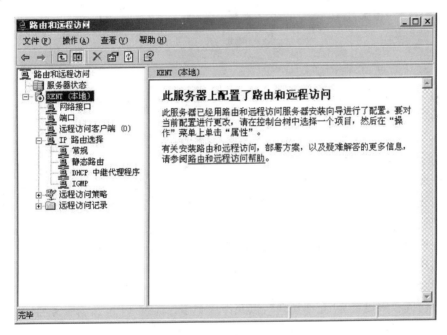

图9-5 路由和远程访问示意图5

下面开始配置VPN服务器。在服务器上点击右键,选择"属性",在弹出的窗口中选择"IP"标签,在"IP地址指派"中选择"静态地址池"。如图9-6所示:

然后点击"添加"按钮设置IP地址范围,这个IP地址范围就是VPN局域网内部的虚拟IP地址范围,每个拨入到VPN的服务器都会分配一个范围内的IP,在虚拟局域网中用这个IP相互访问。

这里设置为10.240.60.1~10.240.60.10,一共10个IP,默认的VPN服务器占用第1个IP,所以10.240.60.1实际上就是这个VPN服务器在虚拟局域网的IP。

至此，VPN 服务器部分配置完毕。

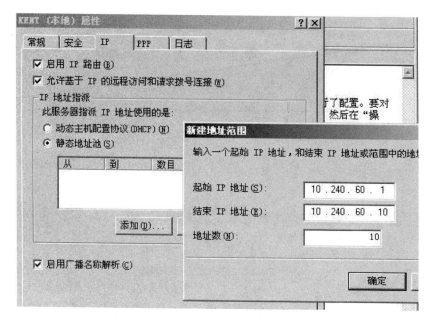

图 9-6　IP 地址指派示意图

2. 添加 VPN 用户

每个客户端拨入 VPN 服务器都需要有一个账号，默认是 Windows 身份验证，所以要给每个需要拨入到 VPN 的客户端设置一个用户，并为这个用户制定一个固定的内部虚拟 IP 以便客户端之间相互访问。

在管理工具中的计算机管理里添加用户，这里以添加一个 chnking 用户为例。

先新建一个叫"chnking"的用户，创建好后，查看这个用户的属性，在"拨入"标签中作相应的设置，如图 9-7 所示。

远程访问权限设置为"允许访问"，以允许这个用户通过 VPN 拨入服务器。

选择"分配静态 IP 地址"，并设置一个 VPN 服务器中的静态 IP 池范围内的一个 IP 地址，这里设为 10.240.60.2。

如果有多个客户端机器要接入 VPN，请给每个客户端都新建一个用户，并设定一个虚拟 IP 地址，各个客户端都使用分配给自己的用户拨入 VPN，这样各个客户端每次拨入 VPN 后都会得到相同的 IP。如果用户没设置为"分配静态 IP 地址"，客户端每次拨入到 VPN，VPN 服务器会随机给这个客户端分配一个范围内的 IP。

3. 配置 Windows 2003 客户端

客户端可以是 Windows 2003，也可以是 Windows XP，设置几乎一样，这里以 Windows 2003客户端设置为例进行说明。

选择程序→附件→通信→新建连接向导，启动连接向导。如图9-8所示。

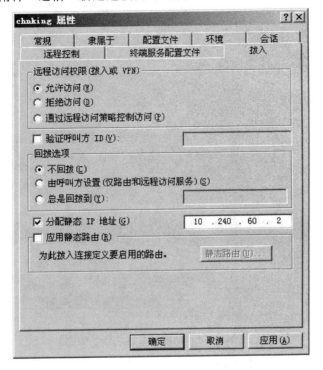

图9-7　用户属性配置示意图

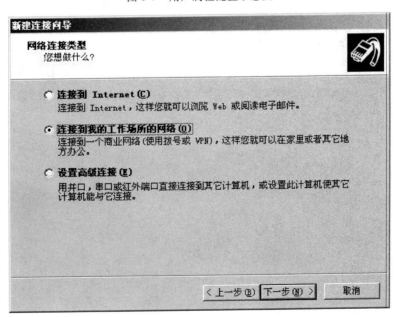

图9-8　新建连接向导示意图1

这里选择第 2 项"连接到我的工作场所的网络",这个选项是用来连接 VPN 的。单击"下一步",如图 9-9 所示。

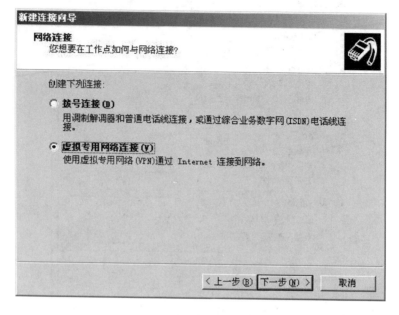

图 9-9　新建连接向导示意图 2

选择"虚拟专用网络连接"。单击"下一步"。

在"连接名"窗口,填入连接名称"szbti"。单击"下一步",如图 9-10 所示。

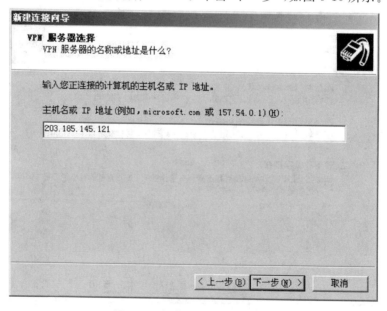

图 9-10　新建连接向导示意图 3

这里要填入 VPN 服务器的公网 IP 地址。

单击"下一步",完成新建连接。

完成后,在控制面板的网络连接中的虚拟专用网络下面可以看到刚才新建的 szbti 连接。如图 9-11 所示。

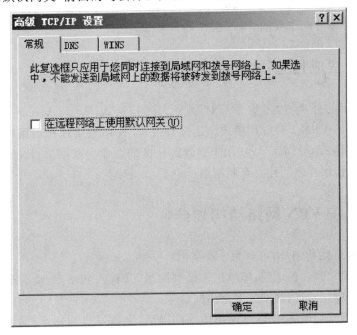

图 9-11　新建连接向导示意图 4

在 szbti 连接上点击右键,选择"属性",在弹出的窗口中点击"网络"标签,然后选中"Internet协议(TCP/IP)",点击"属性"按钮,在弹出的窗口中再点击"高级"按钮,把"在远程网络上使用默认网关"前面的勾去掉。如图 9-12 所示。

图 9-12　高级 TCP/IP 属性设置

如果不去掉这个勾,客户端拨入到 VPN 后将使用远程的网络作为默认网关,导致的后果就是客户端只能连通虚拟局域网,上不了因特网了。

下面就可以开始拨号进入 VPN 了,双击 szbti 连接,输入分配给这个客户端的用户名和密码,拨通后在任务栏的右下角会出现一个网络连接的图标,表示已经拨入到 VPN 服务器了。

一旦进入虚拟局域网,用户在客户端设置共享文件夹,别的客户端就可以通过客户端 IP 地址访问他的共享文件夹。

4. 配置 VSS

VSS 是在一台机器上配置 VSS 数据库,把数据库的文件夹设置为共享,局域网内别的机器可以访问到这个共享文件夹,就可以从源代码数据库中打开项目。

配置好 VPN 后,客户端之间就相当于在局域网内,VSS 的设置就跟局域网内的设置一样。

至此,整个 VPN 服务器端和客户机端的配置过程就全部结束了。

9.3　VPN 的类型

VPN 既是一种组网技术,又是一种网络安全技术。VPN 涉及的技术和概念比较多,应用的形式也很丰富。除此之外,其分类方式也很多。为了方便读者的学习和记忆,本节将从 6 个方面详细介绍主要的 VPN 类型划分方法。

9.3.1　按应用范围划分

这是最常用的分类方法,大致可以划分为远程接入 VPN(Access VPN)、Intranet VPN 和 Extranet VPN 3 种应用模式。远程接入 VPN 用于实现移动用户或远程办公室安全访问企业网络;Intranet VPN 用于组建跨地区的企业内联网络;Extranet VPN 用于企业与用户、合作伙伴之间建立互联网络。

9.3.2　按 VPN 网络结构划分

按 VPN 网络结构划分,可分为 3 种类型:

1. 基于 VPN 的远程访问,即单机连接到网络,又称点到站点、桌面到网络。用于提供远程移动用户对公司内联网的安全访问;

2. 基于 VPN 的网络互连,即网络连接到网络,又称站点到站点、网关(路由器)到网关(路由器)或网络到网络。用于企业总部网络和分支机构网络的内部主机之间的安全通

信;还可用于企业的内联网与企业合作伙伴网络之间的信息交流,并提供一定程度的安全保护,防止对内部信息的非法访问;

3. 基于 VPN 的点对点通信,即单机到单机,又称端对端。用于企业内联网的两台主机之间的安全通信。

9.3.3　按接入方式划分

在 Internet 上组建 VPN,用户计算机或网络需要建立到 ISP 的连接。与用户上网接入方式相似,根据连接方式,可分为两种类型:

1. 专线 VPN 通过固定的线路连接到 ISP,如 DDN、帧中继等都是专线连接;

2. 拨号接入 VPN,简称 VPDN,使用拨号连接(如模拟电话、ISDN 和 ADSL 等)连接到 ISP,是典型的按需连接方式。这是一种非固定线路的 VPN。

9.3.4　按隧道协议划分

按隧道协议的网络分层,VPN 可划分为第 2 层隧道协议和第 3 层隧道协议。PPTP、L2P 和 L2TP 都属于第 2 层隧道协议,IPSec 属于第 3 层隧道协议,MPLS 跨越第 2 层和第 3 层。VPN 的实现往往将第 2 层和第 3 层协议配合使用,如 L2TP/IPSec。当然,还可根据具体的协议来进一步划分 VPN 类型,如 PPTP VPN、L2TP VPN、IPSec VPN 和MPLS VPN 等。

第 2 层和第 3 层隧道协议的区别主要在于用户数据在网络协议栈的第几层被封装。第 2 层隧道协议可以支持多种路由协议,如 IP、IPX 和 AppleTalk,也可以支持多种广域网技术,如帧中继、ATM、X. 25 或 SDH/SONET,还可以支持任意局域网技术,如以太网、令牌环网和 FDDI 网等。另外,还有第 4 层隧道协议,如 SSL VPN。

9.3.5　按隧道建立方式划分

根据 VPN 隧道建立方式,可分为两种类型:

1. 自愿隧道(Voluntary Tunnel)指用户计算机或路由器可以通过发送 VPN 请求配置和创建的隧道。这种方式也称为基于用户设备的 VPN。VPN 的技术实现集中在VPN 客户端,VPN 隧道的起始点和终止点都位于 VPN 客户端,隧道的建立、管理和维护都由用户负责。ISP 只提供通信线路,不承担建立隧道的业务。这种方式的技术实现容易,不过对用户的要求较高。不管怎样,这仍然是目前最普遍使用的 VPN 组网类型。

2. 强制隧道(Compulsory Tunnel)指由 VPN 服务提供商配置和创建的隧道。这种方式也称为基于网络的 VPN。VPN 的技术实现集中在 ISP,VPN 隧道的起始点和终止点都位于 ISP,隧道的建立、管理和维护都由 ISP 负责。VPN 用户不承担隧道业务,客户端无需安装 VPN 软件。这种方式便于用户使用,增加了灵活性和扩展性,不过技术实现比较复杂,一般由电信运营商提供,或由用户委托电信运营商实现。

9.3.6　按路由管理方式划分

按路由管理方式划分,VPN 分为叠加模式与对等模式。

1. 叠加模式(Overlay Model),也译为"覆盖模式"。目前大多数 VPN 技术,如 IP-Sec、GRE 都基于叠加模式。采用叠加模式,各站点都有一个路由器通过点到点连接(IP-Sec、GRE 等)到其他站点的路由器上,不妨将这个由点到点的连接及相关的路由器组成的网络称为"虚拟骨干网"。叠加模式难以支持大规模的 VPN,可扩展性差。如果一个 VPN 用户有许多站点,而且站点间需要全交叉网状连接,则一个站点上的骨干路由器必须与其他所有站点建立点到点的路由关系。站点数的增加受到单个路由器处理能力的限制。另外,增加新站点时,网络配置变化也会很大,网状连接上的每一个站点都必须对路由器重新配置。

2. 对等模式(Peer Model)是针对叠加模式固有的缺点推出的。它通过限制路由信息的传播来实现 VPN。这种模式能够支持大规模的 VPN 业务,如一个 VPN 服务提供商可支持成百上千个 VPN。采用这种模式,相关的路由设备很复杂,但实际配置却非常简单,容易实现 QoS 服务,扩展更加方便,因为新增一个站点,不需与其他站点建立连接。这对于网状结构的大型复杂网络非常有用。MPLS 技术是当前主流的对等模式 VPN 技术。

9.4　VPN 的特点

随着商务活动的日益频繁,各企业开始允许其生意伙伴、供应商访问本企业的局域网,简化信息交流的途径,增加信息交换速度。这些合作和联系是动态的,并依靠网络来维持和加强,于是各企业发现,这样的信息交流不但带来了网络的复杂性,还带来了管理和安全性的问题,因为 Internet 是一个全球性和开放性的、基于 TCP/IP 技术的、极难管理的国际互联网络,所以基于 Internet 的商务活动就面临非善意的信息威胁和安全隐患。还有一类用户,随着自身的发展壮大及国际化特征日益明显,企业的分支机构不仅越来越多,而且相互间的网络基础设施互不兼容也更为普遍。总之,用户的信息技术部门在连接分支机构方面感到日益棘手。

Access VPN、Intranet VPN 和 Extranet VPN 为用户提供了 3 种 VPN 组网方式,但在实际应用中,用户所需要的 VPN 又应当具备哪些特点呢? 一般而言,一个高效、成功的 VPN 应具备以下几个主要特点。

9.4.1 具备完善的安全保障机制

实现 VPN 的技术和方式很多,所有的 VPN 均应保证通过公用网络平台传输数据的专用性和安全性。在非面向连接的公用 IP 网络上建立一个逻辑的、点到点的连接,称之为建立一个隧道,可以利用加密技术对经过隧道传输的数据进行加密,以保证数据仅被指定的发送者和接收者了解,从而保证数据的私有性和安全性。

9.4.2 具备用户可接受的服务质量保证

VPN 应当为企业数据提供不同等级的服务质量保证,不同的用户和业务对服务质量保证的要求差别较大。例如,对于移动办公用户,提供广泛的连接和覆盖性是 Access VPN 保证服务的一个主要因素;而对于拥有众多分支机构的 Intranet VPN 或基于多家合作伙伴的 Extranet VPN 而言,能够提供良好的网络稳定性是满足交互式的企业网应用首要考虑的问题;另外,对于其他诸如视频等具体应用则更对网络提出了明确的要求,包括网络时延及误码率等。所有以上的网络应用均要求 VPN 网络根据需要提供不同等级的服务质量。在网络优化方面,构建 VPN 的另一重要需求是充分、有效地利用有限的广域网资源,为重要数据提供可靠的带宽。广域网流量的不确定性使其带宽的利用率较低,在流量高峰时引起网络拥塞,产生网络瓶颈,难于满足实时性要求高的业务服务质量保证;而在流量低谷时又造成大量的网络带宽空闲。QoS 通过流量预测与流量控制策略,可以按照优先级分配带宽资源,实现带宽优化管理,使得各类数据能够被合理地先后发送,并预防拥塞的发生。

9.4.3 总成本低

VPN 在设备的使用量及广域网络的带宽使用上,均比专线式的架构节省,故能使网络的总成本比 LAN(局域网)-to-LAN 连接时成本节省 30%～50%左右;对远程访问而言,使用 VPN 更能比直接拨入到企业内联网络节省 60%～80%的成本。

9.4.4 可扩充性、安全性和灵活性

VPN 较专线式的架构有弹性,当有必要将网络扩充或是变更网络架构时,VPN 可以轻易地达到目的。VPN(特别是硬件 VPN)的平台具备完整的扩展性,从总部的设备到各分部,甚至个人拨号用户,均可被包含于整体的 VPN 架构中。同时,VPN 的平台也具有能够很好地适应未来广域网络带宽的扩充及连接、更新的架构的特性。

优良的安全性。VPN 架构中采用了多种安全机制,确保资料在公众网络中传输时不至于被窃取。退一步说,即使被窃取,对方也无法读取封包内所传送的资料。

VPN 能够支持通过 Intranet 和 Extranet 任何类型的数据流,方便增加新的节点,支持多种类型的传输媒介,可以满足同时传输语音、图像和数据等新应用对高质量传输及带宽增加的需求。

9.4.5 管理便捷

VPN 简化了网络配置,在配置远程访问服务器时省去了调制解调器和电话线路。远程访问客户端可灵活选择通信线路,如模拟拨号、ISDN、ADSL 和移动 IP 等任何 ISP 支持的接入方式。这使得网络的管理变得较为轻松。不论连接的是什么用户,均需通过 VPN 隧道的路径进入内联网络。

9.5 VPN 的安全机制

由于 VPN 是在不安全的 Internet 中进行通信,而通信的内容可能涉及企业的机密数据,因此其安全性就显得非常重要,必须采取一系列的安全机制来保证 VPN 的安全。VPN 的安全机制通常由加密、认证及密钥交换与管理组成。

9.5.1 加密技术

为了保证重要的数据在公共网上传输时不被他人窃取,VPN 采用了加密机制。在现代密码学中,加密算法被分为对称加密算法和非对称加密算法。对称加密算法采用同一密钥进行加密和解密,优点是速度快,但密钥的分发与交换难于管理。而采用非对称加密算法进行加密时,通信各方使用两个不同的密钥,一个是只有发送方知道的专用密钥 d,另一个则是对应的公用密钥 e,任何人都可以获得公用密钥。专用密钥和公用密钥在加密算法上相互关联,一个用于数据加密,另一个用于数据解密。非对称加密还有一个重要用途是进行数字签名。

9.5.2 认证技术

认证技术可以区分被伪造、篡改过的数据,这对于网络数据传输,特别是电子商务是极其重要的。认证协议一般都要采用一种称为摘要的技术。摘要技术主要是采用 HASH 函数将一段长的报文通过函数变换,映射为一段短的报文,即摘要。由于 HASH

函数的特性,使得要找到两个不同的报文具有相同的摘要是困难的。该特性使得摘要技术在 VPN 中有以下 3 个用途。

1．验证数据的完整性

发送方将数据报文和报文摘要一同发送,接收方重新计算报文摘要并与发来的报文摘要进行比较,相同则说明数据报文未经修改。由于在报文摘要的计算过程中,一般是将一个双方共享的秘密信息连接上实际报文,一同参与摘要的计算,不知道秘密信息将很难伪造一个匹配的摘要,从而保证了接收方可以辨认出伪造或篡改过的报文。

2．用户认证

用户认证功能实际上是验证数据的完整性功能的延伸。当一方希望验证对方,但又不希望验证秘密在网络上传送时,一方可以发送一段随机报文,要求对方将秘密信息连接上该报文,做摘要后发回。接收方可以通过验证摘要是否正确来确定对方是否拥有秘密信息,从而达到验证对方的目的。

3．密钥的交换与管理

VPN 中无论是认证还是加密都需要秘密信息,因而密钥的分发与管理显得非常重要。密钥的分发有两种方法:一种是通过手工配置的方式,另一种是采用密钥交换协议动态分发。手工配置的方法由于密钥更新困难,只适合于简单网络的情况。密钥交换协议采用软件方式动态生成密钥,适合于复杂网络的情况且密钥可快速更新,可以显著提高VPN 的安全性。

9.6　本章小结

本章主要介绍了虚拟专用网的定义、原理,给读者一个关于 VPN 的整体认识,并讨论了 VPN 的分类,重点介绍了隧道协议的划分。另外,还介绍了 VPN 的一些主要特点,特别是其可靠的安全保障机制。最后介绍了 VPN 安全机制的实现。在本章中读者应重点掌握隧道协议的原理及划分机制,以便在后续章节中能更好地体会 VPN 的配置和应用。

第 10 章

VPN 的隧道技术

通过第 9 章 VPN 基础知识的学习,已经基本了解 VPN 的定义和原理,这为后续的学习打下了一个良好的基础。为了更深入地了解 VPN 技术,在接下来的章节中将重点介绍 VPN 的隧道技术。

10.1 VPN 使用的隧道协议

目前 Internet 上较为常见的隧道协议大致有两类:分别为第 2 层隧道协议和第 3 层隧道协议。其中,第 2 层隧道协议主要包括 PPTP、L2F 和 L2TP,第 3 层隧道协议主要包括 GRE 和 IPSec。为了清楚地说明这两层协议的作用和区别,下面先介绍什么是隧道协议。

一个隧道协议通常包括以下 3 个方面:

1. 乘客协议——被封装的协议,如 PPP、SLIP 等;
2. 封装协议——隧道的建立、维持和断开,如 L2TP、IPSec 等;
3. 承载协议——承载经过封装后的数据包的协议,如 IP 和 ATM 等。

第 2 层和第 3 层隧道协议的区别主要在于用户数据在网络协议栈的第几层被封装。其中,GRE 和 IPSec 主要用于实现专线 VPN 业务,L2TP 主要用于实现拨号 VPN 业务,也可用于实现专线 VPN 业务。下面将详细介绍这两层隧道协议。

10.1.1 第 2 层隧道协议

本节将介绍 3 种第 2 层隧道协议,分别为 PPTP、L2F 及 L2TP。

1. PPTP

PPTP(点到点隧道协议)是由 PPTP 论坛开发的点到点的安全隧道协议,为使用电话上网的用户提供安全 VPN 业务,1996 年成为 IETF 草案。PPTP 是 PPP 的一种扩展,提供了在 IP 网上建立多协议的安全 VPN 的通信方式,远端用户能够通过任何支持 PPTP 的 ISP 访问企业的专用网络。PPTP 提供 PPTP 客户机和 PPTP 服务器之间的保密通信。PPTP 客户机是指运行该协议的 PC 机,PPTP 服务器是指运行该协议的服务器。

通过 PPTP,用户可以采用拨号方式接入公共的 IP 网。拨号用户首先按常规方式拨号到 ISP 的接入服务器(NAS),建立 PPP 连接。在此基础上,用户进行 2 次拨号,建立到 PPTP 服务器的连接。该连接称为 PPTP 隧道,实质上是基于 IP 的另一个 PPP 连接。其中,IP 包可以封装多种协议数据,包括 TCP/IP、IPX 和 NetBEUI。对于直接连接到 IP 网的用户则不需要第 1 次的 PPP 拨号连接,可以直接与 PPTP 服务器建立虚拟通路。

PPTP 的最大优势是 Microsoft 公司的支持。NT 4.0 已经包括了 PPTP 客户机和服务器的功能,并且考虑了 Windows 95 环境。另一个优势是它支持流量控制,可保证客户机与服务器间不拥塞,改善通信性能,最大限度地减少包丢失和重发现象。

PPTP 把建立隧道的主动权交给了用户,但用户需要在其 PC 机上配置 PPTP,这样做既会增加用户的工作量,又会造成网络的安全隐患。另外,PPTP 仅工作于 IP,不具有隧道终点的验证功能,需要依赖用户的验证。

2. L2F

L2F(Layer 2 Forwarding)是由 Cisco 公司提出的,可以在多种介质(如 ATM、帧中继、IP)上建立多协议的安全 VPN 的通信方式。它将数据链路层的协议(如 HDLC、PPP、ASYNC 等)封装起来传送,因此网络的数据链路层完全独立于用户的数据链路层协议。1998 年提交给 IETF,成为 RFC 2341。

L2F 远端用户能够通过任何拨号方式接入公共 IP 网络。首先,按常规方式拨号到 ISP 的接入服务器(NAS),建立 PPP 连接;其次,NAS 根据用户名等信息发起第 2 次连接,呼叫用户网络的服务器。在这种方式下,隧道的配置和建立对用户是完全透明的。

L2F 允许拨号服务器发送 PPP 帧,并通过 WAN 连接到 L2F 服务器。L2F 服务器将包解封后,把它们接入到企业自己的网络中。与 PPTP 和 PPP 所不同的是,L2F 没有定义用户。

3. L2TP

L2TP 由 Cisco、Ascend、Microsoft、3Com 和 Bay 等厂商共同制定,1999 年 8 月公布了 L2TP 的标准 RFC 2661。上述厂商现有的 VPN 设备已具有 L2TP 的互操作性。

L2TP 结合了 L2F 和 PPTP 的优点,可以让用户从客户端或接入服务器发起 VPN 连接。L2TP 定义了利用公共网络设施封装、传输数据链路层 PPP 帧的方法。目前,用户拨号访问因特网时必须使用 IP,并且其动态得到的 IP 地址也是合法的。L2TP 的好处就在于支持多种协议,用户可以保留原来的 IPX、AppleTalk 等协议或企业原有的

IP 地址,企业在原来非 IP 网上的投资不至于浪费。另外,L2TP 还解决了多个 PPP 链路的捆绑问题。

L2TP 主要由 LAC(接入集中器)和 LNS(L2TP 网络服务器)构成。LAC 支持客户端的 L2TP,用于发起呼叫、接收呼叫和建立隧道。LNS 是所有隧道的终点,在传统的 PPP 连接中,用户拨号连接的终点是 LAC,L2TP 使得 PPP 的终点延伸到 LNS。

在安全性考虑上,L2TP 仅定义了控制包的加密传输方式,对传输中的数据并不加密。因此,L2TP 并不能满足用户对安全性的需求。如果需要安全的 VPN,则依然需要 IPSec。

10.1.2 第 3 层隧道协议

利用隧道方式来实现 VPN 时,除了要充分考虑隧道的建立及其工作过程之外,另一个重要的问题是隧道的安全问题。第 2 层隧道协议只能保证在隧道发生端及终止端进行认证及加密,而隧道在公网的传输过程中并不能完全保证安全。第 3 层隧道技术 IPSec 则是在隧道外面再封装,保证了隧道在传输过程中的安全性。下面介绍第 3 层隧道协议——IPSec 和 GRE。

1. IPSec 协议

IPSec 是 IP Security 的缩写,是目前远程访问 VPN 网络的基础。IPSec 的加密功能可以在因特网上创建出安全的信道来。IPSec 是建立在行业标准基础上的安防解决方案。

IPSec 协议相当复杂。简单来说,IPSec 的作用就是对 IP 数据包进行加密。IPSec 可用两种方式对数据流进行加密:隧道方式和传输方式。隧道方式对整个 IP 包进行加密,使用一个新的 IPSec 包打包。这种隧道协议是在 IP 上进行的,因此不支持多协议。传输方式对 IP 包的地址部分不处理,仅对数据净载荷进行加密。

IPSec 兼容设备在 OSI 模型的第 3 层提供加密、验证、授权和管理,对于用户来说是透明的,用户使用时与平常没有任何区别。密钥交换、核对数字签名及加密等操作都在后台自动进行。

IPSec 支持的组网方式包括:主机之间、主机与网关之间及网关之间的组网。IPSec 还支持对远程访问用户的支持。IPSec 可以和 L2TP、GRE 等隧道协议一起使用,给用户提供更大的灵活性和可靠性。

IPSec 是一个第 3 层 VPN 协议标准,它支持信息通过 IP 公网的安全传输。IPSec 系列标准从 1995 年问世以来得到了广泛的支持,IETF 工作组中已制定的与 IPSec 相关的 RFC 文档有:RFC 214、RFC 2401~RFC 2409、RFC 2451 等。其中,RFC 2409 介绍了互联网密钥交换(IKE)协议,RFC 2401 介绍了 IPSec 协议,RFC 2402 介绍了验证包头(AH)协议,RFC 2406 介绍了加密数据的报文安全封装(ESP)协议。

虽然 IPSec 是一个标准，但它的功能却相当有限。它目前还支持不了多协议通信功能或者某些远程访问所必须的功能，如用户级身份验证和动态地址分配等。为了解决这些问题，供应商们各显神通，使 IPSec 在标准之外多出了许多种专利和许多种因特网扩展提案。微软公司走的是另外一条完全不同的路线，它只支持 L2TP over IPSec。

即使能够在互操作性方面赢得一些成果，可要想把多家供应商的产品调和在一起还是困难重重——用户的身份验证问题、地址的分配问题及策略的升级问题，每一个都非常复杂，而这些还只是需要解决的问题的一小部分。

尽管 IPSec 的 ESP 和报文完整性协议的认证协议框架已趋成熟，IKE 协议也已经增加了椭圆曲线密钥交换协议，但由于 IPSec 必须在端系统的操作系统内核的 IP 层或网络节点设备的 IP 层实现，因此需要进一步完善 IPSec 的密钥管理协议。

2. GRE 协议

GRE(通用路由协议封装)是由 Cisco 和 Net-Smiths 等公司 1994 年提交给 IETF 的，标号为 RFC 1701 和 RFC 1702。目前大多数厂商的网络设备均支持 GRE 隧道协议。GRE 规定了如何用一种网络协议去封装另一种网络协议的方法。GRE 的隧道由两端的源 IP 地址和目的 IP 地址来定义，允许用户使用 IP 包封装 IP、IPX 和 AppleTalk 包，并支持全部的路由协议(如 RIP2、OSPF 等)。通过 GRE，用户可以利用公共 IP 网络连接 IPX 和 AppleTalk 等类型的网络，还可以使用保留地址进行网络互连，或者对公网隐藏企业网的 IP 地址。GER 只提供数据包的封装，并没有提供加密功能来防止网络侦听和攻击。因此，在实际环境中经常与 IPSec 在一起使用，由 IPSec 提供用户数据的加密，从而给用户提供更好的安全性。

10.1.3　第 3 层隧道与第 2 层隧道的性能比较

第 3 层隧道与第 2 层隧道相比，优点在于它的安全性、可扩展性及可靠性。

从安全性的角度来看，由于第 2 层隧道一般终止在用户网设备(CPE)上，会对用户网络的安全及防火墙提出比较严峻的挑战；而第 3 层隧道一般终止在 ISP 的网关上，不会对用户网络的安全构成威胁。

从可扩展性的角度来看，首先第 2 层 IP 隧道将整个 PPP 帧封装在报文内，可能会产生传输效率问题。其次，PPP 会话会贯穿整个隧道，并终止在用户网络的网关或服务器上，由于用户网内的网关要保存大量的 PPP 对话状态及信息，这会对系统负荷产生较大的影响，当然也会影响系统的扩展性。除此之外，由于 PPP 的 LCP(数据链路层控制)及 NCP(网络层控制)对时间非常敏感，IP 隧道的效率会造成 PPP 会话超时等问题。第 3 层隧道终止在 ISP 网内，并且 PPP 会话终止在 RAS 处，网点无需管理和维护每个 PPP 会话状态，从而减轻系统负荷。

第 3 层隧道技术对于公司网络还有一些其他的优点，网络管理者采用第 3 层隧道技术时,不必为用户原有设备(CPE)安装特殊软件。因为 PPP 和隧道终点由 ISP 的设备生成,CPE 不用负担这些功能,而仅作为一台路由器。第 3 层隧道技术可采用任意厂家的 CPE 予以实现。使用第 3 层隧道技术的公司网络不需要 IP 地址,也具有安全性。服务提供商网络能够隐藏私有网络和远端节点地址。

10.1.4 隧道技术的实现

对于像 PPTP 和 L2TP 这样的第 2 层隧道协议,创建隧道的过程类似于在双方之间建立会话——隧道的两个端点必须同意创建隧道并协商隧道的各种配置变量,如地址分配、加密或压缩等参数。绝大多数情况下,通过隧道传输的数据都使用基于数据包的协议发送。隧道维护协议被用来作为管理隧道的机制。

第 3 层隧道技术通常假定所有配置问题已经通过手工过程完成。这些协议不对隧道进行维护。与第 3 层隧道协议不同,第 2 层隧道协议(PPTP 和 L2TP)必须包括对隧道的创建、维护和终止 3 个过程。

隧道一经建立,数据就可以通过隧道发送。隧道客户端和服务器使用隧道数据传输协议传输数据。例如,当隧道客户端向服务器发送数据时,客户端首先给负载数据加上一个隧道数据传送协议包头,然后把封装的数据通过互联网络发送,并由互联网络将数据路由到隧道的服务器。隧道的服务器收到数据包之后,去除隧道数据传输协议包头,然后将负载数据转发到目标网络。

由于第 2 层隧道协议(PPTP 和 L2TP)以完善的 PPP 为基础,所以从它那里也继承了一整套的特性。下面从 7 个方面来详细介绍这些特性,并与第 3 层隧道协议进行对比。

1. 用户验证

第 2 层隧道协议继承了 PPP 的用户验证方式。而许多第 3 层隧道技术都假定在创建隧道之前,隧道的两个端点相互之间已经了解或已经经过验证。一个例外情况是IPSec 协议的 ISAKMP 协商提供了隧道端点之间进行的相互验证。

2. 令牌卡支持

通过使用扩展验证协议(EAP),第 2 层隧道协议能够支持多种验证方法,包括一次性口令(One-Time Password)、加密计算器(Cryptographic Calculator)和智能卡等。第 3 层隧道协议也支持使用类似的方法,如 IPSec 协议通过 ISAKMP/Oakley 协商确定公共密钥证书验证。

3. 动态地址分配

第 2 层隧道协议支持在网络控制协议(NCP)协商机制的基础上动态分配用户地址。第 3 层隧道协议通常假定隧道建立之前已经进行了地址分配。目前,IPSec 隧道模式下的地址分配方案仍在开发之中。

4. 数据压缩

第2层隧道协议支持基于PPP的数据压缩方式。例如,微软的PPTP和L2TP方案使用微软点到点加密协议(MPPE)。IETF正在开发应用于第3层隧道协议的类似数据压缩机制。

5. 数据加密

第2层隧道协议支持基于PPP的数据加密机制。微软的PPTP方案支持在RSA/RC4算法的基础上选择使用MPPE。第3层隧道协议可以使用类似方法,如IPSec通过ISAKMP/Oakley协商确定几种可选的数据加密方法。微软的L2TP使用IPSec加密保障隧道客户端和服务器之间数据流的安全。

6. 密钥管理

作为第2层协议的MPPE依靠验证用户时生成的密钥,定期对其更新。IPSec在ISAKMP交换过程中公开协商公用密钥,同样对其进行定期更新。

7. 多协议支持

第2层隧道协议支持多种负载数据协议,从而使隧道用户能够访问使用IP、IPX或NetBEUI等多种协议企业网络。相反,第3层隧道协议,如IPSec隧道模式,只能支持使用IP的目标网络。

下面详细介绍隧道建立阶段和数据传输阶段。

1. 隧道建立阶段

因为第2层隧道协议在很大程度上依靠PPP的各种特性,因此有必要对PPP进行深入地探讨。设计PPP主要是通过拨号或专线方式建立点到点的连接来发送数据。PPP将IP、IPX和NetBEUI包封装在PPP帧内,通过点到点的链路发送。PPP主要应用于连接拨号用户和NAS。PPP拨号的会话过程可以分成如下4个阶段:

(1) 创建PPP链路

PPP使用链路控制协议(LCP)创建、维护或终止一次物理连接。在LCP阶段的初期,要选择基本的通信方式。应当注意在链路创建阶段,只是对验证协议进行选择,用户验证将在第2阶段实现。同样,在LCP阶段还将确定链路对等双方是否要对使用数据压缩或加密进行协商。实际对数据压缩或加密算法和其他细节的选择将在第4阶段实现。

(2) 用户验证

在第2阶段,客户机会将用户的身份证明发给远端的接入服务器。该阶段使用一种安全验证方式避免第三方窃取数据或冒充远程用户接管与客户端的连接。大多数的PPP方案只提供有限的验证方式,包括口令验证协议(PAP)、挑战-握手验证协议(CHAP)和微软挑战-握手验证协议(MS-CHAP)。

① 口令验证协议(PAP)

PAP是一种简单的明文验证方式。NAS要求用户提供用户名和口令,PAP以明文方式返回用户信息。很明显,这种验证方式的安全性较差,第三方可以很容易地获取被传送的用户名和口令,并利用这些信息与 NAS 建立连接,获取 NAS 提供的所有资源。因此,一旦用户密码被第三方窃取,PAP 无法提供避免受到第三方攻击的保障措施。

② 挑战-握手验证协议(CHAP)

CHAP 是一种加密的验证方式,能够避免建立连接时传送用户的真实密码。NAS 向远程用户发送一个挑战口令(Challenge),其中包括会话 ID 和一个任意生成的挑战字串(Arbitrary Challenge String)。远程用户必须使用 MD5 单向 HASH 算法(One-Way Hashing Algorithm)返回用户名、加密的挑战口令、会话 ID 及用户口令,其中用户名以非 HASH 方式发送。

CHAP 对 PAP 进行了改进,不再直接通过链路发送明文口令,而是使用挑战口令,以 HASH 算法对口令进行加密。因为服务器存有用户的明文口令,所以服务器可以重复客户端进行操作,并将结果与用户返回的口令进行对照。CHAP 为每一次验证任意生成一个挑战字串来防止受到再现攻击(Replay Attack)。在整个连接过程中,CHAP 将不定时地向客户端重复发送挑战口令,从而避免第三方冒充远程用户(Remote Client Impersonation)进行攻击。

③ 微软挑战-握手验证协议(MS-CHAP)

与 CHAP 相类似,MS-CHAP 也是一种加密验证机制。同 CHAP 一样,使用 MS-CHAP时,NAS 会向远程用户发送一个含有会话 ID 和任意生成的字串的挑战口令。远程用户必须返回用户名、经过 MD4 HASH 算法加密的字串、会话 ID 和用户口令的 MD4 HASH 值。采用这种方式,服务器将只存储经过 HASH 算法加密的用户口令而不是明文口令,这样就能够提供进一步的安全保障。此外,MS-CHAP 同样支持附加的错误编码,包括口令过期编码及允许用户自己修改口令的加密的客户端-服务器附加信息。使用 MS-CHAP,客户端和 NAS 双方各自生成一个用于随后数据加密的起始密钥。MS-CHAP使用基于 MPPE 的数据加密,这一点非常重要,可以解释为什么启用基于 MPPE 的数据加密时必须进行 MS-CHAP 验证。

在第 2 阶段,即 PPP 链路配置阶段,NAS 收集验证数据,然后对照自己的数据库或中央验证数据库服务器(位于 NT 主域控制器或远程验证用户拨入服务器),验证数据的有效性。

(3) PPP 回叫控制

微软设计的 PPP 包括一个可选的回叫控制阶段,该阶段在完成验证之后使用回叫控制协议(CBCP)。如果配置使用回叫,那么在验证之后远程用户和 NAS 之间的连接将会被断开,然后由 NAS 使用特定的电话号码回叫远程用户。这样可以进一步保证拨号网络的安全性。NAS 只支持对位于特定电话号码处的远程用户进行回叫。

(4) 调用网络层协议

在以上各阶段完成之后,PPP 将调用在创建 PPP 链路阶段选定的各种网络控制协议

（NCP）。例如,在该阶段 IP 控制协议(IPCP)可以向拨入用户分配动态地址。在微软的 PPP 方案中,考虑到数据压缩和数据加密实现过程相同,所以共同使用压缩控制协议来协商数据压缩(使用 MPPC)和数据加密(使用 MPPE)。

2. 数据传输阶段

一旦完成上述 4 个阶段的协商,PPP 就开始在对等连接双方之间转发数据。每个被传送的数据包都被封装在 PPP 包内,该 PPP 包的包头部分将会在到达接收方之后被去除。如果在上述第 1 阶段选择使用数据压缩并且在第 4 阶段完成了协商,数据将会在被传送之前进行压缩。类似地,如果已经选择使用数据加密并完成了协商,数据(或被压缩数据)将会在传送之前进行加密。

将 PPP 数据帧封装在 IP 数据包内通过 IP 网络,如 Internet 传送。PPTP 使用一个 TCP 连接对隧道进行维护,使用 GRE 技术把数据封装成 PPP 数据帧通过隧道传送。可以对封装 PPP 帧中的负载数据进行加密或压缩。

10.2　MPLS 隧道技术

多协议标签交换(Multi-Protocol Label Switching,MPLS)是一种用于快速数据包交换和路由的体系,它为网络数据流提供了目标、路由、转发和交换等能力。此外,它还具有管理各种不同形式通信流的机制。MPLS 独立于第 2 层和第 3 层协议,诸如 ATM 和 IP。它提供了一种方式,将 IP 地址映射为简单的具有固定长度的标签,用于不同的包转发和包交换技术。它是现有路由和交换协议的接口,如 IP、ATM、帧中继、资源预留协议(RSVP)及开放最短路径优先(OSRF)等。

在 MPLS 中,数据传输发生在标签交换路径(LSP)上。LSP 是每一个沿着从源端到终端的路径上的节点的标签序列。目前使用的标签分发协议有 LDP、RSVP 或者建于路由协议之上的一些协议,如边界网关协议(BGP)及 OSPF 等。因为固定长度标签被插入每一个包或信元的开始处,并且可以用硬件来实现两个链接间的数据包的交换,所以使数据的快速交换成为可能。

设计 MPLS 主要用来解决网络问题,如网络速度、可扩展性、服务质量(QoS)管理及流量工程,同时也为下一代 IP 核心网络解决宽带管理及服务请求等问题。

这部分主要关注通用的 MPLS 框架。有关 LDP、CR-LDP 和 RSVP-TE 的具体内容可以参考相关文件。

10.2.1　MPLS 标签结构

表 10-1 描述了 MPLS 标签的结构。

表 10-1　MPLS 标签的结构

20 bit	23 bit	24 bit	32 bit
Label	Exp	S	TTL

1. Label：Label 值传送标签实际值，当接收到一个标签数据包时，可以查出栈顶部的标签值，并且让系统知道：(1)数据包将被转发的下一跳；(2)在转发之前标签栈上可能执行的操作，如标签进栈顶入口同时将一个标签压出栈，或标签进栈顶入口然后将一个或多个标签推进栈；

2. Exp：试用，预留以备试用；

3. S：栈底，标签栈中最后进入的标签位置；

4. TTL：生存期字段（Time-to-Live），用来对生存期值进行编码。

10.2.2　MPLS 结构协议族

1. MPLS：相关信令协议，如 OSPF、BGP、ATM、PNNI 等；

2. LDP：标签分发协议（Label Distribution Protocol）；

3. CR-LDP：基于路由受限标签分发协议（Constraint-Based LDP）；

4. RSVP-TE：基于流量工程扩展的资源预留协议（Resource Reservation Protocol-Traffic Engineering）。

10.2.3　MPLS 协议栈结构

图 10-1 描述了 MPLS 协议栈的结构。

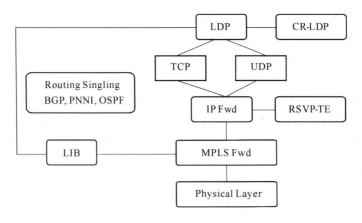

图 10-1　MPLS 协议栈的结构示意图

MPLS 实际上就是一种隧道技术,因此使用它来建立 VPN 隧道是十分容易的。同时,MPLS 又是一种完备的网络技术,因此可以用它来建立 VPN 成员之间简单而高效的 VPN。MPLS VPN 适用于实现对于服务质量(QoS)、服务等级的划分及对网络资源的利用率、网络的可靠性有较高要求的 VPN 业务。用户边缘路由器(CE)适用于一个用户站点接入服务的网络路由器。CE 路由器不使用 MPLS,它可以只是一台 IP 路由器,CE 不必支持任何 VPN 的特定路由协议或信令。提供者边缘路由器(PE)是与用户 CE 路由器相连的服务提供者边缘路由器,PE 实际上就是 MPLS 中的边缘标记交换路由器(LER),它需要能够支持 BGP、一种或几种 IGP 路由协议及 MPLS 协议,需要能够执行 IP 包检查、协议转换等功能。用户站点是指一组网络或多条 PE/CE 链路接至 VPN,一组共享相同路由信息的站点就构成了 VPN,一个站点可以同时位于不同的几个 VPN 之中。

然而 MPLS VPN 网络中的主角仍然是边缘路由器(此时是 MPLS 网络的边缘 LSR),但是它需要公共 IP 网内部的所有相关路由器都能够支持 MPLS,所以这种技术对网络有较为特殊的要求。

10. 3　IPSec VPN 与 MPLS VPN 的对比

这里将把传统的 VPN 和 MPLS VPN 之间作一比较。首先将分析传统 IPSec VPN 的构成、各种功能及缺点,然后再分析 MPLS VPN 的构成。

10. 3. 1　传统 IPSec VPN

传统 IPSec VPN 基于封装(隧道)技术及加密模块技术,可在两个位置间安全地传输数据。前面已经对 IPSec 协议作了简要说明,在这里还需要作一下补充,因为它是目前的 VPN 中最常使用的。该类型的 VPN 是位于 IP 网络顶层的点到点隧道的覆盖。

例如,两个站点之间要建立 IPSec 隧道,站点 A 使用带有 3DES 加密技术的 IPSec 协议同站点 B 建立连接。

IPSec 协议首要的和最明显的缺点就是性能的下降。例如,分析从计算机 A 是如何发送出一个数据包到计算机 B 的。计算机 A 发送的数据包到达了 CPE(用户边缘路由器)A。CPE A 检查该数据包并判定它需要把该数据包转发到 CPE B。在非 VPN 环境中,该数据包将直接发往 CPE B。但是有了 IPSec,CPE A 必须在发送出该数据包之前完成几项任务。首先,加密该数据包,这需要花费时间,从而导致该数据包被延迟。然后,该数据包被封装到另外一个 IP 数据包中,时间上又延迟了。现在该数据包才被发送到服务供应商的网络中。此时可能会发生另外一件事情将导致再次延迟——分割,如果新生成的数据包的长度超过了 CPE A 和 CPE B 建立连接时的 MTU(最大可传输单元)的长度,该数据包将需要被分割成两个数据包。

MTU 定义了在连接中传输的数据包的最大长度。如果一个数据包的长度超过了 MTU 值,只要 DF 位(不分割位)未被置位,该数据包将会被分割成两个长度更小的数据包。如果 DF 位被置位,该数据包将被丢弃,并发送一条 ICMP 信息给数据包的发送源端。一旦该数据包到达了 CPE B,它将被解封和解密,此处又增加了延迟时间。最后,CPE B 把该数据包转发到计算机 B。

总的延迟时间取决于所涉及的 CPE 的个数。低端的 CPE 设备通常用软件实现所有的 IPSec 功能,因而其速度最慢。价格贵些的 CPE 用硬件实现 IPSec 功能。一般来说,性能越好,其价格越贵。

从上述例子中容易了解到 IPSec VPN 是网络的一种覆盖类型。它位于另一种 IP 网络的上层。由于是一种覆盖,在每个站点之间必须建立一个隧道,这就导致了网络的低效性。

下面来看看目前存在的两种网络布局结构:中心辐射布局和全网络布局。

中心辐射布局由一个中心站点同许多远程站点相连。这是 IPSec 网的最实用的布局。位于中心站点位置的 CPE 通常非常昂贵,其价格同相连的远程站点的数目有关。每个远程站点建立同中心站点相连的 IPSec 隧道。如果有 20 个远程站点,那么就会建立 20 个到中心站点的 IPSec 隧道。

该模式对于远程站点之间的通信不是最优的。任何数据包,如果从一个远程站点发送到另一个远程站点,首先需要通过中心站点,需要中心站点来完成解封、解密、判定转发路径、加密和封装等一系列步骤。这对于在远程站点中已经进行的封装、加密工作来说是多余的。实际上,数据包经过两个 IPSec 隧道的传输,延迟时间就大大增加了,超过了两个站点之间直接通信时的数据包延迟时间。

显然,解决这个问题的方案是建立一个全网状布局,但该类型的布局存在不少缺点。最大的缺点是可扩充性,对于全网状 IPSec 网络,需要支持的隧道的数量随着站点的数目呈几何级数增加。例如,对于一个 21 个站点构成的中心辐射布局网络(1 个中心站点和 20 个远程站点),需要建立 210 个 IPSec 隧道,每个站点需要配置能够处理 20 个 IPSec 隧道的 CPE,这意味着每个站点需要价格更为昂贵的 CPE 设备。从某种意义上讲,建立一个全网状布局是不现实的。例如,一个由 100 个站点组成的 VPN 网络,它将需要建立 4 950 个隧道。

另外要考虑的是 CPE 设备,一个供应商需要确保所有的 CPE 设备之间能够兼容,最简单的方案是在每个位置使用同一种 CPE 设备,但这并不总是能够实现的。许多场合中,用户打算重用自己的 CPE 设备。另外,对于 DSL,同一种 CPE 设备并没有在所有不同的 CLEC 设备之间进行过测试。虽然兼容性目前不是个大问题,但在使用 IPSec 协议时仍需要考虑。

对于 IPSec VPN 来说,如何配置是一个重要的问题,供应商必须配置好每个 IPSec

隧道。配置单一的一个 IPSec 隧道不成问题,但网络结点数量增大时问题就会出现。在建立全网状的布局时,情况最为糟糕。而且对于服务供应商来说,日常维护的难度也很大。

安全性也是需要考虑的另外一个问题。每个 CPE 可以连接到公共的 Internet,并且依赖 IPSec 隧道来进行站点间的数据传输。这样,每个 CPE 设备都必须采取诸如防火墙这样的安全措施,以便确保每个位置的安全。每个防火墙需要对供应商开放,以便访问有关设备,这本身将是个安全隐患。当网络规模增大时,管理每个防火墙将变得很困难。例如,拥有 100 个站点的 VPN 网络,它将需要 100 个防火墙,一旦每次需要修改防火墙策略时,该 VPN 网络中的所有 100 个防火墙都要重新设置,这绝对是一个令人感到头疼的工作。

10.3.2 MPLS VPN

MPLS VPN 与传统的 IPSec VPN 不同,MPLS VPN 不依靠封装和加密技术,MPLS VPN 依靠转发表和数据包的标记来创建一个安全的 VPN,MPLS VPN 的所有技术产生于 Internet。

一个 VPN 网络包括一组 CE 路由器,以及同其相连的互联网络中的 PE 路由器。PE 路由器能够理解 VPN,而 CE 路由器并不能理解潜在的网络。

CE 路由器可以感觉到同一个专用网相连。每一个 VPN 对应一个 VRF(VPN 路由/转发实例)。一个 VRF 定义了同 PE 路由器相连的用户站点的 VPN 成员资格。一个 VRF 包括一个 IP 路由表、一个派生的 CEF(Cisco Express Forwarding)表、一套使用转发表的接口、一套控制路由表中信息的规则和路由协议参数。一个站点仅能同一个 VRF 相联系。用户站点的 VRF 中的数据,包含了其所在的 VPN 中所有可能连到该站点的路由。

对于每一个 VRF,数据包转发信息存储在 IP 路由表和 CEF 表中。每一个 VRF 维护一个单独的路由表和 CEF 表。这些表可以防止转发信息被传输到 VPN 之外,同时也能阻止 VPN 之外的数据包转发到 VPN 内部的路由器中。这个机制使得 VPN 具有了安全性。

在每一个 VPN 内部,可以建立任何连接:每一个站点可以直接发送 IP 数据包到 VPN 中另一个站点,而不需要穿越中心站点。一个 RD(路由识别器)可以识别每一个单独的 VPN。一个 MPLS 网络可以支持成千上万个 VPN。每一个 MPLS VPN 网络的内部是由 P(供应商)设备组成,这些设备构成了 MPLS 的核心,且不直接同 CE 路由器相连,围绕在 P 设备周围的 PE 路由器可以让 MPLS VPN 网络发挥 VPN 的作用。P 设备和 PE 路由器称为 LSR(标记交换路由器)。LSR 设备基于标记来交换数据包。

用户站点可以通过不同的方式连接到 PE 路由器,如帧中继、ATM、DSL 和 T1 方式等。

在 MPLS VPN 中,用户站点通常运行的是 IP。它们并不需要运行 MPLS、IPSec或者其他特殊的 VPN 协议。在 PE 路由器中,RD 对应同每个用户站点的连接。这些连接可以是诸如 T1、单一的帧中继、ATM 虚电路或者 DSL 等物理连接。RD 在 PE 路由器中被配置,是设置 VPN 站点工作的一部分,它并不在用户设备上进行配置,对于用户来说是透明的。

每个 MPLS VPN 具有自己的路由表,这样用户可以重叠使用地址且互不影响。对用 RFC 1918 来进行寻址的多种用户来说,上述特点很有用处。例如,任何数量的用户都可以在 MPLS VPN 中,使用地址为 10.1.1. X 的网络。MPLS VPN 的一个最大的优点是 CPE 设备不需要智能化,因为所有的 VPN 功能是在互联网络的核心网络中实现的,且对 CPE 是透明的,CPE 并不需要理解 VPN,同时也不需要支持 IPSec。这意味着用户可以使用价格便宜的 CPE,甚至可以继续使用已有的 CPE。

因为数据包不再经过封装或者加密,所以时延被降到最低。之所以不再需要加密是因为 MPLS VPN 可以创建一个专用网,它同帧中继网络具备的安全性很相似。因为不需要隧道,所以要创建一个全网状的 VPN 网也将变得很容易。事实上,默认的配置是全网状布局,站点直接连到 PE,之后可以到达 VPN 中的任何其他站点。如果不能连通到中心站点,远程站点之间仍然能够相互通信。

配置 MPLS VPN 网络的设备也变得容易了,仅需配置核心网络,不需访问 CPE。一旦配置好一个站点,在配置其他站点时无需重新配置,因为添加新的站点时,仅需改变所连到的 PE 的配置。

在 MPLS VPN 中,安全性可以很容易地实现。一个封闭的 VPN 具有内在的安全性,因为它不同公共互联网相连。若需要访问 Internet,则可以建立一个通道,在该通道上放置一个防火墙,这样就对整个 VPN 提供安全的连接了。管理起来也很容易,因为对于整个 VPN 来说,只需要维护一种安全策略。

MPLS VPN 的另一个好处是对于一个远程站点,仅需要一个连接即可。想象一下,带有 1 个中心站点和 10 个远程站点的传统帧中继网,每个远程站点需要 1 个帧中继 PVC(永久性虚电路),这意味着需要 10 个 PVC。而在 MPLS VPN 网中,仅需要在中心站点位置建立 1 个 PVC 即可,这就降低了网络的成本。

10.4　SSL VPN 技术

10.4.1　SSL 协议介绍

安全套接字层(Secure Socket Layer,SSL)属于高层安全机制,广泛应用于 Web 浏览程序和 Web 服务器程序。在 SSL 中,身份认证是基于证书的。服务器方向客户端方的认证是必须的,而 SSL 版本 3 中客户端方向服务器方的认证只是可选项,现在逐渐得到广泛的应用。

SSL 协议过程通过 3 个元素来完成。

1. 握手协议。这个协议负责配置用于客户端和服务器之间会话的加密参数。当一个 SSL 客户端和服务器第 1 次开始通信时,它们在一个协议版本上达成一致,选择加密算法和认证方式,并使用公钥来生成共享密钥。

2. 记录协议。这个协议用于交换应用数据。应用程序消息被分割成可管理的数据块,还可以压缩,并产生一个 MAC(消息认证代码),然后结果被加密并传输。接收方接收数据并对它解密,校验 MAC,解压并重新组合,把结果提供给应用程序协议。

3. 警告协议。这个协议用于表示在什么时候发生了错误或两个主机之间的会话在什么时候终止。

SSL 协议通信的握手步骤如下。

1. SSL 客户端连接至 SSL 服务器,并要求服务器验证它自身的身份。

2. 服务器通过发送它的数字证书证明其身份。这个交换还可以包括整个证书链,直到某个根证书颁发机构(CA)通过检查有效日期并确认证书包含可信任 CA 的数字签名来验证证书的有效性。

3. 服务器发出一个请求,对客户端的证书进行验证。但是由于缺乏公钥体系结构,当今的大多数服务器不进行客户端认证。但是完善的 SSL VPN 安全体系是需要对客户端的身份进行证书级验证的。

4. 双方协商用于加密消息的加密算法和用于完整性检查的 HASH 函数,通常由客户端提供它支持的所有算法列表,然后由服务器选择最强大的加密算法。

5. 客户端和服务器通过以下步骤生成会话密钥。

(1) 客户端生成一个随机数,并使用服务器的公钥(从服务器证书中获取)对它加密,送到服务器上。

(2) 服务器用更加随机的数据(客户端的密钥可用时则使用客户端密钥,否则以明文方式发送数据)响应。使用 HASH 函数从随机数据中生成密钥,使用会话密钥和对称算法(通常是 RC4、DES 或 3DES)对以后的通信数据进行加密。

需要注意的是,在 SSL 通信中,服务器一般使用 443 端口,而客户端的端口是任选的。

10.4.2　SSL VPN 技术

SSL VPN 技术能够让用户通过标准的 Web 浏览器就可以访问重要的企业应用。SSL VPN 网关位于企业网的边缘,介于企业服务器与远程用户之间,控制两者的通信。

SSL VPN 的实现涉及 3 个重要的概念,即代理(Proxying)、应用转换(Application

Translation)和端口转发(Port Forwarding)。

SSL VPN 网关至少要实现一种功能——代理 Web 页面。它将来自远端浏览器的页面请求(采用 HTTPS 协议)转发给 Web 服务器,然后将服务器的响应回传给终端用户。

对于非 Web 页面的文件访问,往往要借助于应用转换。SSL VPN 网关与企业网内部的微软 CIFS 或 FTP 服务器通信,将这些服务器对客户端的响应转化为 HTTPS 协议和 HTML 格式发往客户端,终端用户感觉这些服务器就是一些基于 Web 的应用。

有的 SSL VPN 产品所能支持的应用转换器和代理的数量非常少,有的则很好地支持了 FTP、网络文件系统和微软文件服务器的应用转换。用户在选择网关时,必须对自己所需要转换的应用有一个很明确的了解,并能够根据它们的重要性给它们排序。

而有一些应用,如微软的 Outlook 或 MSN,它们的外观会在转化为基于 Web 界面的过程中丢失,此时就要用到端口转发技术。端口转发技术用于明确定义端口的应用,它需要在终端系统上运行一个非常小的 Java 或 ActiveX 程序作为端口转发器,监听某个端口上的连接。当数据包进入这个端口时,它们通过 SSL 连接中的隧道被传送到 SSL VPN 网关,SSL VPN 网关解开封装的数据包,将它们转发给目的应用服务器。使用端口转发器,需要终端用户指向他希望运行的本地应用程序,而不必指向真正的应用服务器。良好的 SSL VPN 产品应该具有较好的互操作性、较为细致的访问控制能力、完善的日志和认证体系及对应用的广泛支持。

10.4.3　IPSec VPN 与 SSL VPN 的对比

传统的 IPSec VPN 在部署时,往往需要在每个远程接入的终端都安装相应的 IPSec 客户端,并需要作复杂的配置。若企业的远程接入和移动办公数量增多,企业的维护成本将会呈线性增加。而 SSL VPN 最大的好处之一就是不需要安装客户端程序,远程用户可以随时随地从任何浏览器上安全接入到内联网络,安全地访问应用程序,无需安装或设置客户端软件,降低了企业的维护成本。因而 SSL 在点对网互连方面,在易用性和安全性上有着突出的优势。由于 SSL VPN 只适合点对网的连接,无法实现多个网络之间的安全互连,因此在企业组建网对网方面,IPSec VPN 就有着无可比拟的优势。详细对比见表 10-2。

表 10-2　IPSec VPN 与 SSL VPN 对比表

选　项	SSL VPN	IPSec VPN
身份验证	单向身份验证、双向身份验证、数字证书	双向身份验证、数字证书
加　密	强加密,基于 Web 浏览器	强加密,依靠执行
安　全　性	端到端安全,从用户到资源全程加密	网络边缘到客户端,仅对从用户到 VPN 网关之间通道加密

续　表

选　项	SSL VPN	IPSec VPN
可访问性	可用于任何时间、任何地点访问	限制使用于已经定义好的受控用户的访问
费　用	低(无需任何附加客户端软件)	高(需要管理客户端软件)
安　装	即插即用安装,无需任何附加的用户软件、硬件安装	通常需要长时间的配置,需要客户端软件或者硬件
用户的易使用性	对用户非常友好,使用非常熟悉的 Web 浏览器,无需终端用户的培训	对没有相应技术的用户比较困难,需要培训
支持的应用	基于 Web 的应用、文件共享、E-mail	所有基于 IP 的服务
用　户	用户、合作伙伴用户、远程用户、供应商等	更适用于企业内部使用
可伸缩性	容易配置和扩展	在服务器容易实现自由伸缩,在客户端比较困难

10.5　本章小结

　　本章主要介绍了 VPN 隧道协议的定义和相关技术。比较系统地阐述了第 2 层隧道协议和第 3 层隧道协议的特性及它们之间的区别。另外,重点讲解了目前主要的隧道技术——IPSec VPN、MPLS VPN 和 SSL VPN,详细介绍了它们的优、缺点,并进行了相互比较。在本章中需要重点掌握的内容是第 2 层隧道协议和第 3 层隧道协议的主要特点和应用领域,这在今后的 VPN 设计中具有重要的指导意义。

第11章

VPN 的加、解密技术

加密和解密是 VPN 应用的基础。VPN 技术主要通过各种加、解密算法来保证通信内容的安全,保证数据不被非授权的人获得。本章的主要内容就是针对目前 VPN 技术中使用的主要的加、解密算法进行讲解,让读者对 VPN 技术的安全性有一个深入的了解。

11.1　VPN 加、解密技术概述

加、解密技术是 VPN 的一项重要的基础技术。这是因为,为了保证数据传输安全,对在公开信道上传输的 VPN 流量必须进行加密,以确保网络上未授权的用户无法读取信息。具体过程是发送者在发送数据之前对数据加密,数据到达接收者时由接收者对数据进行解密。

密码技术可以分为两类:对称加、解密技术和非对称加解密技术。对称加、解密技术简单易用、处理效率比较高、易于用硬件实现,缺点是密钥管理较困难。常用的对称加、解密算法有 DES 和 3DES。非对称加、解密技术安全系数更高、可以公开加密密钥、对密钥的更新也很容易、易于管理,缺点是效率低、难于用硬件实现。常用的非对称加、解密算法有 Diffie-Hellman 和 RSA。通常用非对称加、解密技术进行身份认证和密钥交换,而对称加解密技术则主要用于数据的加、解密。

使用非对称加、解密技术时,通信各方使用两个不同的密钥:一个是只有发送方知道的专用密钥 d,另一个则是与其对应的任何人都可以获得的公用密钥 e。专用密钥和公用密钥在加、解密算法上相互关联,一个用于数据加密,另一个用于数据解密。由于非对称加、解密技术运算量大,一般用于加密对称的加、解密算法中。非对称加、解密技术还有一个重要用途是数字签名。

目前,VPN 设备所使用的加、解密算法主要有以下几种:

1. AES(Advanced Encryption Standard)：高级加密标准。它是下一代的加密算法标准，速度快，安全级别高。

2. DES(Data Encryption Standard)：数据加密标准。它的速度较快，适用于加密大量数据的场合。

3. 3DES(Triple DES)：它是基于 DES，对 1 块数据用 3 个不同的密钥进行 3 次加密，强度更高。

4. Diffie-Hellman：这种密钥交换技术的目的在于使得两个用户安全地交换一个密钥，以便用于以后的报文加密。Diffie-Hellman 密钥交换算法的有效性依赖于计算离散对数的难度。

5. RSA：RSA 的安全性依赖于大数分解。公钥和私钥都是两个大素数（大于 100 个十进制位）的函数。据猜测，从一个密钥和密文推断出明文的难度等同于分解两个大素数的积。

以下几节将分别对上述内容中若干主要算法进行详细描述。

11.2　AES 算法

高级加密标准(Advanced Encryption Standard, AES)是在 DES 受到不断攻击威胁的背景下推出的。1997 年 4 月 15 日，美国国家标准技术研究所(NIST)向全世界征集高级加密标准算法，要求的主要指标有安全性、成本、算法和实现特性等。1998 年，NIST 宣布接受 15 个候选算法，1999 年 8 月 20 日从中选定了 MARS、RC6、Rijndael、Serpent 和 Twofish 5 个算法作为第 2 轮预选密码方案。2000 年 10 月 2 日 NIST 终于宣布 Rijndael 数据加密算法最终获胜，并于 2002 年 5 月 26 日正式生效。实际上，目前通称的 AES 算法指的就是 Rijndael 算法。它是两位比利时密码学家 Vincent Rijmen 和 Joan Daemen 提交的方案，该算法的名称是由两位发明者的名字合成的。

AES 算法具有良好的有限域及有限环的数学理论基础，算法随机性好，能高强度隐藏信息，同时又保证了算法的可逆性，很好地实现了加、解密需求。算法的软、硬件环境适应性强，能够满足多平台需要，算法简单，性能稳定，灵活性好。密钥使用方便，存储需求量较低，即便存储空间有限也具有良好的性能。

11.2.1　Rijndael 算法的数学基础

Rijndael 算法具有比较强的有限域和有限环的数学理论支持，而且直接将其应用在字节运算和字运算的模块中。

1. GF(2^8)域上的字节运算

字节运算是 Rijndael 算法的基本运算,一个字节可用 GF(2^8)中的元素表示。有限域 GF(2^8)的运算可采用几种不同方法表示,Rijndael 算法主要选择传统的多项式进行操作。

在 Rijndael 中,一个字节 $b=b_7b_6b_5b_4b_3b_2b_1b_0$ 可用系数为 0,1 的二进制多项式为

$$b_7x^7+b_6x^6+b_5x^5+b_4x^4+b_3x^3+b_2x^2+b_1x^1+b_0$$

表示。例如,十六进制数"6C"对应的二进制数为 01101100,作为一个字节对应于多项式 $x^6+x^5+x^3+x^2$。所以有如下定义和性质。

定义 11-1 Rijndael 中的有限域 GF(2^8)是 256 个元素的域,它是由仅有两个元素的域 GF(2)={0,1}上的多项式环 GF(2)[x]以 $m(x)=x^8+x^4+x^3+x+1$ 为模构造的:GF(2^8)=GF(2)[x]/[$m(x)$]。其中的元素看成是系数为 0 或 1,且次数小于 8 的多项式 $b_7x^7+b_6x^6+b_5x^5+b_4x^4+b_3x^3+b_2x^2+b_1x+b_0$,也可看成是长度为 8 的比特串(1 个字节)$b_7b_6b_5b_4b_3b_2b_1b_0$。

性质 11-1 在 GF(2^8)上的加法定义为二进制多项式的加法,其系数模 2 加,即异或运算:$c_i=a_i\oplus b_i,1\leqslant i\leqslant 7$。

例如:6C 和 79 的和为:6C+79=15,或采用多项式记法:

$$(x^6+x^5+x^3+x^2)+(x^6+x^5+x^4+x^3+1)=x^4+x^2+1$$

显然,多项式加法与以字节为单位的比特异或结果是一致的。

性质 11-2 在 GF(2^8)上的乘法(用符号"·"表示)定义为二进制多项式的乘积以 8 次不可约多项式 $m(x)=x^8+x^4+x^3+x+1$ 为模约减的结果。

例如:

$$(x^6+x^3+x+1)\cdot(x^6+x^4+1)$$
$$\equiv(x^{12}+x^{10}+x^9+x^5+x^4+x^3+x+1)\bmod m(x)$$
$$\equiv x^7+x^6+x^3+x$$

用比特串表示即为 $4B\cdot 51=CA$。

2. 系数在 GF(2^8)域上的多项式运算——字运算

Rijndael 的另一个基本运算就是字运算,字的大小是 32 bit。

定义 11-2 Rijndael 中 32 bit 的字表示为系数在 GF(2^8)上的次数小于 4 的多项式 $W=a_3x^3+a_2x^2+a_1x+a_0,a_j\in$GF($2^8$),$j=0,1,2,3$。

性质 11-3 字在 GF(2^8)上的加法运算定义为对应多项式在 GF(2^8)[x]中的加法。由于 GF(2^8)上的加法是按位模 2 加,所以两个 4 字节的加法就是按位模 2 加。

性质 11-4 令 $a(x)=a_3x^3+a_2x^2+a_1x+a_0$ 和 $b(x)=b_3x^3+b_2x^2+b_1x+b_0$ 为 GF(2^8)上两个多项式(两个 32 bit 的字),两者关于模(x^4+1)的乘积为:

$$c(x)=a(x)\oplus b(x)=c_3x^3+c_2x^2+c_1x+c_0$$

其中系数由下面 4 个公式得到:

$$c_0=a_0\cdot b_0\oplus a_3\cdot b_1\oplus a_2\cdot b_2\oplus a_1\cdot b_3$$
$$c_1=a_1\cdot b_0\oplus a_0\cdot b_1\oplus a_3\cdot b_2\oplus a_2\cdot b_3$$
$$c_2=a_2\cdot b_0\oplus a_1\cdot b_1\oplus a_0\cdot b_2\oplus a_3\cdot b_3$$
$$c_3=a_3\cdot b_0\oplus a_2\cdot b_1\oplus a_1\cdot b_2\oplus a_0\cdot b_3$$

这里的乘法是 $GF(2^8)$ 上的乘法。

很显然，一个固定多项式 $a(x)$ 与多项式 $b(x)$ 相乘得到 $c(x)$ 可以用矩阵乘法表述：

$$\begin{bmatrix} c_0 \\ c_1 \\ c_2 \\ c_3 \end{bmatrix} = \begin{bmatrix} a_0 & a_3 & a_2 & a_1 \\ a_1 & a_0 & a_3 & a_2 \\ a_2 & a_1 & a_0 & a_3 \\ a_3 & a_2 & a_1 & a_0 \end{bmatrix} \cdot \begin{bmatrix} b_0 \\ b_1 \\ b_2 \\ b_3 \end{bmatrix}$$

其中的矩阵是一个循环矩阵。应当注意，$M(x) = x^4 + 1$ 不是 $GF(2^8)$ 上的既约多项式（也不是 $GF(2)$ 上的既约多项式），因为 $x^4 + 1 = (x+1)^4$。在 Rijndael 密码算法中，乘法算法只限于乘以一个固定的在模 $M(x)$ 下有逆元的多项式：

$$b_3 x^3 + b_2 x^2 + b_1 x + b_0 = \{03\} x^3 + \{01\} x^2 + \{01\} x + \{02\}$$

从而保证乘法的可逆性。

11.2.2　Rijndael 算法描述

1. 状态、种子密钥和迭代轮数

Rijndael 是迭代分组密码。其算法的明文分组长度有 3 个可选值，分别是 128,192 和 256 bit。产生的密文没有数据扩展，其密钥长度也是有 128,192 和 256 bit 3 个可选值。明文及中间处理结果（迭代各轮的输入、输出）都称为状态，且被表示成 4 行的矩阵，其列数 N_b 是明文分组长度的 $1/32$,矩阵的每个元素是一个字节，并看成是 $GF(2^8)$ 上的一个元素。把一个明文分组写成矩阵时，按先列后行的规则写入，行标和列标都从 0 开始编号，如表 11-1 所示。算法中使用的种子密钥被表示成与状态同样大小的矩阵。种子密钥被表示成 4 行 N_k 列的矩阵，N_k 等于密钥长度的 $1/32$,如表 11-2 所示。迭代轮数 N_r 与 N_b 和 N_k 有关，它们之间的关系如表 11-3 所示。

表 11-1　$N_b = 6$ 状态分配

$a_{0,0}$	$a_{0,1}$	$a_{0,2}$	$a_{0,3}$	$a_{0,4}$	$a_{0,5}$
$a_{1,0}$	$a_{1,1}$	$a_{1,2}$	$a_{1,3}$	$a_{1,4}$	$a_{1,5}$
$a_{2,0}$	$a_{2,1}$	$a_{2,2}$	$a_{2,3}$	$a_{2,4}$	$a_{2,5}$
$a_{3,0}$	$a_{3,1}$	$a_{3,2}$	$a_{3,3}$	$a_{3,4}$	$a_{3,5}$

表 11-2　$N_k = 4$ 密钥表示

$k_{1,0}$	$k_{1,1}$	$k_{1,2}$	$k_{1,3}$
$k_{2,0}$	$k_{2,1}$	$k_{2,2}$	$k_{2,3}$
$k_{3,0}$	$k_{3,1}$	$k_{3,2}$	$k_{3,3}$

表 11-3　N_r 与 N_b 和 N_k 的关系

N_r	$N_b=4$	$N_b=6$	$N_b=8$
$N_b=4$	10	12	14
$N_b=6$	12	12	14
$N_b=8$	14	14	14

2. Rijndael 算法原理

Rijndael 密码算法设计的出发点强调 3 个准则:(1)可抗所有已知攻击;(2)适应多个平台快速运算和紧凑编码;(3)设计力求简单。围绕这种设计思想,Rijndael 算法突出一个可变的数据块长度和可变的密钥长度,而且迭代轮数与分组长度和密钥长度有关。

Rijndael 的加解密原理框图如图 11-1 所示。框图左边为加密算法结构,右边为加密算法的一轮,整个算法由 10 轮组成(取 $N_k=4$),加、解密过程满足可逆性。每轮有 4 个不同部件:字节替换(SubBytes)、行移位(ShiftRows)、列混合(MixColumns)和轮密钥加(AddRoundKey),最后一轮略有不同,没有列混合。

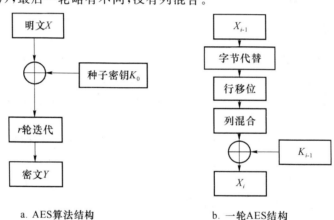

a. AES算法结构　　　　b. 一轮AES结构

图 11-1　AES 加密算法原理框图

设 AES 加密时输入的一个明文分组为 $x=x_0 x_1 x_2 \cdots x_{127}$,其中 $x_i \in \mathrm{GF}(2)$。

将 x 划分为 16 个字节:$a_0, a_1, a_2, \cdots, a_{15}$。设对 x 加、解密产生的输出 $y=y_0 y_1 y_2 \cdots y_{127}$,其中 $y_i \in \mathrm{GF}(2)$,$0 \leqslant i \leqslant 127$ 也将 y 划分为 16 个字节:$b_0, b_1, \cdots, b_{15}$。

加密时先将 $a_0, a_1, a_2, \cdots, a_{15}$ 复制到状态数组,经过一系列变换处理,将最后的状态数组复制到 $b_0, b_1, \cdots, b_{15}$,以比特串输出得到密文。操作过程如图 11-2 所示:

$$\begin{bmatrix} a_0 & a_4 & a_8 & a_{12} \\ a_1 & a_5 & a_9 & a_{13} \\ a_2 & a_6 & a_{10} & a_{14} \\ a_3 & a_7 & a_{11} & a_{15} \end{bmatrix} \Rightarrow \begin{bmatrix} S_{0,0} & S_{0,1} & S_{0,2} & S_{0,3} \\ S_{1,0} & S_{1,1} & S_{1,2} & S_{1,3} \\ S_{2,0} & S_{2,1} & S_{2,2} & S_{2,3} \\ S_{3,0} & S_{3,1} & S_{3,2} & S_{3,3} \end{bmatrix} \Rightarrow \begin{bmatrix} b_0 & b_4 & b_8 & b_{12} \\ b_1 & b_5 & b_9 & b_{13} \\ b_2 & b_6 & b_{10} & b_{14} \\ b_3 & b_7 & b_{11} & b_{15} \end{bmatrix}$$

输入数据　　　　　中间结果（状态）　　　　输出数据

图 11-2　输入与输出的状态数组映射

加密的步骤如下：

（1）初始变换——轮密钥加（AddRoundKey）。明文状态数组与第 1 个轮密钥进行加法运算。轮密钥被表示成与明文状态同样大小的矩阵，由种子密钥通过密钥扩展算法产生；

（2）完全相同的（N_r-1）轮迭代。每轮依次执行字节替换、行移位、列混合和轮密钥加。每一轮以上一轮的输出为输入；

（3）结尾轮变换。与前面各轮稍有不同，依次执行字节替换、行移位和轮密钥加，取消了列混合。执行完结尾轮后的状态按先列后行输出就是密文 y。

加密算法用 VC 代码表示如下：

```
Rijndael ( State,Cipherkey )
        { Key Expansion(Cipherkey, ExpandedKey);
          AddRoundKey(State, ExpandedKey);
          for(i = 1;i<Nr;i + + )Round(State,ExpandedKey + Nb * i);
          FinalRound(State,ExpandedKey + Nb * Nr);
        }
```

解密算法与加密算法略有不同，除了轮密钥加不变外，其余环节如字节替换、行移位、列混合运算都要求逆变换，即变成逆字节替换（InvByteSub）、逆行移位（InvShiftRow）、逆列混合（InvMixColumn）。

11.2.3　加密轮变换

AES 的加密轮变换主要由 4 个不同的变换模块所组成，分别为字节替换、行移位、列混淆和轮密钥加。用 VC 代码可简单地写成：

```
Round ( State,RoundKey)
    { ByteSub(State);
      ShiftRow(State);
      MixColumn(State);
      AddRoundKey(State,RoundKey);
    }
```

加密算法的最后一轮变换稍有不同，将列混合这一步去掉，定义如下：

```
FinalRound ( State,RoundKey)
        { ByteSub(State);
          ShiftRow(State);
          AddRoundKey(State,RoundKey);
        }
```

以上 VC 代码记法中,"函数"(Round,FinalRound,ByteSub,ShiftRow,MixColumn,AddRoundKey)等均在指针(State,RoundKey)所指向的阵列数组中进行运算。

1. 字节替换——ByteSub

字节替换 ByteSub() 是一个关于字节的非线性变换,其数学结构如下:

(1) 首先将字节 $b_7 b_6 b_5 b_4 b_3 b_2 b_1 b_0$ 看做域 $GF(2^8)$ 上的元素 $b_7 x^7 + b_6 x^6 + b_5 x^5 + b_4 x^4 + b_3 x^3 + b_2 x^2 + b_1 x + b_0$,并在 $GF(2^8)$ 上求其乘法逆元,把"00"对应到它本身,即对于 $\alpha \in GF(2^8)$,求 $\beta \in GF(2^8)$,使得:

$$\alpha \cdot \beta = \beta \cdot \alpha \equiv 1 \quad \mathrm{mod}\ (x^8 + x^4 + x^3 + x + 1)$$

(2) 经(1)处理后得到的字节 $x_7 x_6 x_5 x_4 x_3 x_2 x_1 x_0$ 在 $GF(2)$ 上进行如下仿射变换:

$$
\begin{bmatrix} y_0 \\ y_1 \\ y_2 \\ y_3 \\ y_4 \\ y_5 \\ y_6 \\ y_7 \end{bmatrix}
=
\begin{bmatrix}
1 & 0 & 0 & 0 & 1 & 1 & 1 & 1 \\
1 & 1 & 0 & 0 & 0 & 1 & 1 & 1 \\
1 & 1 & 1 & 0 & 0 & 0 & 1 & 1 \\
1 & 1 & 1 & 1 & 0 & 0 & 0 & 1 \\
1 & 1 & 1 & 1 & 1 & 0 & 0 & 0 \\
0 & 1 & 1 & 1 & 1 & 1 & 0 & 0 \\
0 & 0 & 1 & 1 & 1 & 1 & 1 & 0 \\
0 & 0 & 0 & 1 & 1 & 1 & 1 & 1
\end{bmatrix}
\cdot
\begin{bmatrix} x_0 \\ x_1 \\ x_2 \\ x_3 \\ x_4 \\ x_5 \\ x_6 \\ x_7 \end{bmatrix}
+
\begin{bmatrix} 1 \\ 1 \\ 0 \\ 0 \\ 0 \\ 1 \\ 1 \\ 0 \end{bmatrix}
$$

上述两个子变换的合成,采用 8 比特输入/8 比特输出的 S 盒实现。如图 11-3 所示。

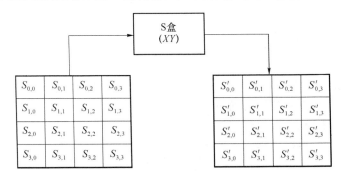

图 11-3　ByteSub()实现非线性变换示意图

例如,对于字节 $(CB)_{16} = (11001011)_2$ 的替换结果,可先求出其在 $GF(2^8)$ 上的逆 $(04)_{16} = (00000100)_2$〔$GF(2^8)$ 域上求逆方法有多项式求解法和查表法等〕。然后再按上述仿射变换,求出最终的替换结果 $00011111 = 1F$。把所有字节及其替换的结果列成一张表——S 盒替换表,如表 11-4 所示。具体实现时可通过查表获取任何字节的替换结果。如对上面例子中的字节 CB,查找其字节替换的结果时,找 S 盒替换表中第 C 行第 B 列交叉处的值 1F 即可,也就是说 CB 经字节替换后变为 1F。

2. 行移位变换——ShiftRow

行移位(ShiftRow)是将状态阵列的各行进行循环移位,不同状态行的移位量不同,具体示意图如图 11-4 所示。第 0 行不移动,第 1 行循环左移 C_1 个字节,第 2 行循环左移 C_2 个字节,第 3 行循环左移 C_3 个字节。移位量(C_1,C_2,C_3)的选取与 N_b 有关,当 $N_b=4$ 或 6 时一般取(C_1,C_2,C_3)=$(1,2,3)$。

表 11-4　AES 加密算法的 S 盒替换表(字节 xy 为十六进制)

		0	1	2	3	4	5	6	7	8	9	A	B	C	D	E	F
									y								
	0	63	7C	77	7B	F2	6B	6F	C5	30	01	67	2B	FE	D7	AB	76
	1	CA	82	C9	7D	FA	59	47	F0	AD	D4	A2	AF	9C	A4	72	C0
	2	B7	FD	93	26	36	3F	F7	CC	34	A5	E5	F1	71	D8	31	15
	3	04	C7	23	C3	18	96	05	9A	07	12	80	E2	EB	27	B2	75
	4	09	83	2C	1A	1B	6E	5A	A0	52	3B	D6	B3	29	E3	2F	84
	5	53	D1	00	ED	20	FC	B1	5B	6A	CB	BE	39	4A	4C	58	CF
	6	D0	EF	AA	FB	43	4D	33	85	45	F9	02	7F	50	3C	9F	A8
x	7	51	A3	40	8F	92	9D	38	F5	BC	B6	DA	21	10	FF	F3	D2
	8	CD	0C	13	EC	5F	97	44	17	C4	A7	7E	3D	64	5D	19	73
	9	60	81	4F	DC	22	2A	90	88	46	EE	B8	14	DE	5E	0B	DB
	A	E0	32	3A	0A	49	06	24	5C	C2	D3	AC	62	91	95	E4	79
	B	E7	C8	37	6D	8D	D5	4E	A9	6C	56	F4	EA	65	7A	AE	08
	C	BA	78	25	2E	1C	A6	B4	C6	E8	DD	74	1F	4B	BD	8B	8A
	D	70	3E	B5	66	48	03	F6	0E	61	35	57	B9	86	C1	1D	9E
	E	E1	F8	98	11	69	D9	8E	94	9B	1E	87	E9	CE	55	28	DF
	F	8C	A1	89	0D	BF	E6	42	68	41	99	2D	0F	B0	54	BB	16

$$\begin{bmatrix} S_{0,0} & S_{0,1} & S_{0,2} & S_{0,3} \\ S_{1,0} & S_{1,1} & S_{1,2} & S_{1,3} \\ S_{2,0} & S_{2,1} & S_{2,2} & S_{2,3} \\ S_{3,0} & S_{3,1} & S_{3,2} & S_{3,3} \end{bmatrix} \xrightarrow{\text{ShiftRow ( )}} \begin{bmatrix} S'_{0,0} & S'_{0,1} & S'_{0,2} & S'_{0,3} \\ S'_{1,0} & S'_{1,1} & S'_{1,2} & S'_{1,3} \\ S'_{2,0} & S'_{2,1} & S'_{2,2} & S'_{2,3} \\ S'_{3,0} & S'_{3,1} & S'_{3,2} & S'_{3,3} \end{bmatrix}$$

图 11-4　循环移位(ShiftRow)操作($N_b=4$)

3. 列混合变换——MixColumn

列混合(MixColumn)是将状态阵列的每个列视为系数,在 $GF(2^8)$ 上且次数小于 4 的多项式,再与同一个固定的多项式 $c(x)$ 进行模(x^4+1)乘法运算。当然要求 $c(x)$ 是模 (x^4+1)可逆的多项式,否则列混合变换就是不可逆的,会导致不同的明文分组对应于相同的密文分组。Rijndael 的设计者所给出的 $c(x)$ 为(系数用十六进制数表示):$c(x)=$ $\{03\}x^3+\{01\}x^2+\{01\}x+\{02\}$。$c(x)$ 是与(x^4+1)互素的,因此是模(x^4+1)可逆的。

由前面的讨论可知,列混合运算可表示为 $GF(2^8)$ 上的可逆线性变换:

$$\begin{bmatrix} b_0 \\ b_1 \\ b_2 \\ b_3 \end{bmatrix} = \begin{bmatrix} 02 & 03 & 01 & 01 \\ 01 & 02 & 03 & 01 \\ 01 & 01 & 02 & 03 \\ 03 & 01 & 01 & 02 \end{bmatrix} \cdot \begin{bmatrix} a_0 \\ a_1 \\ a_2 \\ a_3 \end{bmatrix}$$

这个运算需要做 $GF(2^8)$ 上的乘法,但由于所乘的因子是 3 个固定的元素 02,03,01,所以这些乘法运算仍然是比较简单的(注意到乘法运算所使用的模多项式为 $m(x) = x^8 + x^4 + x^3 + x + 1$。

设一个字节为 $b_7 b_6 b_5 b_4 b_3 b_2 b_1 b_0$,则

$$b_7 b_6 b_5 b_4 b_3 b_2 b_1 b_0 \times \{01\} = b_7 b_6 b_5 b_4 b_3 b_2 b_1 b_0$$

$$b_7 b_6 b_5 b_4 b_3 b_2 b_1 b_0 \times \{02\} = b_6 b_5 b_4 b_3 b_2 b_1 b_0 0 + 000 b_7 b_7 0 b_7 b_7$$

$$b_7 b_6 b_5 b_4 b_3 b_2 b_1 b_0 \times \{03\} = b_7 b_6 b_5 b_4 b_3 b_2 b_1 b_0 \times \{01\} + b_7 b_6 b_5 b_4 b_3 b_2 b_1 b_0 \times \{02\}$$

图 11-5 给出了列混合变换的示意图。

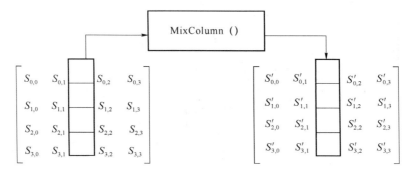

图 11-5 列混合变换示意图

4. 轮密钥加变换——AddRoundKey

在轮密钥加变换中,轮密钥阵列简单地与状态阵列做矩阵加法运算。当然,轮密钥阵列与状态阵列是大小相同的矩阵。做矩阵加法时,是在 $GF(2^8)$ 进行运算。也就是说,两个字节相加是进行逐比特异或。轮密钥阵列由密钥扩展算法得到。

具体操作过程如图 11-6 所示。

$$\begin{bmatrix} S_{0,0} & S_{0,1} & S_{0,2} & S_{0,3} \\ S_{1,0} & S_{1,1} & S_{1,2} & S_{1,3} \\ S_{2,0} & S_{2,1} & S_{2,2} & S_{2,3} \\ S_{3,0} & S_{3,1} & S_{3,2} & S_{3,3} \end{bmatrix} \xrightarrow{\text{AddRoundKey}} \begin{bmatrix} S'_{0,0} & S'_{0,1} & S'_{0,2} & S'_{0,3} \\ S'_{1,0} & S'_{1,1} & S'_{1,2} & S'_{1,3} \\ S'_{2,0} & S'_{2,1} & S'_{2,2} & S'_{2,3} \\ S'_{3,0} & S'_{3,1} & S'_{3,2} & S'_{3,3} \end{bmatrix}$$

图 11-6 轮密钥加变换示意图

若记轮密钥阵列为 $\boldsymbol{K} = (k_{ij})$,则 $S'_{ij} = S_{ij} \oplus k_{ij}$,$0 \leqslant i, j \leqslant 3$。

11.2.4 密钥扩展

密钥扩展是 AES 密码算法的一个重要组成部分。它要通过种子密钥产生整个加、解密过程使用的长度为 $4N_b(N_r+1)$ 字节〔$32N_b(N_r+1)$bit〕的加密密钥(也叫密码密钥)。加密密钥看成一个有 $N_b*(N_r+1)$ 个元素的数组,每个元素是一个 4 字节的字。密钥扩展原理如图 11-7 所示。

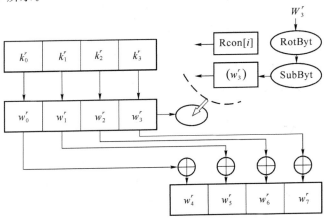

图 11-7　AES 密钥扩展示意图

RotByte(w) 返回值是输入字 w(4 字节)的 1 字节左移的循环移位的结果,即当输入字 $w=(a_0,a_1,a_2,a_3)$ 时,输出字 RotByte(w)的值为(a_1,a_2,a_3,a_0)。

Rcon$[i]=($RC$[i],00,00,00)$ 为异或轮常数的数组,其值为:

RC$[1]=1$,即 01;

RC$[i]=x\cdot($RC$[i-1])=x^{(i-1)}$,$i\geq2$。

字节用十六进制表示,同时理解为 GF(2^8)上的元素。$x^{(i-1)}$ 为 GF(2^8)域中的多项式 x 的$(i-1)$次方所对应的字节。考虑 x 对应字节为 02,上式也可以写为:

$$\text{Rcon}[i]=(02^{(i-1)},00,00,00)$$

应当提及的是,轮常数与 N_k 无关。

RC$[i]$ 与 Rcon$[i]$ 的关系如表 11-5 所示。

表 11-5　RC$[i]$ 与 Rcon$[i]$ 的对应关系

i	1	2	3	4	5
RC$[i]$	01	02	04	08	10
Rcon$[i]$	01000000	02000000	04000000	08000000	10000000
i	6	7	8	9	10
RC$[i]$	20	40	80	1b	36
Rcon$[i]$	20000000	40000000	80000000	1b000000	36000000

r 为对应的轮数, $0 \leqslant r \leqslant N_r$。在加密过程中,第 r 次调用 AddRoundKey(w)时使用的轮密钥由扩展密钥的第 $4r,(4r+1),(4r+2),(4r+3)$ 个字组成。每个字一列构成种子密钥阵列。整个密钥扩展主要使用下列变换来完成:1 字节的循环移位 RotByte→经 S 盒变换 SubByte→异或轮常数 Rcon[i]。

实际上,种子密钥包含在开始的 N_k 个字中,其他的字由它前面的字经过处理后得到。另外,种子密钥字输出的计算方法是:

$$W_i = \begin{cases} W_{i-N_k} \oplus temp, & i \bmod N_k = 0 \\ W_{i-N_k} \oplus W_{i-1}, & i \bmod N_k \neq 0 \end{cases}$$

其中, $N_k =$ 密钥长度$/32 = 4$(种子密钥长度为 128 bit)。

$temp = ByteSub[RotByte(W_{i-1})] \oplus Rcon[i] = (W_3^r)'$

$Rcon[i] = (RC[i], 00, 00, 00)$

密钥扩展算法有 $N_k \leqslant 6$ 和 $N_k > 6$ 两种版本。

1. $N_k \leqslant 6$ 的扩展算法

```
KeyExpansion ( Byte Key[4 * N_k] word W[N_b * (N_r + 1)])
          { for ( i = 0 ; i < N_k ; i ++ )
              W[i] = (Key[4 * i],Key[4 * i + 1],Key[4 * i + 2],Key[4 * i + 3]);
          for ( i = N_k ; i < N_b * (N_r + 1) ; i ++ )
            { temp = W[i - 1];
              if( i mod N_k = 0)
                  temp = SubByte(RotByte(temp))^Rcon[i/N_k];
              W[i] = W[i - N_k]^temp;
            }
          }
```

其中,符号^为异或 XOR。该过程本身说明,函数 SubByte(w)的输出字的每一个字节都取决于 S 盒变换作用的结果,输入一个 4 字节的字由 S 盒变换后输出一个 4 字节的字。

2. $N_k > 6$ 的扩展算法

```
KeyExpansion ( Byte Key[4 * N_k] word W[N_b * (N_r + 1)])
          { for ( i = 0 ; i < N_k ; i ++ )
              W[i] = (Key[4 * i],Key[4 * i + 1],Key[4 * i + 2],Key[4 * i + 3]);
          for ( i = N_k ; i < N_b * (N_r + 1) ; i ++ )
            { temp = W[i - 1];
              if( i % N_k = 0)
                temp = SubByte(RotByte(temp))^Rcon[i/N_k];
              else if( i % N_k = 4)
                temp = SubByte(temp);
```

$$W[i] = W[i - N_k]\hat{}\,temp;$$
$$\}$$
$$\}$$

$N_k > 6$ 密钥扩展算法所不同的是：当 i 为 4 的倍数时，应将前一个字 $W[i-1]$ 经过 SubByte 变换后再参与运算。

11.2.5　AES 解密算法

AES 解密算法是加密算法的逆变换，其结构类似于加密算法结构。

1. 字节替换的逆变换——逆字节替换 InvByteSub

InvByteSub 变换是字节替换 ByteSub 的逆变换，同样使用查表——逆 S 盒来实现。在构造上，它需要依次执行两个步骤，一是先对 1 个字节作仿射变换，该仿射变换是字节替换中的仿射变换的逆变换；二是把 1 个字节看做 $GF(2^8)$ 中的元素求其乘法逆，把全零字节 00 映射到它自己。AES 的逆 S 盒如表 11-6 所示。查表方法与字节替换中逆 S 盒相同。如当逆 S 盒的输入为 $7a$ 时，输出为逆 S 盒中第 7 行第 a 列的字节 bd。

表 11-6　AES 解密算法的逆 S 盒（十六进制）

		\multicolumn{16}{c}{y}
		0	1	2	3	4	5	6	7	8	9	a	b	c	d	e	f
x	0	52	09	6a	d5	30	36	a5	38	bf	40	a3	9e	81	f3	d7	fb
	1	7c	e3	39	82	9b	2f	ff	87	34	8e	43	44	c4	de	e9	cb
	2	54	7b	94	32	a6	c2	23	3d	ee	4c	95	0b	42	fa	c3	4e
	3	08	2e	a1	66	28	d9	24	b2	76	5b	a2	49	6d	8b	d1	25
	4	72	f8	f6	64	86	68	98	16	d4	a4	5c	cc	5d	65	b6	92
	5	6c	70	48	50	fd	ed	b9	da	5e	15	46	57	a7	8d	9d	84
	6	90	d8	ab	00	8c	bc	d3	0a	f7	e4	58	05	b8	b3	45	06
	7	d0	2c	1e	8f	ca	3f	0f	02	c1	af	bd	03	01	13	8a	6b
	8	3a	91	11	41	4f	67	dc	ea	97	f2	cf	ce	f0	b4	e6	73
	9	96	ac	74	22	e7	ad	35	85	e2	f9	37	e8	1c	75	df	6e
	a	47	f1	1a	71	1d	29	c5	89	6f	b7	62	0e	aa	18	be	1b
	b	fc	56	3e	4b	c6	d2	79	20	9a	db	c0	fe	78	cd	5a	f4
	c	1f	dd	a8	33	88	07	c7	31	b1	12	10	59	27	80	ec	5f
	d	60	51	7f	a9	19	b5	4a	0d	2d	e5	7a	9f	93	c9	9c	ef
	e	a0	e0	3b	4d	ae	2a	f5	b0	c8	eb	bb	3c	83	53	99	61
	f	17	2b	04	7e	ba	77	d6	26	e1	69	14	63	55	21	0c	7d

2. 行移位的逆变换——逆行移位 InvShiftRow

逆行移位 InvShiftRow 是行移位 ShiftRow 的逆变换，即对状态的各行进行一定量的循环移位。

第 0 行不移位(循环移位 0 字节);

第 1 行循环右移 C_1 字节;

第 2 行循环右移 C_2 字节;

第 3 行循环右移 C_3 字节。

当 $N_b = 4$ 或 6 时,取 $(C_1, C_2, C_3) = (1, 2, 3)$。

3. 列混合的逆变换——逆列混合 InvMixColumn

InvMixColumn 是列混合变换 MixColumn 的逆变换,对状态矩阵的各列作一次线性变换。把每一列都当做系数在 $GF(2^8)$ 上的次数小于 4 的多项式。类似于列混合变换,逆列混合变换是把状态矩阵的各列与多项式 $C(x)$ 的逆 $C^{-1}(x)$ 进行模 $(x^4 + 1)$ 乘法。其中:

$$C^{-1}(x) = \{0b\}x^3 + \{0d\}x^2 + \{0e\}$$

设状态的一列为 $S_j(x) = S_{0j}x^3 + S_{1j}x^2 + S_{2j}x + S_{3j}, 0 \leqslant j \leqslant N_b$,则逆列混合变换可用如下矩阵形式描述:

$$\begin{bmatrix} S'_{0j} \\ S'_{1j} \\ S'_{2j} \\ S'_{3j} \end{bmatrix} = \begin{bmatrix} 0e & 0b & 0d & 09 \\ 09 & 0e & 0b & 0d \\ 0d & 09 & 0e & 0b \\ 0b & 0d & 09 & 0e \end{bmatrix} \cdot \begin{bmatrix} S_{0j} \\ S_{1j} \\ S_{2j} \\ S_{3j} \end{bmatrix}, \quad 0 \leqslant j \leqslant N_b$$

其中,$S'_j(x) = S'_{0j}x^3 + S'_{1j}x^2 + S'_{2j}x + S'_{3j}$ 是 $S_j(x)$ 经过逆列混合变换的结果。因此有:

$$S'_{0j} = \{0e\} \cdot S_{0j} \oplus \{0b\} \cdot S_{1j} \oplus \{0d\} \cdot S_{2j} \oplus \{09\} \cdot S_{3j}$$
$$S'_{1j} = \{09\} \cdot S_{0j} \oplus \{0e\} \cdot S_{1j} \oplus \{0b\} \cdot S_{2j} \oplus \{0d\} \cdot S_{3j}$$
$$S'_{2j} = \{bd\} \cdot S_{0j} \oplus \{09\} \cdot S_{1j} \oplus \{0e\} \cdot S_{2j} \oplus \{0b\} \cdot S_{3j}$$
$$S'_{3j} = \{0b\} \cdot S_{0j} \oplus \{0d\} \cdot S_{1j} \oplus \{09\} \cdot S_{2j} \oplus \{0e\} \cdot S_{3j}$$

4. 轮密钥加的逆变换——AddRoundKey

轮密钥加的逆变换还是它自己。

可以证明,在解密算法的一轮中,逆行移位与逆字节替换是可交换次序的,逆列混合与密钥加也是可以交换次序的,这样解密算法的一轮与加密算法的一轮有类似的结构,亦即依次进行逆字节替换、逆行移位、逆列混合和密钥加。把解密变换的一轮称为逆轮变换,可描述如下:

```
InvRound (State,RoundKey)
        {InvByteSub(State);
         InvShiftRow(State);
         InvMixColumn(State);
         AddRoundkey(State,RoundKey);
        }
```

最后一轮的逆变换为：

InvFinalRound(State,RoundKey)

        {InvByteSub(State);

        InvShiftRow(State);

        AddRoundkey(State,RoundKey);

        }

5. 解密算法

与加密算法类似，AES密码的解密算法要依次完成：初始密钥加、(N_r-1)轮迭代（逆轮变换）、结尾轮逆变换操作。整个解密算法用伪码表示如下：

InvRijndael(State,CipherKey)

        {InvKey Expansion(CipherKey,InvExpandedKey);

        AddRoundKey(State,InvExpandedKey + $N_b * i$);

        for(i = 1;i<N_r;i++)

        InvRound(State,InvExpandedKey + $N_b * i$);

        InvFinalRound(State,InvExpandedKey);

        }

其中，解密算法的密钥扩展主要完成：

（1）加密算法的密钥扩展；

（2）把 InvMixColumn 应用到除第 1 和最后 1 轮外的所有轮密钥上。

11.2.6　AES算法举例

设明文分组长度和密钥长度均为 128 bit，则 $N_b = N_k = 4, N_r = 10$。已知用十六进制表示的输入信息和种子密钥信息分别如下：

$$B = 32\ 43\ f6\ ad\ 88\ 5a\ 30\ 8d\ 31\ 31\ 98\ a2\ e0\ 37\ 07\ 34$$

$$K = 2b\ 7e\ 15\ 16\ 28\ ae\ d2\ a6\ ab\ f7\ 15\ 88\ 09\ cf\ 4f\ 3c$$

现在来计算第 1 轮种子密钥阵列和第 1 轮加密结果。

B, K 表示成明文阵列和种子密钥阵列如下：

$$\boldsymbol{B}_0 = \begin{bmatrix} 32 & 88 & 31 & e0 \\ 43 & 5a & 31 & 37 \\ f6 & 30 & 98 & 07 \\ ad & 8d & a2 & 34 \end{bmatrix}$$

$$K_0 = (W_0, W_1, W_2, W_3) = \begin{bmatrix} 2b & 28 & ab & 09 \\ 7e & ae & f7 & ef \\ 15 & d2 & 15 & 4f \\ 16 & a6 & 88 & 3e \end{bmatrix}, \text{其中：} \begin{cases} W_0 = 2b7e1516 \\ W_1 = 28aed2a6 \\ W_2 = abf71588 \\ W_3 = 09cf4f3c \end{cases}$$

1. 计算种子密钥

根据 $W_i (4 \leqslant i \leqslant 7)$ 的计算公式，分别计算出各式，然后计算出 K_1。

$$W_4 = \text{SubByte}(\text{RotByte}(W_3)) \oplus \text{Rcon}[1] \oplus W_0$$
$$= (8a84eb01) \oplus (01000000) \oplus (2b7e1516)$$
$$= a0fafe17$$

$$W_5 = W_1 \oplus W_4 = (28aed2a6) \oplus (a0fafe17) = 88542cb1$$

$$W_6 = W_2 \oplus W_5 = (abf71588) \oplus (88542cb1) = 23a33939$$

$$W_7 = W_3 \oplus W_6 = (09cf4f3c) \oplus (23a33939) = 2a6c7605$$

所以，容易得到第 1 轮种子密钥 K_1 为：

$$K_1 = (W_4, W_5, W_6, W_7) = \begin{bmatrix} a0 & 88 & 23 & 2a \\ fa & 54 & a3 & 6c \\ fe & 2c & 39 & 76 \\ 17 & b1 & 39 & 05 \end{bmatrix}$$

2. 求第 1 轮加密结果

（1）初始轮密钥加

$$B_1 = B_0 \oplus K_0$$

$$= \begin{bmatrix} 32 & 88 & 31 & e0 \\ 43 & 5a & 31 & 37 \\ f6 & 30 & 98 & 07 \\ ad & 8d & a2 & 34 \end{bmatrix} \oplus \begin{bmatrix} a0 & 88 & 23 & 2a \\ fa & 54 & a3 & 6c \\ fe & 2c & 39 & 76 \\ 17 & b1 & 39 & 05 \end{bmatrix} = \begin{bmatrix} 19 & a0 & 9a & e9 \\ 3d & f4 & c6 & f8 \\ e3 & e2 & 8d & 48 \\ be & 2b & 2a & 08 \end{bmatrix}$$

（2）B_1 经字节变换、行移位和列混合运算，最后得到 B_1'

$$B_1' = \left(\begin{bmatrix} d4 & e0 & b8 & 1e \\ 27 & bf & b4 & 41 \\ 11 & 98 & 5d & 52 \\ ae & f1 & e5 & 30 \end{bmatrix} \Rightarrow \begin{bmatrix} d4 & e0 & b8 & 1e \\ bf & b4 & 41 & 27 \\ 5d & 52 & 11 & 98 \\ 30 & ae & f1 & e5 \end{bmatrix} \Rightarrow \begin{bmatrix} 04 & e0 & 48 & 28 \\ 66 & cb & f8 & 06 \\ 81 & 19 & d3 & 26 \\ e5 & 9a & 7a & 4c \end{bmatrix} \right)$$

$$\underbrace{\qquad\qquad}_{\text{字节变换}} \qquad \underbrace{\qquad\qquad}_{\text{行移位}} \qquad \underbrace{\qquad\qquad}_{\text{列混合}}$$

（3）第 1 轮加密结果

$$C_1 = B_2 = B_1'(\text{列混合}) \oplus K_1$$

$$= \begin{bmatrix} 04 & e0 & 48 & 28 \\ 66 & cb & f8 & 06 \\ 81 & 19 & d3 & 26 \\ e5 & 9a & 7a & 4c \end{bmatrix} \oplus \begin{bmatrix} a0 & 88 & 23 & 2a \\ fa & 54 & a3 & 6c \\ fe & 2c & 39 & 76 \\ 17 & b1 & 39 & 05 \end{bmatrix} = \begin{bmatrix} a4 & 68 & 6b & 02 \\ 9c & 9f & 5b & 6a \\ 7f & 35 & ea & 50 \\ f2 & 2b & 43 & 49 \end{bmatrix}$$

其他各轮的加密结果可以依照上述方法计算。经 10 轮加密,最后得到密文:

$$C_{10} = 3925841d02dc09fbdc118597196a0b32$$

11.2.7 AES 安全性分析

尽管 Rijndael 算法的安全性仍在深入讨论中,但迄今为止,对 AES 的安全分析普遍认为,该算法具有良好的安全性。归结起来,主要有如下特点。

1. 该算法对密钥的选择没有任何限制,还没有发现弱密钥和半弱密钥的存在;

2. 可抗击穷举密钥的攻击。因为 AES 的密钥长度可变,针对 128/192/256 bit 的密钥,搜索空间约为 $1.7 \times 10^{38} / 3.1 \times 10^{57} / 5.8 \times 10^{76}$;

3. 可抗击线性攻击,经 4 轮变换后,线性分析就无能为力了;

4. 可抗击差分攻击,经 8 轮变换后,差分攻击就无从下手了;

5. 可抗击积分密码分析,即 Square 攻击。因为一个一般的积分均衡子集经过一轮迭代后,就可以使加密结果面目全非。实际上,AES 经过 4 轮迭代后,就可抗击积分密码分析了。

目前,还没有发现对 Rijndael 有威胁的攻击方法。

11.3 Diffie-Hellman 算法

首次发表的公开密钥算法出现在 Diffie 和 Hellman 的论文中,这篇影响深远的论文奠定了公开密钥密码编码学。由于该算法本身限于密钥交换的用途,被许多商用产品用做密钥交换技术,因此该算法通常称之为 Diffie-Hellman 密钥交换。这种密钥交换技术的目的在于使得两个用户安全地交换一个密钥以便用于以后的报文加密。

11.3.1 Diffie-Hellman 算法概述

Diffie-Hellman 密钥交换算法的有效性依赖于计算离散对数的难度。简言之,可以如下定义离散对数:首先定义一个素数 p 的原根,为其各次幂产生从 1 到 $(p-1)$ 的所有整数根。也就是说,如果 a 是素数 p 的一个原根,那么数值

$$a \bmod p, a^2 \bmod p, \cdots, a^{p-1} \bmod p$$

是各不相同的整数,并且以某种排列方式组成了从 1 到 $(p-1)$ 的所有整数。

对于一个整数 b 和素数 p 的一个原根 a,可以找到唯一的指数 i,使得

$$b = a^i \bmod p,\text{其中 } 0 \leqslant i \leqslant (p-1)$$

指数 i 称为 b 的以 a 为基数的模 p 的离散对数或者指数。该值被记为 $\mathrm{ind}_{a,p}(b)$。

基于此背景知识,可以定义 Diffie-Hellman 密钥交换算法。该算法描述如下:

1. 有两个全局的公开参数,一个素数 q 和一个整数 α,α 是 q 的一个原根。

2. 假设用户 A 和 B 希望交换一个密钥,用户 A 选择一个作为私有密钥的随机数 $X_A < q$,并计算公开密钥 $Y_A = \alpha^{X_A} \bmod q$。A 对 X_A 的值保密存放而使 Y_A 能被 B 公开获得。类似地,用户 B 选择一个私有的随机数 $X_B < q$,并计算公开密钥 $Y_B = \alpha^{X_B} \bmod q$。B 对 X_B 的值保密存放而使 Y_B 能被 A 公开获得。

3. 用户 A 产生共享密钥的计算方式是 $K = (Y_B)^{X_A} \bmod q$。同样,用户 B 产生共享密钥的计算方式是 $K = (Y_A)^{X_B} \bmod q$。这两个计算产生相同的结果:

$$K = (Y_B)^{X_A} \bmod q$$
$$= (\alpha^{X_B} \bmod q)^{X_A} \bmod q$$
$$= (\alpha^{X_B})^{X_A} \bmod q \quad (根据取模运算规则得到)$$
$$= \alpha^{X_B X_A} \bmod q$$
$$= (\alpha^{X_A})^{X_B} \bmod q$$
$$= (\alpha^{X_A} \bmod q)^{X_B} \bmod q$$
$$= (Y_A)^{X_B} \bmod q$$

因此,相当于双方已经交换了一个相同的密钥。

4. 因为 X_A 和 X_B 是保密的,一个敌对方可以利用的参数只有 q, α, Y_A 和 Y_B。因而,敌对方被迫取离散对数来确定密钥。例如,要获取用户 B 的密钥,敌对方必须先计算 $X_B = \mathrm{ind}_{a,q}(Y_B)$。然后,再使用用户 B 采用的同样方法计算其密钥 K。

Diffie-Hellman 密钥交换算法的安全性依赖于这样一个事实:虽然计算以一个素数为模的指数相对容易,但计算离散对数却很困难。对于大的素数,计算出离散对数几乎是不可能的。

11.3.2 Diffie-Hellman 算法实例

下面给出例子。密钥交换基于素数 $q = 97$ 和 97 的一个原根 $\alpha = 5$。A 和 B 分别选择私有密钥 $X_A = 36$ 和 $X_B = 58$。每人计算其公开密钥:

$$Y_A = 5^{36} = 50 \bmod 97$$
$$Y_B = 5^{58} = 44 \bmod 97$$

在他们相互获取了公开密钥之后,各自通过计算得到双方共享的密钥如下:

$$K = (Y_B)^{X_A} \bmod 97 = 44^{36} = 75 \bmod 97$$
$$K = (Y_A)^{X_B} \bmod 97 = 50^{58} = 75 \bmod 97$$

从 (50,44) 出发,攻击者要计算出 75 很难。

图 11-8 给出了一个利用 Diffie-Hellman 计算的简单协议。

假设用户 A 希望与用户 B 建立一个连接,并用一个共享的密钥加密在该连接上传输的报文。用户 A 产生一个一次性的私有密钥 X_A，并计算出公开密钥 Y_A 并将其发送给用户 B。用户 B 产生一个私有密钥 X_B，计算出公开密钥 Y_B 并将它发送给用户 A 作为响应。必要的公开数值 q 和 α 都需要提前知道。另一种方法是用户 A 选择 q 和 α 的值，并将这些数值包含在第 1 个报文中。

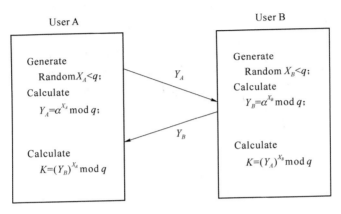

图 11-8　利用 Diffie-Hellman 计算的简单协议图

下面再举一个使用 Diffie-Hellman 算法的例子。假设有一组用户（如一个局域网上的所有用户），每个人都产生一个长期的私有密钥 X_A，并计算一个公开密钥 Y_A。这些公开密钥数值，连同全局公开数值 q 和 α 都存储在某个中央目录中。在任何时刻，用户 B 都可以访问用户 A 的公开数值，计算一个密钥，并使用这个密钥发送一个加密报文给 A。如果中央目录是可信任的，那么这种形式的通信就提供了保密性和一定程度的鉴别功能。因为只有 A 和 B 可以确定这个密钥，其他用户都无法解读报文（保密性）。接收方 A 知道只有用户 B 才能使用此密钥生成这个报文（鉴别）。

Diffie-Hellman 算法具有两个明显的优点：

1．仅当需要时才生成密钥，减小了将密钥存储很长一段时间而致使遭受攻击的机会；

2．除对全局参数的约定外，密钥交换不需要事先存在的基础结构。

然而，该技术也存在许多不足：

1．没有提供双方身份的任何信息；

2．它是计算密集性的，因此容易遭受阻塞性攻击，即对手请求大量的密钥。受攻击者花费了相对多的计算资源来求解无用的幂系数而不是在做真正的工作；

3．没办法防止重演攻击；

4．容易遭受中间人的攻击。第三方 C 在和 A 通信时扮演 B，和 B 通信时扮演 A。A 和 B 都与 C 协商了一个密钥，然后 C 就可以监听和传递通信量。

中间人的攻击按如下进行：

(1) B 在给 A 的报文中发送他的公开密钥；

（2）C 截获并解析该报文。C 将 B 的公开密钥保存下来并给 A 发送报文，该报文具有 B 的用户 ID 但使用 C 的公开密钥 Y_C，仍按照好像是来自 B 的样子被发送出去。A 收到 C 的报文后，将 Y_C 和 B 的用户 ID 存储在一块。类似地，C 使用 Y_C 向 B 发送好像来自 A 的报文；

（3）B 基于私有密钥 X_B 和 Y_C 计算密钥 K_1。A 基于私有密钥 X_A 和 Y_C 计算密钥 K_2。C 使用私有密钥 X_C 和 Y_B 计算 K_1，并使用 X_C 和 Y_A 计算 K_2；

（4）从现在开始，C 就可以转发 A 发给 B 的报文或转发 B 发给 A 的报文，在途中根据需要修改他们的密文，使得 A 和 B 都不知道他们在和 C 共享通信。

Oakley 算法是对 Diffie-Hellman 密钥交换算法的优化，它保留了后者的优点，同时克服了其弱点。

Oakley 算法具有 5 个重要特征：

1. 它采用称为 Cookie 程序的机制来对抗阻塞攻击；

2. 它使得双方能够协商一个全局参数集合；

3. 它使用了现时来保证抵抗重演攻击；

4. 它能够交换 Diffie-Hellman 公开密钥；

5. 它对 Diffie-Hellman 交换进行鉴别以对抗中间人的攻击。

Oakley 可以使用 3 个不同的鉴别方法：

1. 数字签名：通过签署一个相互可以获得的散列代码来对交换进行鉴别，每一方都使用自己的私钥对散列代码加密。散列代码是在一些重要参数上生成的，如用户 ID 和当时时间；

2. 公开密钥加密：通过使用发送者的私钥对诸如 ID 和当时时间等参数进行加密来鉴别交换；

3. 对称密钥加密：通过使用某种共享密钥对交换参数进行对称加密，实现交换的鉴别。

11.4　SA 机制

用户可以根据自己的网络环境及数据加密的需求来合理地选择合适的加密算法。

Internet 工程任务组 IETF 制定的安全关联标准法和密钥交换解决方案——IKE（Internet 密钥交换）负责这些任务，它提供一种方法供两台计算机建立安全关联（SA）。SA 对两台计算机之间的策略协议进行编码，指定它们将使用哪些算法和什么样的密钥长度，以及实际的密钥本身。IKE 主要完成两个作用：

1. 安全关联的集中化管理，减少连接时间；

2. 密钥的生成和管理。

11.4.1　什么是SA

安全关联 SA(Security Association)是单向的,在两个使用 IPSec 的实体(主机或路由器)间建立的逻辑连接,定义了实体间如何使用安全服务(如加密)进行通信。它由 3 个元素组成——安全参数索引 SPI、IP 目的地址和安全协议。

SA 是一个单向的逻辑连接。也就是说,在一次通信中 IPSec 需要建立两个 SA:一个用于入站通信,另一个用于出站通信。若某台主机,如文件服务器或远程访问服务器,需要同时与多台客户机通信,则该服务器需要与每台客户机分别建立不同的 SA。每个 SA 用唯一的 SPI 索引标识,当处理接收数据包时,服务器根据 SPI 值来决定该使用哪个 SA。

11.4.2　第 1 阶段 SA

第 1 阶段 SA 称为主模式 SA,是为建立信道而进行的安全关联。IKE 建立 SA 分两个阶段。第 1 阶段,协商创建一个通信信道(IKE SA),并对该信道进行认证,为双方进一步的 IKE 通信提供机密性、数据完整性及数据源认证服务;第 2 阶段,使用已建立的 IKE SA 建立 IPSec SA。分两个阶段来完成这些服务有助于提高密钥交换的速度。

第 1 阶段协商(主模式协商)步骤如下:

1. 策略协商

在这一步中,将就 4 个强制性参数值进行协商:

(1) 加密算法:选择 DES 或 3DES;

(2) HASH 算法:选择 MD5 或 SHA;

(3) 认证方法:选择证书认证、预置共享密钥认证或 Kerberos v5 认证;

(4) Diffie-Hellman 组的选择。

2. DH 交换

虽然名为"密钥交换",但事实上在任何时候两台通信主机之间都不会交换真正的密钥,它们之间交换的只是一些 DH 算法生成共享密钥所需要的基本材料信息。DH 交换,可以是公开的,也可以受保护。在彼此交换密钥生成"材料"后,两端主机可以各自生成出完全一样的共享"主密钥",保护紧接其后的认证过程。

3. 认证

DH 交换需要得到进一步认证。如果认证不成功,通信将无法继续下去。"主密钥"结合在第 1 步中确定的协商算法,对通信实体和通信信道进行认证。在这一步中,整个待认证的实体载荷,包括实体类型、端口号和协议,均由前一步生成的"主密钥"提供机密性和完整性保证。

11.4.3　第2阶段SA

第2阶段SA称为快速模式SA，是为数据传输而建立的安全关联。这一阶段协商建立IPSec SA，为数据交换提供IPSec服务。第2阶段协商消息受第1阶段SA保护，任何没有第1阶段SA保护的消息将被拒收。

第2阶段协商（快速模式协商）的步骤如下。

1. 策略协商

双方将交换保护需求：

（1）使用哪种IPSec协议：AH或ESP；

（2）使用哪种HASH算法：MD5或SHA；

（3）是否要求加密，若是，选择加密算法：3DES或DES。

在上述3方面达成一致后，将建立起两个SA，分别用于入站和出站通信。

2. 会话密钥"材料"刷新或交换

在这一步中，将生成加密IP数据包的"会话密钥"。生成"会话密钥"所使用的"材料"可以和生成第1阶段SA中"主密钥"的相同，也可以不同。如果不作特殊要求，只需要刷新"材料"后生成新密钥即可。若要求使用不同的"材料"，则在密钥生成之前先进行第2轮的DH交换。

3. 将SA和密钥连同SPI递交给IPSec驱动程序

第2阶段协商过程与第1阶段协商过程类似，不同之处在于：在第2阶段中，如果响应超时，则自动尝试重新进行第1阶段SA协商。

第1阶段SA建立起安全通信信道后保存在高速缓存中，在此基础上可以建立多个第2阶段SA协商，从而提高整个建立SA过程的速度。只要第1阶段SA不超时，就不必重复第1阶段的协商和认证。允许建立的第2阶段SA的个数由IPSec策略属性决定。

11.4.4　SA生命期中的密钥保护

第1阶段SA有一个默认有效时间。如果SA超时，或"主密钥"和"会话密钥"中任何一个生命期时间到，都要向对方发送第1阶段SA删除消息，通知对方第1阶段SA已经过期，之后需要重新进行SA协商。第2阶段SA的有效时间由IPSec驱动程序决定。

1. 密钥生命期

生命期设置决定何时生成新密钥。在一定的时间间隔内重新生成新密钥的过程称为"动态密钥更新"或"密钥重新生成"。密钥生命期设置决定了在特定的时间间隔之后，将强制生成新密钥。例如，假设一次通信需要10^4 s，而我们设定密钥生命期为10^3 s，则在整个数据传输期间将生成 10 个密钥。在一次通信中使用多个密钥保证了即使攻击者截取了单个通信密钥,也不会危及全部通信安全。密钥生命期有一个默认值,但"主密钥"和"会话密钥"生命期都可以通过配置修改。无论是哪种密钥生命期时间到,都要重新进行SA 协商。单个密钥所能处理的最大数据量不允许超过 100 M。

2．会话密钥更新限制

反复地从同一个"主密钥"生成材料去生成新的"会话密钥"很可能会造成密钥泄密。"会话密钥更新限制"功能可以有效地减少泄密的可能性。例如,两台主机建立安全关联后,A 先向 B 发送某条消息,间隔数分钟后再向 B 发送另一条消息。由于新的 SA 刚建立不久,因此两条消息所用的加密密钥很可能是用同一个"材料"生成的。如果想限制某密钥"材料"重用次数,可以设定"会话密钥更新限制"。例如,设定"会话密钥更新限制"为5,意味着同一个"材料"最多只能生成 5 个"会话密钥"。

若启用"主密钥精确转发保密(PFS)",则"会话密钥更新限制"将被忽略,因为 PFS每次都强制使用新"材料"重新生成密钥。将"会话密钥更新限制"设定为 1 和启用 PFS效果是一样的。如果既设定了"主密钥"生命期,又设定了"会话密钥更新限制",那么无论哪个限制条件先满足,都引发新一轮 SA 协商。在默认情况下,IPSec 不设定"会话密钥更新限制"。

3．Diffie-Hellman(DH)组

DH 组决定 DH 交换中密钥生成"材料"的长度。密钥的牢固性部分决定于 DH 组的长度。IKE 共定义了 5 个 DH 组,组 1(低)定义的密钥"材料"长度为 768 位;组 2(中)长度为 1 024 位。密钥"材料"长度越长,所生成的密钥安全度也就越高,越难被破译。

DH 组的选择很重要,因为 DH 组只在第 1 阶段的 SA 协商中确定,第 2 阶段的协商不再重新选择 DH 组,两个阶段使用的是同一个 DH 组,因此该 DH 组的选择将影响所有"会话密钥"的生成。

在协商过程中,对等的实体间应选择同一个 DH 组,即密钥"材料"长度应该相等。若DH 组不匹配,将视为协商失败。

4．精确转发保密(Perfect Forward Secrecy,PFS)

与密钥生命期不同,PFS 决定新密钥的生成方式,而不是新密钥的生成时间。PFS保证无论在哪一阶段,一个密钥只能使用一次,而且生成密钥的"材料"也只能使用一次。某个"材料"在生成了一个密钥后即被弃,绝不用来再生成任何其他密钥。这样可以确保一旦单个密钥泄密,最多只可能影响用该密钥加密的数据,而不会危及整个通信。

PFS 分"主密钥"PFS 和"会话密钥"PFS。启用"主密钥"PFS,IKE 必须对通信实体进行重新认证,即一个 IKE SA 只能创建一个 IPSec SA。对每一次第 2 阶段 SA 的协商,"主密钥"PFS 都要求新的第 1 阶段协商,这将会带来额外的系统开销。因此,使用它要格外小心。

然而,启用"会话密钥"PFS可以不必重新认证,因此对系统资源要求较小。"会话密钥"PFS只要求为新密钥生成进行新的DH交换,即需要发送4个额外消息,但无需重新认证。PFS不属于协商属性,不要求通信双方同时开启PFS。"主密钥"PFS和"会话密钥"PFS均可以各自独立设置。

11.5　本章小结

本章主要讲解了VPN的加、解密技术和相应的加、解密算法,重点介绍了AES、DH、RSA算法的原理及实现,另外对这些算法进行了安全性能评价。通过本章的学习,读者可以基本了解VPN加密所遵循的算法。由于本章的数学功底要求较高,希望读者能够反复研读本章的加密算法,并且阅读密码学相关专著,以便更好地理解加、解密技术在VPN中的应用。

第 12 章

VPN 的密钥管理技术

密钥管理技术是 VPN 的另外一项基础技术,它直接影响了各种加、解密技术在 VPN 中的应用,也直接关系到 VPN 的安全。密钥管理包括密钥的产生、分发、更改及销毁。目前,基于 IPSec 的密钥管理协议主要有 ISAKMP,Oakley,IKE,Photuris,SKEME 和 SKIP 等。在 IPSec 应用系统中,这 5 种协议都是使用 ESP 和 AH 来对 IP 数据包提供安全保护,并都需要专门的密钥管理信息包以建立双方需要的密钥,然后才能进行安全通信。其中,ISAKMP,Oakley,IKE 还需要建立起双方之间的安全关联。它们的优点是能提供较高的安全性,而且在以后的通信过程中不用携带密钥信息。但由于需要专门的密钥管理信息包,在突发事件中应变能力较差,特别是在密钥更新的过程中会带来通信的延迟。本章将着重介绍 ISAKMP,IKE 和 SKIP 3 种比较常用的密钥管理技术。

12.1 ISAKMP

12.1.1 ISAKMP 简介

Internet 安全协商密钥管理协议(ISAKMP)是 IPSec 体系结构中的一种主要协议,它结合加密安全的概念,通过密钥管理和安全连接来建立政府、商家和因特网上的私有通信所需要的安全。

Internet 安全协商密钥管理协议通过定义程序和信息包的格式来建立、协商、修改和删除安全连接(SA)。SA 包括的服务有 IP 层服务、传输层服务、应用层服务及流通传输中的各种网络协议所需要的信息。ISAKMP 定义了交换密钥时所产生的有效载荷和认证数据。这些格式为依靠于密钥产生技术、加密算法和认证机制的传输密钥和认证数据提供了一致的框架。

ISAKMP与密钥交换协议的不同之处是把安全连接管理的详细资料从密钥交换的详细资料中彻底地分离出来。不同的密钥交换协议中的安全模型也是不同的,但是需要一个支持 SA 属性格式、谈判、修改与删除的框架。

ISAKMP 主要是用来支持在所有网络堆栈(如 IPSec,TLS,TLSP,OSPF 等)层上的安全协议的 SA 谈判。ISAKMP 通过集中安全连接管理减少了在每个安全协议中复制函数的数量。

ISAKMP 中,解释域(DOI)用来组合相关协议,通过使用 ISAKMP 协商安全连接。共享 DOI 的安全协议,从公共的命名空间选择安全协议和加密转换方式,并共享密钥交换协议标识。同时,它们还共享一个特定 DOI 的有效载荷数据目录解释,包括安全连接和有效载荷认证。

总之,ISAKMP 关于设置 DOI 需要定义如下几个方面的内容:

1. 特定 DOI 协议标识的命名模式;

2. 位置字段解释;

3. 可应用安全方案设置;

4. 特定 DOI SA 属性语法;

5. 特定 DOI 有效负载目录语法;

6. 必要情况下,附加密钥交换类型;

7. 必要情况下,附加通知信息类型。

12.1.2 ISAKMP 结构

ISAKMP 结构如图 12-1 所示。

8 bit	12 bit	16 bit	24 bit	32 bit
Initiator Cookie				
Responder Cookie				
Next Payload	MjVer	MnVer	Exchange Type	Flags
Message ID				
Length				

图 12-1　ISAKMP 结构

各部分的含义如下:

1. Initiator Cookie　　启动 SA 建立、SA 通知或 SA 删除的实体 Cookie;

2. Responder Cookie　　　响应 SA 建立、SA 通知或 SA 删除的实体 Cookie;

3. Next Payload　　　　　信息中的 Next Payload 字段类型;

4. Major Version　　　　　使用的 ISAKMP 的主要版本;

5. Minor Version　　　　　使用的 ISAKMP 的次要版本;

6. Exchange Type　　　　　正在使用的交换类型;

7. Flags　　　　　　　　　为 ISAKMP 交换设置的各种选项;

8. Message ID　　　　　　唯一的信息标识符,用来识别第 2 阶段的协议状态;

9. Length　　　　　　　　全部信息(头部＋有效载荷)长度(以 8 位组为单位)。

值得指出的是,ISAKMP 规定 Flags 域内的 Commit 标志主要用于密钥交换的同步,也可用于保护通过不可靠网络的传输丢失和抑制分组重发。该标志置位时,未设置该标志的一方必须等待来自设置该标志的另一方的含通知载荷的信息交换。IKE 协议指出参与 SA 建立的各方可在任意时刻设置该标志,但由于该标志位未得到保护(既未加密又未验证),中间人可设置该标志导致拒绝服务(Denial of Service,DoS)攻击,故在 IKE 实现中应将该标志位忽略。

每个 ISAKMP 载荷均以通用载荷头引导,用以实现 ISAKMP 消息内的所有载荷链接,其布局如图 12-2 所示。

Next Payload(8 bit)	Reserved(8 bit)	Payload Length(16 bit)

图 12-2　通用载荷头

各域的含义如下:

1. Next Payload　　　　　ISAKMP 消息内的下一个载荷的类型,当前为最后一个载荷时数值取 0;

2. Reserved　　　　　　　保留域,必须为 0;

3. Payload Length　　　　当前载荷的长度(含通用载荷头)。

可见多个载荷构成一条 ISAKMP 消息时,通用载荷头的 Next Payload 域用于链接所有载荷,而载荷链内首个载荷则由 ISAKMP 通用载荷头内的 Next Payload 域给出。

12.1.3　ISAKMP 配置方法

ISAKMP 配置方法源自用于解决远程用户主机自动配置问题的一个协议。在 ISAKMP 配置方法中,IPSec VPN 网关管理着一个地址池。远程用户主机通过一个新定义的交换自动地从该地址池中获得一个内网地址,同时获得其他主机的配置信息。为此, ISAKMP 配置方法对 IKE 进行了扩展。首先,ISAKMP 配置方法定义了一个新的

ISAKMP 载荷——属性载荷。载荷格式如图 12-3 所示。

下一个载荷	保　留	载 荷 长 度
消 息 类 型	保　留	标　识　符
属　性		

0　　　　　　　7　　　　　　16　　　　　31

图 12-3　载荷格式示意图

图 12-3 中,消息类型域可取如下值:

Reserved	未使用	0
ISAKMP-CFG-REQUEST	请求配置消息	1
ISAKMP-CFG-REPLY	应答配置消息	2
ISAKMP-CFG-SET	将配置消息发送到对方	3
ISAKMP-CFG-ACK	接收配置消息时的响应	4
Reserved	未来使用	5～127
Reserved	私有使用	128～255

属性域则包含了具体的主机配置信息。这些信息包括内网地址、内网地址掩码、内网地址租期、内网 DNS 服务器地址、内网 WINS 服务器地址及 IPSec VPN 网关所保护的子网范围。其次,ISAKMP 配置方法定义了一个新的交换类型——事务交换(Transacation Exchange)。事务交换一般在 ISAKMP 第 1 阶段协商和第 2 阶段协商之间进行,具体如下:

发起者(远程用户主机)　　　　　　　响应者(IPSec VPN 网关)

第 1 阶段协商:主模式或者野蛮模式

HDR * ,HASH,ATTR1(REQUEST)→

←HDR * ,HASH,ATTR2(REPLY)

第 2 阶段协商:快速模式

其中:

ATTR1(REQUEST)=

INTERNAL-ADDRESS(0. 0. 0. 0)

INTERNAL-NETMASK(0. 0. 0. 0)

INTERNAL-DNS(0. 0. 0. 0)

ATTR1(REPLY)=

INTERNAL-ADDRESS(192. 168. 0. 1)

INTERNAL-NETMASK(255. 255. 255. 0)

INTERNAL-DNS(192. 168. 0. 2)

INTERNAL-DNS(192. 168. 0. 3)

这样,事务交换的内容可以受到 ISAKMP SA 的保护,而 ISAKMP 第 2 阶段则使用通过事务交换分配的内网地址进行协商。事务交换除了可以由远程用户主机发起外,也可以由 IPSec VPN 网关发起。在这种情况下,IPSec VPN 网关可以把主机配置信息"推"到客户端从而主动对远程用户主机进行自动配置。

ISAKMP 配置方法简单易行,但是缺陷也很明显:ISAKMP 配置方法可以配置的参数太少,甚至没有达到对 IPSec 远程用户主机配置的基本要求;它也无法与已有的各种地址管理实现集成;同时也缺乏对地址池管理、重新配置、容错等功能的有效支持。更严重的是,ISAKMP 配置方法对 IKE 进行了扩充,而配置功能的相对弱小又会诱使对 IKE 协议进行新的扩充,这样就很有可能会最终破坏 IKE 的安全性。这些问题严重影响了 ISAKMP 配置方法的应用。ISAKMP 具体配置方法请参考 RFC 2408。

12.2　IKE

12.2.1　IKE 协议

IKE 协议是 IPSec 协议族的重要协议之一,负责 IPSec 通信密钥的动态协商。该协议是 ISAKMP、Oakley 协议和 SKEME 协议等众多协议组成的混合协议,完全实现 ISAKMP 和部分实现 Oakley 和 SKEME 协议的子集。其中,ISAKMP 定义验证和密钥交换的框架(包括 ISAKMP 通用载荷头、各类载荷定义、各种交换类型和各类载荷的通用处理规则等),支持不同的加密算法、验证机制和密钥建立算法,支持低层面向主机的证书和高层面向用户的证书。Oakley 协议定义称为模式的多个密钥交换类型,SKEME 协议则定义公钥加密验证方法及使用 Nonce 交换用以快速刷新密钥等。此外,PFKEYv2 协议、IPIP 和 IPCOMP 等辅助协议也被引入 IKE。其中,PFKEYv2 协议用于 IKE 守护进程与位于内核的 IPSec 模块间的通信,IPIP 提供 IP 数据包内简单封装多个 IP 数据包的服务,IPCOMP 则提供对 IP 数据包内原始数据的无损、无状态压缩和解压缩。

IKE 协议规定 SA 的建立通过 IKE 交换(含 ISAKMP 交换和 IPSec 交换)实现。IKE 交换在两个实体间通过携带 ISAKMP 消息的 UDP 数据包(IANA 分配给 ISAKMP 使用的 UDP 端口号为 500)进行交互。IKE 协议规定了每个 SA 建立所需的固定消息数目、次序和格式,每条 ISAKMP 消息内载荷的格式由 ISAKMP 给出。

12.2.2　ISAKMP 消息

IKE 交换使用 ISAKMP 消息,而 ISAKMP 载荷(Payload)则为 ISAKMP 消息提供

模块化的构造块。每条 ISAKMP 消息内可包含多个 ISAKMP 载荷。各载荷的出现与否、类型和次序由 IKE 交换的消息类型确定。这些载荷规定了两类 IKE 交换时使用的数据格式,当前已经定义出 13 种 ISAKMP 载荷可供使用。为明确 IKE 交换各条消息对于建立 SA 的意义,下面给出 ISAKMP 通用载荷头和主要载荷的结构和说明。

1. ISAKMP 消息

ISAKMP 消息由固定的 ISAKMP 通用载荷头后接可变数量的载荷构成。固定通用载荷头所含的信息可被用来维护状态、处理后继载荷,以及阻止 Dos 和重播攻击。

2. SA 载荷(Security Association Payload)

SA 载荷用于协商安全属性并给出协商所处环境和解释域。该载荷是 IKE 交换最重要和构造最复杂的载荷,其结构如图 12-4 所示。

Next Payload(8 bit)	Reserved(8 bit)	Payload Length(16 bit)
Domain of Interpretation(DOI)(32 bit)		
Situation(Variable Length)		

图 12-4　SA 载荷

各域的含义如下:

Next Payload	ISAKMP 消息内下一个载荷的类型,当前为最后一个载荷时数值取 0;
Reserved	保留域,必须为 0;
Payload Length	含 SA 载荷、所有的提案载荷(Proposal Payload)和转码载荷(Transform Payload)在内的整个载荷的长度(提案载荷和转码载荷的定义在下面给出);
DOI	当前协商所处解释域(Domain of Interpretation,DOI)标识,IPSec 的取值为 1;
Situation	解释域特定的数据(可变长度)。

3. 提案载荷(Proposal Payload)

提案载荷包含 SA 协商期间使用的安全机制数据,其结构如图 12-5 所示。

Next Payload(8 bit)	Reserved(8 bit)	Payload Length(16 bit)	
Proposal#(8 bit)	Protocol-ID(8 bit)	SPI Size(8 bit)	# of Transforms(8 bit)
SPI(Variable Length)			

图 12-5　提案载荷

各域的含义如下:

Next Payload	ISAKMP 消息内下一个载荷的类型,合法取值 0(当前为最后一个载荷)或 2(该 ISAKMP 消息内尚含其他提案载荷);
Reserved	保留域,必须为 0;

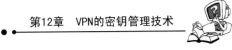

Payload Length	整个提案载荷的长度,含通用载荷头、提案载荷(与该提案相关的)、所有转码载荷;
Proposal♯	当前提案载荷的提案序号;
Protocol-ID	当前协商的协议标识;
SPI Size	Protocol-ID 所定义的安全参数索引(Security Parameter Index, SPI)的长度,ISAKMP SPI 的取值为[0,16];
♯ of Transforms	该提案所隶属转码的数目,其中每个转码均包含在转码载荷内;
SPI	发送实体的 SPI(可变长度)。

4．转码载荷(Transform Payload)

转码载荷包含 SA 协商时使用的数据,其结构如图 12-6 所示。

Next Payload(8 bit)	Reserved(8 bit)	Payload Length(16 bit)	
Transforms ♯(8 bit)	Transforms-ID(8 bit)	SPI Size(8 bit)	Reserved 2(16 bit)
SA Attributes (Variable Length)			

图 12-6　转码载荷

各域的含义如下:

Next Payload	ISAKMP 消息内下一个载荷的类型,合法取值 0(当前为最后一个载荷)或 3(该提案内尚含其他转码载荷);
Reserved	保留域,必须为 0;
Payload Length	当前转码载荷长度(含通用载荷头、所有转码值和所有 SA 属性);
Transform ♯	当前载荷的转码序号,标识转码载荷内一个特定协议的多个转码;
Transform-ID	当前提案内协议的转码标识;
SPI Size	ISAKMP SPI 的取值为[0,8];
Reserved 2	保留域,必须为 0;
SA Attributes	包含 Transform-ID 域所给出转码的 SA 属性(可变长度)。

5．密钥交换载荷(Key Exchange Payload)

密钥交换载荷包含生成密钥材料的原始数据,其支持多种密钥交换技术(如 Oakley 交换、DH 交换和基于 RSA 的密钥交换等)。该载荷的布局如图 12-7 所示。

Next Payload(8 bit)	Reserved(8 bit)	Payload Length(16 bit)
Key Exchange Data(Variable Length)		

图 12-7　密钥交换载荷

各域的含义如下：

Next Payload	ISAKMP 消息内下一个载荷的类型，当前为 ISAKMP 消息内最后一个载荷时数值取 0；
Reserved	保留域，必须为 0；
Payload Length	当前载荷的长度（含通用载荷头在内）；
Key Exchange Data	用于产生会话密钥的数据（可变长度）。

6. 身份载荷（Identification Payload）

身份载荷包含用于身份信息交换的 DOI 特定数据，其结构如图 12-8 所示。

Next Payload(8 bit)	Reserved(8 bit)	Payload Length(16 bit)
ID Type(8 bit)	DOI Specific ID Data(24 bit)	
Identification Data(Variable Length)		

图 12-8 身份载荷

各域的含义如下：

Next Payload	ISAKMP 消息内下一个载荷的类型，当前为 ISAKMP 消息内最后一个载荷时数值取 0；
Reserved	保留域，必须为 0；
Payload Length	当前载荷的长度（含通用载荷头在内）；
ID Type	正在使用身份的类型；
DOI Specific ID Data	DOI 特定的身份数据，未使用时该域必须为 0；
Identification Data	身份信息（可变长度），该域数据格式由 ID Type 指定。

12.2.3 IKE 交换

IKE 交换是 IKE 协议的核心内容，其负责建立 IPSec 协议通信双方的各类 SA。IKE 协议对每个交换阶段和每种交换模式均规定了固定的消息数目和交换的内容，以规范、灵活的方式实现安全而高效的交换是 IKE 协议的重要目标。IKE 协议规定交换分两个阶段实施，各阶段的核心功能如下：

1. 在第 1 阶段，两个实体协商如何保护双方后继的协商。该阶段最终建立起一个安全且经过验证的信道，即建立 ISAKMP SA。主模式（Main Mode）和野蛮模式（Aggressive Mode）均可完成第 1 阶段交换，并且仅限于第 1 阶段使用；

2. 在第 2 阶段，主要是建立特定的协议 SA（如 IPSec SA）。第 2 阶段协商在第 1 阶段所建立的 ISAKMP SA 的保护下协商密钥材料和安全协议特有的参数。该阶段最终建立特定的协议 SA。快速模式可完成第 2 阶段协商，并且仅限于第 2 阶段使用。

除定义两个阶段外,IKE 交换还定义出 4 种交换模式:

1. 主模式(Main Mode)和野蛮模式(Aggressive Mode):主模式和野蛮模式均用于建立 ISAKMP SA,并且仅限于第 1 阶段使用。两者的区别在于是否提供身份保护和 IKE 交换的效率(消息交换的往返次数)——主模式提供身份保护而野蛮模式通常不提供身份保护(公钥加密验证的野蛮模式交换仍可提供身份保护),野蛮模式交换的效率要比主模式高;

2. 新组模式(New Group Mode):新组模式用于协商快速模式所需的 Oakley 组(Oakley Groups)。作为可选模式,其不属于第 1 阶段和第 2 阶段。主要用来建立可用于第 2 阶段协商的一个新组。IKE 协议应用时,它必须跟在第 1 阶段协商之后;

3. 快速模式(Quick Mode):快速模式用于快速密钥刷新和协商非 ISAKMP SA,这是第 2 阶段唯一可应用的模式。由于得到 ISAKMP SA 的保护,该模式可快速建立所需要的 SA。

ISAKMP SA 是双向的,即一旦建立则各参与方均可发起快速模式交换、信息交换和新组模式交换。ISAKMP SA 由 ISAKMP 通用载荷头内发起方和响应方 Cookie 确定,第 1 阶段交换各方角色指明哪个是发起方的 Cookie。在第 2 阶段的快速模式交换、消息交换和新组模式交换中,Cookie 的角色不因交换的发起方而改变。通过引入 ISAKMP 的第 1 阶段交换可非常快速地完成密钥交换。单个第 1 阶段协商可被用于多个第 2 阶段协商,而单个第 2 阶段协商亦可请求多个 SA,这些优化可以做到建立每个第 2 阶段 SA 的平均开销低于一次第 2 阶段协商和一次 Diffic-Hellman(DH)计算。

IKE 协议规定:以下属性(称之为 SA 保护组)作为 ISAKMP SA 的一部分必须通过 IKE 交换予以协商:

1. 加密算法;

2. 散列算法;

3. 验证方法;

4. Oakley 组。

此外,双方可选择协商伪随机函数(Psuedo Random Function,PRF),未协商时则使用默认的 HMAC(Hash Message Authentication Codes)算法。其中,Oakley 组必须通过预定义组描述或定义组的所有属性予以指定,两类组属性(如组类型和指数)均禁止与此前已定义组有关联。

下面给出 IKE 交换流程说明时使用的符号,除特别声明外后面所有符号均具有该处给出的含义:

HDR	ISAKMP 通用载荷头;
HDR *	该 ISAKMP 通用载荷头后的所有载荷均已加密;
SA	携带一个或多个提案的 SA 载荷。发起方可为一次协商给出多个提案,响应方必须仅选择一个提案,或者全部拒绝;

<P>_b	载荷的载荷体(不含 ISAKMP 通用载荷头);
SAi_b 和 SAr_b	SA 载荷的整个载荷体(不含 ISAKMP 通用载荷头,但包括所有的提案载荷和所有的转码载荷);
CKY-I 和 CKY-R	分别为发起方和响应方的 Cookie,均位于 ISAKMP 通用载荷头内;
$g\hat{}xi$ 和 $g\hat{}xr$	分别为发起方和响应方的 DH 公共值;
$g\hat{}xy$	双方计算出的 DH 共享秘密数值;
KE	包含 DH 交换公共值的密钥交换载荷,其内部使用的数据格式未定义;
Ni 和 Nr	分别为发起方和响应方的 Nonce 载荷;
IDii 和 IDir	分别为第 1 阶段协商发起方和响应方的旧载荷;
IDci 和 IDcr	分别为第 2 阶段协商发起方和响应方的旧载荷;
SIG	签名载荷,其数据格式由具体的签名算法确定;
CER	证书载荷;
HASH_I 和 HASH_R	发起方和响应方用于验证对方的散列载荷,其内容由具体的验证方法决定;
PRF(key,msg)	用于密钥派生和验证的伪随机函数,key 和 msg 分别为密钥和输入的数据;
SKEYID	从仅为合法的交换双方所知的秘密材料派生出的字符串(根密钥材料);
SKEYID_e	ISAKMP SA 用于消息机密性保护的密钥材料;
SKEYID_a	ISAKMP SA 用于消息验证的密钥材料;
SKEYID_d	用于派生非 ISAKMP SA 密钥的密钥材料;
$<x>y$	表明"x"以密钥"y"表示,被加密;
→	发起方到响应方的通信(请求);
←	响应方到发起方的通信(应答);
l	信息数据的串联;
[x]	表明"x"为可选项。

IKE 协议规定消息加密时,加密的起始点必须紧邻 ISAKMP 通用载荷头后。而且为了保护通信,ISAKMP 通用载荷头后的所有载荷均必须被加密。

1. IKE 第 1 阶段交换

如前所述,IKE 第 1 阶段交换具有两种模式:主模式和野蛮模式。前者使用 6 条消息完成建立 ISAKMP SA,后者仅使用 3 条消息完成交换任务。其中,主模式交换中首先的两条消息协商策略,其次的两条消息交换 DH 公共值和交换所需的辅助数据,最后的两条消息验证交换双方的身份。野蛮模式交换中首先的两条消息协商策略、交换 DH 公共值、交换所需的辅助数据和身份数据,其次的消息验证响应方,最后的消息验证发起方并提供参与交换的证据。两种交换模式的区别在于主模式交换提供 ISAKMP 身份保护,野蛮模式因不具有该属性而使其实际应用大打折扣。而在交换的速度方面,主模式因为涉及更多的 ISAKMP 消息处理所以较野蛮模式差。

采用签名验证的野蛮模式交换如表 12-1 所示。

表 12-1 签名验证的野蛮模式交换

序　号	发　起　方	方　　向	响　应　方
1	HDR,SA,KE,Ni,IDii	→	
2		←	HDR,SA,KE,Nr,IDir,CERT,SIG_R
3	HDR,CERT,SIG_I	→	

从表 12-1 可见,签名载荷 SIG_I 和 SIG_R 分别取代预共享密钥验证时的 HASH_I 和 HASH_R。对方具有多个证书时,使用可选的证书载荷用以供对方对接收到的不同签名数据的区别处理。

2. 新组交换

IKE 协议给出 5 个默认的 Oakley 组,但其并未限制使用更强的组,并且 IKE 的可扩展框架提倡定义和使用更多的组。其中,椭圆曲线组在使用较小的数字时可大大提高密钥的强度,是较理想的选择。对预定义组不能提供所需的强度时,可以使用新组模式以交换满足所需强度的 Oakley 组。自定义 Oakley 组可在主模式的 SA 载荷内直接协商,为此所有组成员必须作为 SA 属性传送,也可在新组模式内仅以明文的组 ID 给出。

新组模式必须仅限于 ISAKMP SA 建立后(即第 1 阶段交换完成)使用,其交换过程如表 12-2 所示。

表 12-2 新组模式

序　号	发　起　方	方　　向	响　应　方
1	HDR∗,HASH(1),SA	→	
2		←	HDR,HASH(2),SA

表 12-2 中,HASH(1)是使用 SKEYID_a 为密钥、ISAKMP 通用载荷头内的 MessageID 和整个 SA 提案载荷为数据的 PRF 的输出,HASH(2)是 SKEYID_a 为密钥、ISAKMP 通用载荷头内的 MessageID 和应答为数据的 PRF 的输出,其计算方法如下:

$$HASH(1)=PRF(SKEYID\_a,M-ID|SA)$$
$$HASH(2)=PRF(SKEYID\_a,M-ID|SA)$$

SA 载荷内所包含的提案载荷给出组的属性,如果组的属性不能被接受,响应方必须按消息类型对属性不被支持的通知载荷予以应答。

3. 消息交换

ISAKMP SA 建立后(已经产生 SKEYID_e 和 SKEYID_a),消息交换的过程如表 12-3所示。

表 12-3　消息交换

序　号	发 起 方	方　向	响 应 方
1	HDR * , HASH(1) , N/D	→	

表 12-3 中,N/D 为 ISAKMP 通知载荷(Notification Payload)和 ISAKMP 删除载荷(Delete Payload)之一,HASH(1)是 SKEYID_a 为密钥、ISAKMP 通用载荷头内的 MessageID和整个消息载荷(通知载荷、删除载荷)为数据的 PRF 的输出,其计算方法如下:

$$HASH(1)=PRF(SKEYID\_a, MessageID|N/D)$$

要求用于 PRF 计算的 ISAKMP 通用载荷头内的 MessageID 对该消息交换唯一,即必须与产生该消息交换的另一个第 2 阶段交换的 MessageID 不同。如果消息交换时 ISAKMP SA 尚未建立,则该消息交换只能以无伴随散列载荷的明文方式进行。

4. IKE 第 2 阶段交换

IKE 第 2 阶段交换具有唯一的快速模式,该模式本身并非一个完整的交换(其被绑定于第 1 阶段交换),其作为 SA 协商的一部分用于派生密钥材料和协商非 ISAKMP SA 策略。快速模式交换的信息必须在 ISAKMP SA 的保护下,即除 ISAKMP 通用载荷头外的所有载荷均被加密。快速模式的散列载荷必须紧随 ISAKMP 通用载荷头,该散列载荷验证消息并提供存在性证据,SA 载荷则必须紧随其后。

使用简单的 ISAKMP 第 1 阶段协商可使后续的第 2 阶段协商快速实现。第 1 阶段状态缓存且无需完美前向保密(Perfect Forward Secrecy,PFS)时,第 2 阶段协商无需耗时的指数运算。IKE 协议指出可对每个快速模式交换协商多个协议 SAs,由此加速刷新密钥的速度。在第 1 阶段协商保护下的第 2 阶段协商的数目取自本地安全策略,可依据使用的算法强度和对方系统的可信度确定。

ISAKMP 通用载荷头内的 MessageID 为一个特定的 ISAKMP SA 标识一个进行中的快速模式,而该 ISAKMP SA 又为 ISAKMP 通用载荷头内的两个 Cookies 所标识。由于快速模式的每个实例使用唯一的初始化矢量,故而任何时候对单个 ISAKMP SA 可存在数个同时进行的快速模式。

快速模式对提供重播保护的 SA 协商和 Nonces 交换是必不可少的。Nonces 用于产生刷新的密钥材料并阻止通过伪造 SA 产生的重播攻击,快速模式给出由多个 SAs 计算密钥材料的算法。基本快速模式(无密钥交换载荷)刷新从第 1 阶段交换的指数幂所派生的密钥材料,该方式下不提供完美前向保密。需要提供 PFS 时,可以通过使用选项密钥交换载荷来实现。

快速模式协商的过程如表 12-4 所示。

表 12-4　快速模式交换

序　号	发　起　方	方　向	响　应　方
1	HDR * ,HASH(1),SA,Ni,KE,IDci,IDcr	→	
2		←	HDR * ,HASH(2),SA,Nr,KE,IDci,IDcr
3	HDR * ,HASH(3)	→	

HASH(1)为伪随机函数对 ISAKMP 通用载荷头内的消息 ID 和跟随在散列载荷后的所有载荷散列而得,该散列包含所有载荷头,但不包含加密时的填充数据。HASH(2)除使用响应方的 Nonce 外与 HASH(1)相同,HASH(3)给出发起方已建立起 Inbound 和 Outboud SA 的证据。以上 3 个 HASH 值的计算方法如下:

$$\text{HASH(1)} = \text{PRF(SKEYID\_a,M−ID}|\text{SA}|\text{Ni}[\text{KE}][\text{IDci}|\text{IDcr}])$$

$$\text{HASH(2)} = \text{PRF(SKEYID\_a,M−ID}|\text{Ni\_b}|\text{SA}|\text{Nr}[\text{KE}][\text{TDci}|\text{TDcr}])$$

$$\text{HASH(3)} = \text{PRF(SKEYID\_a,0}|\text{M−ID}|\text{Ni\_b}|\text{Nr\_b})$$

除对散列载荷、SA 载荷和可选的 ID 载荷外,快速模式对其他载荷无次序要求。没有提供 PFS 和提供 PFS 时,新的密钥材料计算方法分别如下所示:

$$\text{KEYMAT} = \text{PRF(SKEYID\_d,Protocol}|\text{SPI}|\text{Ni\_b}|\text{Nr\_b})$$

$$\text{KEYMAT} = \text{PRF(SKEYID\_d,}g(qm)\hat{}xy|\text{Protocol}|\text{SPI}|\text{Ni\_b}|\text{Nr\_b})$$

其中 $g(qm)\hat{}xy$ 为该快速模式下 DH 交换的共享秘密数值,Protocol 和 SPI 为 ISAKMP 提案载荷给出的数值。

快速模式下,单个交换协商多个 SAs 和密钥的过程如表 12-5 所示。

表 12-5　快速模式协商多个 SAs

序　号	发　起　方	方　向	响　应　方
1	HDR * ,HASH(1),SA0,SA1,Ni,KE,IDci,IDcr	→	
2		←	HDR * ,HASH(2),SA0,SA1,Nr,KE,IDci,IDcr
3	HDR * ,HASH(3)	→	

该情况下密钥材料的派生与单个 SA 相同,如该例协商两个 SAs 的结果将产生 4 个 SAs。

12.3 SKIP

12.3.1 SKIP 概述

SKIP 服务于无连接的数据包协议,如 IPv4 和 IPv6 的密钥管理机制,它是基于内嵌密钥的密钥管理协议。每个数据包都被一个密钥加密,这个密钥包含在数据包中,但同时又被另一个事先已被通信双方共享的密钥加密。SKIP 使用经过鉴别对方的公钥和自己的私钥来生成双方所共享的密钥,在每个 IPSec 通信包中都含有密钥信息。这样可以实现一包一密钥,满足随时实现密钥的更新。不需要专门的密钥管理信息包,不会给通信带来延迟。这对于密钥更新非常快的宽带 VPN 环境下的应用特别有意义。例如,在千兆 VPN 中,按照密钥管理策略的要求,若每 100 MB 的传输数据就需要更新密钥,则每秒钟就需要更新一次密钥;若采用有连接状态的密钥管理协议,必然会频繁发送密钥管理信息包,并且如果密钥管理信息包丢失就需要重传,这将大大影响通信效率;而采用无连接状态的密钥更新,则可以随时对密钥进行更新。若 2 个节点都已经有对方节点的公钥证书,则不需要额外的密钥交换包,因为到来的数据包中已经包含供接收节点计算共享密钥并且正确响应的足够的信息。正是由于这个轻量级特点,当主机正与许多对等主机通信时,SKIP 对错误的恢复(如系统重启动)非常快。

需要指出的是,SKIP 并不提供回传保护(Back-Traffic Protection,BTP)和完整转发安全性(Perfect-Forward Secrecy,PFS)。尽管它采用 Diffie-Hellman 密钥交换机制,但交换的进行是隐含的,也就是说,2 个实体以证书形式彼此知道对方的 Diffie-Hellman 公钥,从而隐含地共享长期密钥。该长期密钥又可以导出用来对随机产生的瞬时密钥进行加密的主密钥,而瞬时密钥才用来对 IP 包加密或鉴别。显然,一旦长期 Diffie-Hellman 密钥泄露,则任何在该密钥保护下的密钥所保护的相应通信都将被破解。而且 SKIP 是无状态的,它支持一种称为在线密钥的概念,它的这个特性使得每个 IP 包可能是个别地进行加密和解密的,归根到底用的是不同的瞬时密钥。

12.3.2 SKIP 特点

SKIP 能有效应对中间人攻击、已知密钥攻击和拒绝服务攻击。SKIP 使用鉴别过的 Diffie-Hellman 公钥值,在获取通信对方公钥证书时,通过对发布证书的实体的数字签名进行验证来对抗中间人攻击;而通过使用主密钥和瞬时密钥的 2 级密钥结构,SKIP 能对抗已知密钥(瞬时密钥)攻击;另外,SKIP 通过预先计算并缓存主密钥,可对抗拒绝服务攻击。

SKIP 的不足之处在于每个包都包含密钥信息,减少了每个包数据的传输量,相对而言每个包的传输效率变低。但对于高速环境,这种开销相对发送密钥交换包和丢包等造成的通信延迟而言,其影响很小。在宽带 VPN 网络环境中,若采用 ISAKMP、Oakley、IKE、Photuris 或 SKEME 等密钥管理协议,必然会频繁发送密钥更新包。如果密钥更新包丢失,则需重传,这将大大影响通信效率。而采用 SKIP,则可以随时对密钥进行更新,而无需发送专门的密钥管理信息包。因此在宽带 VPN 环境中,国内外的发展趋势是尽量不采用像 ISAKMP,Oakley,IKE,Photuris 或 SKEME 等有连接状态的密钥管理协议,主要采用无连接状态的 SKIP 密钥管理协议。

12.3.3　SKIP 在宽带 VPN 中的实现

1. SKIP 密钥的产生

SKIP 密钥管理协议是基于内嵌密钥的密钥管理协议,其每个数据包都被一个瞬时密钥加密。该密钥包含在这个数据包中,但被另一个事先已被通信双方共享的主密钥加密。SKIP 使用经鉴别的对方公钥和自己的私钥来生成双方共享的长期密钥,并衍生出主密钥。

SKIP 的密钥生成过程如图 12-9 所示,假定实体 A,B 分别拥有自己的 Diffie-Hellman 私钥值 i,j,那么 $g^i \bmod p$ 和 $g^j \bmod p$ 就分别为他们对应的 Diffie-Hellman 公钥值。而 A 和 B 在其自己的证书信息库中都保存了对方的证书信息,从中提取和验证对方的公钥值,则双方就可以计算出他们的共享秘密数值 $g^{ij} \bmod p$,这个值被称为长期密钥。为确保足够的安全性,长期密钥的位数应不低于 512 bit,典型的为 1 024 bit 及以上。然后,按主密钥的大小要求,通过取其较低有效位的办法,由该共享密钥导出分组对称密码算法(如 DES,RC5 及 IDEA 等)的主密钥 K_{ij}。一般分组对称密码算法密钥的典型大小范围在 64~256 bit 之间。主密钥 K_{ij} 用于加密传送随机产生的瞬时密钥 K_p,而 K_p 用于对 IP 数据通信流量进行加密和鉴别。瞬时密钥 K_p 同主密钥 K_{ij} 一样,也对应于一个分组对称密码算法。

但特别要指出的是,为了实现对通信数据流量的加密和鉴别操作,在利用主密钥 K_{ij} 将瞬时密钥 K_p 从 SKIP 头中脱密出来后,并不直接用于对 IP 数据通信流量进行加密和鉴别,而是还要将会话密钥 K_p 进行分离,从 K_p 分离出 E_K_p 和 A_K_p 两个密钥,分别作为加密密钥和鉴别密钥,其分离的方法如下:

$$E\_K_p = H(K_p \mid \text{Crypt\_Alg} \mid \text{02h}) \mid H(K_p \mid \text{Crypt\_Alg} \mid \text{00h})$$
$$A\_K_p = H(K_p \mid \text{MAC\_Alg} \mid \text{023h}) \mid H(K_p \mid \text{MAC\_Alg} \mid \text{01h})$$

其中,$H()$ 是由 K_{ij} 算法确定的单向散列函数(如 MD5);"|"为连接符;00h,01h 等分别为 1 字节的十六进制数;而 Crypt_Alg 和 MAC_Alg 则是 SKIP 头中的算法标识字节,用来指示内部协议定义的加密和鉴别算法。一般来说,MAC_Alg 定义了用于计算报文鉴别

码(MAC)的算法,而 Crypt_Alg 定义了用于加密通信数据流量的算法。

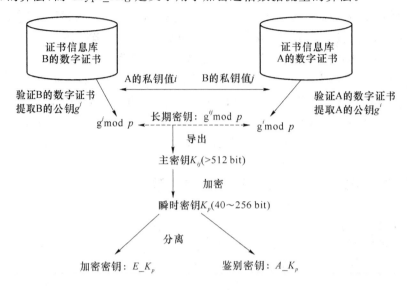

图 12-9　SKIP 的密钥产生过程

2. VPN 设备数字证书的产生、分发、撤销及为第三方 CA 提供接口

如图 12-10 所示,设备数字证书在 CA 上产生,并采用在线方式来分发和撤销设备的数字证书。设备的私钥及 CA 的公钥采用离线方式(比如通过智能卡)分发。同时为了适应宽带 VPN 网络环境,采用了缓存证书信息的措施,即将常用的其他设备的数字证书存放在本地的缓存中。当需要其他设备的数字证书时,首先在证书信息缓存库中查找有无对方的数字证书,如果没有才到公共的证书信息库中去取。当在 CA 上撤销某个设备的数字证书时,需要通知相应设备以刷新"证书信息缓存库"中的信息。同时为了提供对第三方CA 的支持,系统颁发的数字证书将严格遵从 X.509v3 标准,提供不同类型和不同系统之间的证书的互通性和互操作性。

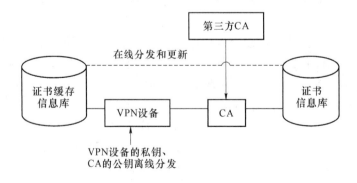

图 12-10　证书分发、更新及支持第三方 CA

3. SKIP 与 IPSec 结合的体系结构

实现 SKIP 与 IPSec 相结合的体系结构如图 12-11 所示。SKIP 密钥管理器负责从证书信息库中提取其他安全网关的公钥,验证该公钥的真实性,并按照图 12-11 所示的密钥产生流程将瞬时密钥 K_p 存入核心密钥 Cache 中。SKIP 流模块与 IPSec 核心模块位于网络接口层与 IP 层之间。

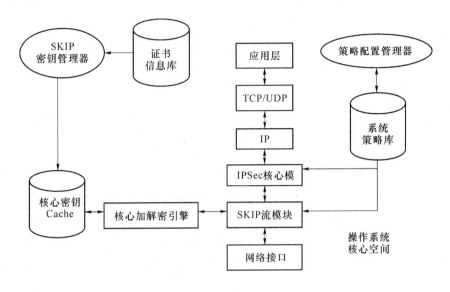

图 12-11 SKIP 与 IPSec 结合体系结构

当一个 IP 数据包要输出时,IPSec 核心模块查找系统策略库以决定是否对该 IP 数据包实施 IPSec 处理。如果需要对该 IP 数据包实施 IPSec 处理,则填充 IPSsec 头。IPSec 头的位置依 AH 或 ESP 的工作模式而定——如果是工作在传输模式,则 IPSec 头位于原始 IP 头之后,位于上层协议数据之前;如果是工作在隧道模式,则 IPSec 头位于原始 IP 头之前,并在 IPSec 头前增加一个新的 IP 头。然后将增加了 IPSec 头的 IP 数据包交 SKIP 流模块处理,如果在系统策略库中要求对该 IP 数据包实施 SKIP 处理,SKIP 流模块就在 IP 数据包的 IP 头之后插入 SKIP 头,并从核心密钥 Cache 中提取瞬时密钥 K_p,并在核心加解密引擎中用 K_{ij} 将 K_p 加密之后填入 SKIP 头中。

如果要为该 IP 数据包实施机密性保护,则用 K_{ij} 从 SKIP 头将 K_p 解密,再由 K_p 分离出加密密钥 E_K_p,并在核心加解密引擎中用 E_K_p 加密 IPSec 头后的数据;如果要为该 IP 数据包提供鉴别服务,则从 SKIP 头解密出 K_p 后,再由 K_p 分离出鉴别密钥 A_K_p,并在核心加解密引擎中用 E_K_p 生成原 IP 数据包的鉴别数据。

经过 SKIP 流模块处理之后,新 IP 数据包的结构如图 12-12 和图 12-13 所示,其中

图 12-12是 IPSec 传输模式下的数据包结构,图 12-13 是 IPSec 隧道模式下的数据包结构。

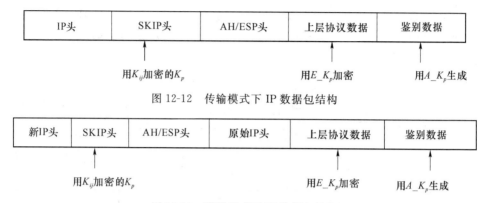

图 12-12　传输模式下 IP 数据包结构

图 12-13　隧道模式下 IP 数据包结构

当从网络接口输入一个 IP 数据包时,SKIP 流模块查找系统策略库,如果需要对该 IP 数据包实施 SKIP 处理,则用 K_{ij} 解密 SKIP 头中的 K_p,并由 K_p 分离 E_K_p 和(或) A_K_p;如果该 IP 数据包提供了机密性保护,则用 E_K_p 解密 IPSec 头之后的被加密了的数据;如果该 IP 数据包提供了鉴别服务,则用 A_K_p 生成鉴别数据,并与接收 IP 数据包中的鉴别数据进行比较。最后,SKIP 流模块将去掉了 SKIP 头的 IP 数据包提交 IPSec 核心模块处理。IPSec 核心模块通过查找系统策略库来决定对该 IP 数据包是否实施 IPSec 操作。如果需要进行 IPSec 处理,则对该数据包进行相应 IPSec 处理。

12.4　本章小结

本章主要介绍了 VPN 的密钥管理技术,重点讲解了几个密钥管理协议,其中详细给出了 ISAKMP,IKE 和 SKIP 的结构、特点及实现过程。还有一些协议本书没有谈及,读者可自行查阅相关文献。在本章中读者要重点掌握的是 ISAKMP,IKE 和 SKIP 的结构和特性方面的知识。

第 13 章

VPN 的身份认证技术

身份认证技术是一种用来验证通信双方是否真的就是他所声称的身份的手段。目前通用的方法是使用数字证书或非对称密钥算法来鉴定用户的身份。通信双方交换资料前，必须首先向对方明示自己的身份，接着出示彼此的数字证书，双方再将证书进行比较，只有比较结果正确，双方才开始交换资料，否则不能进行后续的通信。

为了使 VPN 提供安全的信息传输功能，采用数据加密和认证技术是必不可少的。"认证"是指验证一个最终用户或设备（如客户机、服务器、交换机、路由器或防火墙等）的声明身份的过程。身份的认证往往与授权和访问控制密切相关。"授权"是指把访问权限授予一个用户、用户组或指定系统的过程，"访问控制"是指限制系统资源中的信息只能流到网络中的授权个人或系统。授权和访问控制往往都是伴随在成功的认证之后。在 VPN 中用户身份认证技术是在正式的隧道连接开始前进行用户身份确认，以便系统进一步实施相应的资源访问控制和用户授权。下面将详细介绍几种身份认证技术。

13.1 安全口令

系统经常使用口令来认证用户或设备。为了避免口令被攻破，需要经常改变口令或加密口令。经常使用的口令生成方案有 S/Key 协议和令牌认证方案。

13.1.1 S/Key 协议

S/Key 一次性口令系统是一种基于 MD4 和 MD5 的一次性口令生成方案。S/Key

协议的运行是基于客户机/服务器的。客户机通过发送一个初始化包来启动 S/Key 交换，服务器用一个序列号和种子来响应。具体过程为：

1. 在准备阶段，客户机输入一个秘密口令字短语，这个口令字短语将与从服务器以明文传送形式传送的种子相连接。

2. 对 1. 生成的内容多次应用安全 HASH 函数，产生一个 64 位的最终输出。

3. 把一次性口令传送给服务器，在服务器上校验。

4. 服务器上相关文件存放了每个用户上一次成功登录时的一次性口令（如在 Unix 上是/etc/skey/keys）。为了验证一次认证，认证服务器把接收到的一次性口令进行一次安全 HASH 函数运算。如果这个运算的结果与以前存储的一次性口令相匹配，则认证成功，并把接收的一次性口令存储起来，以供将来使用。使用一次性口令方案只能防止在初次登录到站点中时的重放攻击。如果需要保护的不仅是初始登录序列，则需要将一次性口令与其他形式的加密技术结合使用。

13.1.2　令牌认证方案

令牌认证系统通常要求使用一个特殊的卡，叫做"智能卡"或"令牌卡"，但也有一些地方可以用软件实现。这些类型的认证机制都是建立在"挑战—响应认证"和"时间—同步认证"两种方案之一的基础上。

13.2　PPP 认证协议

点对点协议（Point-to-Point Protocol，PPP）是最常用的借助于串行线或 ISDN 建立拨入连接的协议。也正由于这点，它经常被用于 VPN 技术中。PPP 认证机制包括口令认证协议 PAP（Password Authentication Protocol）、可扩展认证协议 EAP（Extensible Authentication Protocol）和质询握手认证协议 CHAP（Challenge Handshake Authentication Protocol）。在所有这些情况中，认证的都是对等设备，而不是认证设备的用户。

13.2.1　口令认证协议 PAP

PAP 提供了为对等实体建立其身份（以便使用双向握手进行认证）的简单方法。该协议易于实现，但没有强健的认证，并且口令在电路中是以明文发送的，对于重放攻击或反复的尝试攻击没有保护措施。

13.2.2 可扩展认证协议 EAP

EAP 是用于 PPP 认证的通用协议,它支持多种认证机制。在链路控制阶段,EAP 没有选择一种特定的认证机制。它把这一步推迟到了认证阶段,以便认证者可以在确定特定认证机制之前请求更多的信息。它还允许使用后端服务器。当 PPP 认证者通过认证交换传递时,它实际上实现了不同的认证机制。EAP 为 PPP 认证增添了更大的灵活性和更加强健的认证支持,但它是一种新技术,还没有被广泛采用。

13.2.3 质询握手认证协议 CHAP

CHAP 是目前使用较多的认证协议,它定期使用三方握手来验证一个主机或最终用户的身份。CHAP 在初始链路建立阶段执行,还可在链路建立之后任何时间重复。CHAP 通过要求对等实体共享一个普通文本密钥来提供网络安全性。这个密钥永远不会在链路上发送。MD5 经常被用于 CHAP 单向 HASH 函数。微软的 MS-CHAP 是 CHAP 的一种变体。它的口令以加密形式存储在对等实体和认证者中。它能利用常用的不可逆加密口令数据库,而基于标准的 CHAP 则不能。

13.3 使用认证机制的协议

许多协议在给用户或设备提供授权和访问权限之前需要认证校验。在 VPN 环境中经常使用的是 TACACS 和 RADIUS(Remote Address Dial-In User Service)协议。它们提供可升级的认证数据库,并可采用不同的认证方法。这里重点分析 RADIUS 协议。

RADIUS 协议是一种访问服务器认证和记账协议。它在传输时使用 UDP。RADIUS客户机通常是一个 NAS(网络访问服务器),服务器是在 Unix 或 NT 机器上运行的监控程序。客户机负责把用户信息传递给指定的 RADIUS 服务器,然后对返回的响应进行操作。RADIUS 服务器负责接收用户连接请求。在 RADIUS 服务器中设立一个中心数据库,这个中心数据库包括用户身份认证信息(比如用户名、口令)。RADIUS 根据这个中心数据库来认证用户,然后返回客户机向用户提供服务所需要的全部配置信息。RADIUS 服务器可作为其他 RADIUS 服务器的代理,或作为其他类型认证服务器的客户机。RADIUS 服务器可支持许多种方法来认证用户的身份。当把用户所提交的用户名和初始口令提供给服务器时,服务器可以支持 PPP PAP、PPP CHAP、Unix 登录和其他认证机制。通常,用户登录由从 NAS 到 RADIUS 服务器的查询(Access-Request)和服务器的相应响应(Access-Accept 或 Access-Reject)组成。Access-Request 包含了用户名、加密口令、NAS 的 IP 地址和端口号。请求的格式还提供了关于用户想要启动的会话类型的信息。当 RADIUS 服务器从 NAS 接收到 Access-Request 包之后,它将在数据库中搜索所列出的用户名。如果数据库中不存在此名,则将加载一个默认的配置文件或立即发送一条 Access-Reject 消息。RADIUS 的认证和授权功能是相互结合在一起的。如果找到了用户名并且口令正确,则 RADIUS 服务器会返回一个 Access-Accept 响应,包含用于该次会话的参数的属性和值的列表。

客户机与 RADIUS 服务器之间的事务是通过使用共享密钥来进行认证的,这个密钥从不在网络上发送。在客户机与服务器之间的任何用户口令都必须是以加密方式发送的,以消除有人在不安全网络上窃听,从而确定用户口令的可能性。加密是在 RADIUS 客户机与 RADIUS 服务器之间实施的。如果 RADIUS 客户机是一个 NAS,而不是客户机 PC,则 PC 和 NAS 之间的任何通信都没有加密。

13.4 数字签名技术

在书面文件上签名是确认文件的一种手段,其作用有两点:第一,因为自己的签名难以否认,从而确认了文件已签署这一事实;第二,因为签名不易仿冒,从而确定了文件是真的这一事实。

数字签名与书面文件签名有相同之处。采用数字签名也能确认以下两点:第一,信息是由签名者发送的;第二,信息自签发后到收到为止未曾作过任何修改。这样数字签名就可用来防止电子信息因易被修改而有人做伪,或冒用别人名义发送信息,或发出(收到)信件后又加以否认等情况发生。换句话说,数字签名的特点是它代表了文件的特征,文件如果发生改变,数字签名的值也将发生改变。不同的文件将得到不同的数字签名。

在 VPN 安全保密系统中,数字签名技术有着特别重要的地位,VPN 网络安全服务中的源鉴别、完整性服务及不可否认服务等都要用到数字签名技术。在 VPN 中完善的数字签名应具备签字方不能抵赖、他人不能伪造和在公证人面前能够验证真伪的能力。

13.4.1 用非对称加密算法进行数字签名

1. 算法的含义

非对称加密算法使用两个密钥:公开密钥(Public Key)和私有密钥(Private Key),

分别用于对数据的加密和解密,即如果用公开密钥对数据进行加密,只有用对应的私有密钥才能进行解密;如果用私有密钥对数据进行加密,则只有用对应的公开密钥才能解密。

2. 签名和验证过程

(1) 发送方首先用公开的单向函数对报文进行一次变换,得到数字签名。然后利用私有密钥对数字签名进行加密后附在报文之后一同发出;

(2) 接收方用发送方的公开密钥对数字签名进行解密变换,得到一个数字签名的明文。发送方的公钥是由一个可信赖的技术管理机构即验证机构(Certification Authority,CA)发布的;

(3) 接收方将得到的明文通过单向函数进行计算,同样得到一个数字签名。再将两个数字签名进行对比,如果相同,则证明签名有效,否则无效。

这种方法使任何拥有发送方公开密钥的人都可以验证数字签名的正确性。由于发送方私有密钥的保密性,使得接收方既可以根据验证结果来拒收该报文,又能使其无法伪造报文签名及对报文进行修改。原因是数字签名是对整个报文进行的,是一组代表报文特征的定长代码,同一个人对不同的报文将产生不同的数字签名。这解决了诸如银行通过网络传送一张支票,而接收方可能对支票数额进行改动等的问题,也避免了发送方逃避责任的可能性。

13.4.2　用对称加密算法进行数字签名

1. 算法的含义

对称加密算法所用的加密密钥和解密密钥通常是相同的,即使不同也可以很容易地由其中的任意一个推导出另一个。在此算法中,加、解密双方所用的密钥都要保守秘密。由于计算速度快而广泛应用于对大量数据如文件的加密过程中,如 RD4 和 DES。

2. 签名和验证过程

(1) Lamport 发明了称为 Lamport-Diffie 的对称加密算法:利用一组长度是报文的比特数(n)两倍的密钥 A 来产生对签名的验证信息,即随机选择 $2n$ 个数 B,由签名密钥对这 $2n$ 个数 B 进行一次加密变换,得到另一组 $2n$ 个数 C;

(2) 发送方从报文分组 M 的第 1 位开始,依次检查 M 的第 i 位。若为 0 时,取密钥 A 的第 i 位;若为 1 时,则取密钥 A 的第($i+1$)位,直至报文全部检查完毕。所选取的 n 个密钥位形成了最后的签名;

(3) 接收方对签名进行验证时,也是首先从第 1 位开始依次检查报文 M。如果 M 的第 i 位为 0 时,就认为签名中的第 I 组信息是密钥 A 的第 i 位;若为 1 时,则为密钥 A 的第($i+1$)位。直至报文全部验证完毕后,就得到了 n 个密钥。由于接收方具有发送方的验证信息 C,所以可以利用得到的 n 个密钥检验验证信息,从而确认报文是否是由发送方所发送。

这种方法由于是逐位进行签名的,所以只要有 1 位被改动过,接收方就得不到正确的数字签名,因此其安全性较好。其缺点是:签名太长(对报文先进行压缩再签名,可以减少签名的长度);签名密钥及相应的验证信息不能重复使用,否则极不安全。

上面对数字签名技术进行了简单的分类说明。下面将对实际应用的数字签名方法进行介绍。

实际上,实现数字签名有很多方法,而目前使用较多的是公钥密码技术,如基于 RSA Data Security 公司的 PKCS(Public Key Cryptography Standards),Digital Signature Algorithm,X.509,PGP(Pretty Good Privacy)等。1994 年美国标准与技术协会公布了数字签名标准而使公钥密码技术广泛应用。公钥密码系统采用的是非对称密码算法。

使用公钥密码算法的最大优点在于没有密钥分配的问题(网络越复杂、网络用户越多,其优点越明显)。因为公开密钥加密使用两个不同的密钥,其中有一个是公开的,另一个是保密的。公开密钥可以保存在系统目录内、未加密的电子邮件信息中、电话黄页(商业电话)上或公告牌里,网上的任何用户都可获得公开密钥。而私有密钥是用户专用的,由用户本身持有,它可以对由公开密钥加密的信息进行解密。

利用公钥密码技术进行数字签名的主要方式是:报文的发送方从报文文本中生成 1 个多位散列值(或报文摘要)。发送方用自己的私人密钥对这个散列值进行加密来形成发送方的数字签名。然后这个数字签名将作为报文的附件和报文一起发送给报文的接收方。报文的接收方首先从接收到的原始报文中计算出散列值(或报文摘要),接着再用发送方的公用密钥来对报文附加的数字签名进行解密。如果两个散列值相同,那么接收方就能确认该数字签名是发送方的。通过数字签名能够实现对原始报文的鉴别。

应用广泛的利用公钥加密技术进行数字签名的方法主要有 3 种,分别是 RSA 签名、DSS 签名和 HASH 签名。这 3 种算法可单独使用,也可综合在一起使用。

(1) RSA 算法中数字签名技术实际上是通过一个 HASH 函数来实现的。一个最简单的 HASH 函数是把文件的二进制码相累加,取最后的若干位。HASH 函数对发送数据的双方都是公开的;

(2) DSS 数字签名是由美国国家标准化研究院和国家安全局共同开发的。由于它是由美国政府颁布实施的,主要用于与美国政府做生意的公司,其他公司则较少使用。它只是一个签名系统,而且美国政府不提倡使用任何削弱政府窃听能力的加密软件,认为这才符合美国的国家利益;

(3) HASH 签名是最主要的数字签名方法,也称为数字摘要(Digital Digest)或数字指纹(Digital Finger Print)。它与 RSA 数字签名是单独的签名不同,该数字签名方法是将数字签名与要发送的信息紧密联系在一起,它更适合于电子商务活动。将一个商务合同的个体内容与签名结合在一起,比合同和签名分开传递更增加了可信度和安全性。数字摘要主要使用 SHA-1 算法(Secure Hash Algorithm)或 MD5 算法(Message Digest 5),都是利用单向 HASH 函数将需加密的明文"摘要"成一串密文。这一串密文亦称数字指纹(Finger Print),且不同的明文摘要必定不同。

13.5　本章小结

身份认证是 VPN 隧道技术提供网络安全的主要手段,VPN 使用的协议 L2F,PPTP,L2TP 和 IPSec 都提供身份认证措施,只是认证级别上的不同。身份认证只能确保进入企业内联网的是授权的用户并限制其访问的权限。此外,IPSec 方案在 AH 封装中提供了数据级别的身份认证。今后,在 VPN 中认证技术研究的方向是数字证书技术,其中包括数字签名技术、公钥加密方法、PKI(公钥基础设施)的构建及密钥管理等技术。

第 14 章

VPN 厂商及产品介绍

　　VPN 系统作为信息系统安全保障体系的基础平台和重要组成部分,其设备有许多厂商在研发和生产。但是对于一般用户来说,如何选择 VPN 设备是一个过于专业的问题。在本章中将为读者介绍 VPN 设备应该具有的功能和评价指标,以及知名的 VPN 系统厂商及其产品的相关信息。

14.1　VPN 产品的功能

　　随着 VPN 产品的应用越来越普及,各种功能需求不断增加。虽然这种情况使得 VPN 技术得到了极大的发展,但是也带来了功能过于丰富、用户很难挑选产品的弊端。为了便于读者阅读,这里将 VPN 产品的主要功能简要列举如下:

　　1. 能够隔离内、外网络的通信,对进出的网络访问进行安全控制;

　　2. 能够加密传输本行业专网内的敏感信息;

　　3. 能够通过网络进行安全网关的合法性鉴别和开通授权;

　　4. 能够严格控制外部用户进入内部专网;

　　5. 能够限制内部用户出访公网或互联网的站点和资源;

　　6. 能够对移动或异地办公用户来自外部的网络访问进行鉴别控制;

　　7. 能够提供主机到网关的安全隧道;

　　8. 能够支持内网主机和服务器采用私有地址,对外界隐藏内联网络拓扑结构;

　　9. 能够防止内部主机 IP 地址的滥用和误用;

　　10. 能够对来自外部、内部的网络违规和入侵行为进行检测和集中监控;

　　11. 能够提供强大的审计能力,在完善的日常审计基础上,提供对违规通信、安全事

件的实时报警和处置能力;

12. 能够统计网络通信流量,并根据策略进行流量控制;

13. 能够采用基于策略的方式对安全网关进行策略的统一配置。

14.2　VPN 产品的技术指标

由于 VPN 产品种类繁多,为了各种产品的兼容和普及,所以在挑选 VPN 产品时应该遵循以下标准:

1. 网络接口:标准配置为 2 个 10 M/100 M 自适应以太网接口(10 M/100 M BaseT)(可扩充至 4 个);

2. 网络通信明码设计功能:99.3 Mbit/s(100 M 网络环境中);

3. 密钥长度:对称 128 位,非对称 1 024 位;

4. 加密隧道设计指标:无限制;

5. 应用支持的协议:FTP,Telnet,HTTP,SMTP,POP3,DNS 等;

6. 入侵检测的类型:扫描探测、Dos、Web 攻击、木马攻击等;

7. 支持的协议:TCP/IP,UDP,ICMP,IPSec ESP/AH/IPCOMP,IKE,PUDP 等;

8. 加密速率:视采用的硬件加密卡速率而定,分低速(8 M)、中速(20 M)、高速(40 M以上)3 类;

9. 加密隧道设计指标:设计标准静态 100 条,同时支持 64 条加密隧道,可扩展;

10. 网络通信延迟:小于 1 ms;

11. NAT 支持的连接数:大于等于 4 k;

12. 最大安全策略数设计指标:16 k。

14.3　知名 VPN 厂商及其产品

随着 SSL VPN 应用的逐渐升温,越来越多的企业开始采纳 SSL VPN 的网络架构来解决企业的远程访问需求。SSL VPN 技术帮助用户通过标准的 Web 浏览器就可以访问重要的企业应用。这使得企业员工出差时不必再携带自己的笔记本电脑,仅通过一台接入了 Internet 的计算机就能访问企业资源,这为企业提高了效率,也带来了方便。由于 SSL VPN 不像 IPSec VPN 那样要购买和维护远程客户端或软件,所以要比后者造价低很多。现在许多企业对于 SSL VPN 的需求非常强烈,而且未来这种企业网络安全需求还将持续增长。许多国际网络安全厂商正在对 SSL VPN 这种新型业务形态进行重点投资。

在下面的小节中,将以 SSL VPN 为主,为读者介绍目前 VPN 市场中几家主要的领军厂商和它们的 VPN 产品。

14.3.1 F5 Networks

F5 Networks Inc 是全球应用流量管理领域中,在网络流量管理(ATM)方面的领先厂商。通过为应用型网络提供其开放式互联网控制结构(IControl),F5 为业界提供先进的成套集成产品和服务,使用户能够在互联网流量方面进行管理、控制和优化。

F5 的产品不仅能够帮助网络用户消除因为带宽而产生的拥堵或阻塞,而且能够极大地提高执行诸如 Web 出版、电子商务、防火墙等关键任务的互联网服务器和相关应用系统的可用性和速度。F5 的解决方案被广泛地部署于全球的一些大型企业、领先的服务供应商、金融机构、电信、政府机构和门户网站的网络建设中。

公司的总部位于美国华盛顿州西雅图市,并在北美、欧洲和亚太地区设有办事机构。公司于 2000 年年底进驻中国,目前已分别在北京、上海、广州设立了办事处。

F5 的 VPN 设备主要是 FirePass 产品系列。

1. FirePass 1200 系列。FirePass 1200 控制器是专为中、小型企业设计的 1 U 机架安装式服务器。它可支持 100 个并发用户,为到企业应用和桌面的基于 Web 方式的安全远程访问提供了一套全面的解决方案。

2. FirePass 4100 系列。FirePass 4100 控制器是专为大型企业设计的 2 U 机架安装式服务器。它可支持 2 000 个并发用户,为到企业应用和桌面的基于 Web 方式的安全远程访问提供了一套全面的解决方案。

3. FIPS SSL 加速器硬件选件。FirePass 符合 FIPS 标准,可满足政府、金融、医疗及其他关注安全性的机构对于安全性的需求。FirePass 4100 提供了 FIPS 140 Level-2 支持能力,可支持 SSL 密钥的抗篡改存储。同时还提供了 FIPS 认证加密支持,可支持 SSL 流量硬件的加密和解密。FIPS SSL 加速器可作为 4100 平台的工厂装机选件来提供。

4. SSL 加速器硬件选件。FirePass 4100 提供了独特的硬件 SSL 加速选件以卸载 SSL 密钥交换,并支持 SSL 流量的加密和解密。它可为大型企业环境下的处理器密集型加密(Ciphers)(如 3DES 和 AES)应用的性能带来明显地增强。

5. 集群。凭借内置的负载平衡集群选件,FirePass 4100 控制器可通过集群,在单个 URL 上支持 20 000 条会话,而且性能不会有任何降低。对于高性能大容量集群,用户可集成 BIG-IP,将 SSL 终端卸载到其上,把并发会话扩增到 20 000 个以上,并获得最高的 SSL VPN 集群性能。

6. 故障切换。FirePass 控制器可配置在服务器之间进行故障切换(在线服务器与备用服务器）。这样在主设备故障时，用户不必重新登录到另一台 FirePass。

14.3.2 Array Networks

Array Networks 是一家应用智能安全公司，致力于为用户提供多层网络安全和应用解决方案。通过智能化的集成，Array Networks 所提供的无客户端的 SSL VPN 安全产品平台及应用加速网络流量管理平台能够极大简化网络架构，增强网络应用的性能。

Array Networks 创建于 2000 年 4 月，总部设在美国加利福尼亚硅谷。目前，Array Networks 的办事处已遍布北美洲、欧洲、拉丁美洲和亚太等地区，发展重要用户及合作伙伴近 300 家，解决方案广泛部署在全球各地的电信及服务提供商、大型企业，以及银行、金融、政府、医疗保健、科技公司、媒体等机构。Array Networks 在中国拥有全资子公司，负责中国区域市场的销售、支持工作，并拥有完整的研发队伍，可以快速响应本地用户的特殊需求。

Array Networks 的先进技术有：

1. 访问性——虚拟化技术。在任何企业或服务提供商的网络中，都有多个由合作伙伴、员工或用户所构成的用户组，而每个组都有不同的对应用、信息和网络的需求。在典型的安全访问系统中，每一个组都需要一台设备保证访问的独立性和安全性。这使得硬件、软件及管理成本极其昂贵。Array Networks 的虚拟化技术则可以在同一个系统中建立 256 个完全独立的 SSL VPN 系统，每一个 SSL VPN 系统都有完整的安全保障和独立的数据资源，可以在提高管理和执行效率的同时，把用户对硬件的需求降到最低程度。

2. 安全性——Array OS 操作系统。现有的标准操作系统性能一般，而且存在许多固有的弱点。而 Array OS 是一种为应用层网络设计的、完全逆向的代理结构。这种结构既可以在客户机和服务器连接处提供完全的网络隔离，同时又可以避免在现有的操作系统中普遍存在的安全漏洞问题。

3. 性能——SpeedStack™架构。Array Networks 的系列产品基于 Array SpeedStack™专利技术，对网络数据包进行集成化、智能化的高速处理，因而极大提高了网络应用和安全访问的处理性能。SpeedStack™专利技术具备简化数据包处理流程、减少执行 TCP 管理操作的次数、根据实际需要集成压缩、SSL 加速、包检查等功能。同时它还具有很强的可扩展性，可以根据不同的市场和不同的用户采用不同的解决方案。

4. 随需应变——Resource Publishing™。企业在商业外联网中需要既能为有限信任的用户和合作伙伴提供安全的应用访问，又能不暴露他们的内联网络拓扑结构的技术。这是传统的物理专线技术或 IP 隧道技术所不能实现的。Array 的资源发布（Resource Publishing™）技术将 SSL VPN 的优势（安全应用发布、隐藏内联网络拓扑结构、灵活性及方便部署)扩展到企业与用户或合作伙伴的点对点安全通信中去。资源发布(Resource Publishing™)技术可以安全地向远程用户交付应用,同时不暴露内联网络拓扑结构。有限信任的用户和组织可以访问他们需要的应用,但并不能得到进入内联网络的许可。

Array Networks 的主要 VPN 产品有:

1. Array SPX 2000/3000/5000。Array SPX 系列 SSL VPN 访问网关的性能及容量都是行业领先的。能提供毫秒级别的响应速度,同时最高可支持 64 000 并发用户。由于针对关键业务应用作过设计优化,SPX 系列也是业内唯一能够满足所有安全接入的关键需求并表现良好的解决方案。SPX 系列产品具备了多层次的安全性、强大的应用和设备兼容性、点击式(Point-and-Click)系统管理、最低的总体拥有成本、最优的终端用户体验等优点。

2. SiteDirect。Array SiteDirect 是第 1 个把 SSL 技术应用到点对点安全通信环境中的解决方案,它可以帮助企业用户建立一个"随需应变"的商业外联网(On-Demand Biz Extranet)。通过 Resource Publishing™,Virtualization 等 Array 的专利技术,SiteDirect 可以安全地在两个属于不同组织的网络之间向用户交付应用,而且不需要把两个网络合并成一个网络。SiteDirect 可以支持绝大多数 TCP/IP,UDP 和 IP 的应用,包括像 VOIP 这样的企业应用。目前,Array Networks 是唯一能提供 SSL SiteDirect 解决方案的提供商。

3. SPI 800。Array 的即插即用 SSL VPN 访问网关 SPI 800 是全球第 1 个即插即用的 SSL VPN 设备。可以让中、小企业快速部署全新的信息远程安全访问的基础架构,让员工和合作伙伴随时随地安全访问企业的商业机密信息,提高生产效率,降低成本。

4. Array TMX 1100/2000/3000/5000。Array TMX 系列应用负载均衡产品将几乎所有的传统的数据中心功能,包括服务器负载均衡、SSL 加速、压缩、缓存及攻击防护等功能,都整合到了一个易于操作的管理系统中。减少了管理时间,降低了基础设施成本。不但使网络管理人员能快速地处理那些重复的常规事务,缩短工作时间,而且使 Web 站点和应用软件的用户在得到安全性保证的同时,享受响应速度明显提高的网络服务。

14.3.3　Cisco

Cisco 公司的简介请参照防火墙部分的介绍,本小节将主要介绍 Cisco 公司的 VPN 产品——Cisco VPN 3000 系列。

Cisco VPN 3000 系列集中器是适用于企业部署的最佳远程访问 VPN 解决方案之一。该解决方案包括一种基于标准的 VPN 客户机和可扩展的 VPN 隧道终端设备,另外还包括一种使企业对自己的远程访问 VPN 实施快捷安装、配置和监视的管理系统。它是目前业界唯一的一种能够现场更换部件并由用户完成升级的可扩展平台。这些称为可扩展加密处理(SEP)模块的可更换部件使用户可以轻松地增加容量和吞吐量。Cisco VPN 3000 系列集中器支持各种 VPN 客户机软件,包括 Cisco VPN 客户机、Microsoft

Windows 2000 L2TP/IPSec 客户机和用于 Windows 95，Windows 98，Windows NT 4.0 和 Windows 2000 的 Microsoft PPTP。总之，Cisco VPN 3000 系列集中器允许各企业充分发挥远程访问 VPN 连接费用节省、灵活性高、性能好和可靠性高的优势。Cisco VPN 3000 系列集中器的相关参数如下：

1. 外观尺寸(长×宽×高)：368.3 mm×444.5 mm×88.9 mm；

2. 网络协议：IPSec，PPTP，L2TP，L2TP/IPSec，NAT 透明 IPSec；

3. 电源电压(U)：100～240 V；

4. 应用级别：SSL VPN。

14.3.4　Juniper

Juniper 公司的简介请参照防火墙部分的介绍，本小节将主要介绍 Juniper 公司的 SA VPN 产品系列。

Juniper Secure Access VPN 产品系列提供全套远程接入设备，是 SSL VPN 市场上先进的解决方案。该系列产品可以将多种机架和特性结合在一起，满足各类公司的需求。包括需要为远程或移动员工提供接入的中、小企业，以及需要从同一个平台为员工、合作伙伴和用户提供远程和(或)外联网接入的大型全球部署。该产品系列基于即时虚拟外联网(IVE)平台，该平台使用所有标准 Web 浏览器都使用的安全协议 SSL。使用 SSL 之后，企业不再需要部署客户端软件并更改内部服务器，也不再需要执行昂贵的后续维护和桌面支持。Juniper SSL VPN 安全接入设备将传统的 IPSec 客户端解决方案总体成本较低的优势与端到端的安全特性有机地结合在一起。增强型接入方案使企业几乎能够访问需要的任何资源，包括对抖动和延迟敏感的资源。表 14-1 为 Juniper 公司 SSL VPN 产品线。

表 14-1　Juniper 公司 SSL VPN 产品线

产　　品	目标市场	企业级特性
Secure Access 700	中、小型企业	1. 无需任何客户端软件就能为远程或移动员工提供安全接入 2. 可以利用任选升级功能从任何地方的任意 PC 接入 3. 即插即用部署 4. 强大的安全特性
Secure Access 2000	中、小型企业	1. 为员工、业务合作伙伴和用户提供安全的局域网、内联网和外联网接入 2. 3 种接入方法使管理员能够按用途提供接入 3. 动态访问权限管理 4. 高级软件支持高级功能，包括利用 Central Manager 简化管理 5. 统一标准认证

产　品	目 标 市 场	企业级特性
Secure Access 4000	大、中型企业	1. 可以扩展的平台使大型企业能够从一个平台提供安全的外联网、内联网和局域网接入 2. 企业性能/高可用性 3. 基于许可证的 SSL 加速和针对所有流量类型的压缩 4. 动态访问权限管理,提供 3 种接入方法 5. 统一标准认证,支持 FIPS 设备 6. 高级软件支持高级功能,包括利用 Central Manager 简化管理
Secure Access 6000	大型和跨国企业	1. 为最大、最复杂、最安全的外联网、内联网和局域网接入部署提供高性能平台 2. 为所有流量类型提供内置 SSL 加速和压缩 3. 冗余和(或)可热插拔的硬盘、电源和风扇 4. 动态访问权限管理,提供 3 种接入方法 5. 统一标准认证,支持 FIPS 设备 6. 高级软件支持高级功能,包括利用 Central Manager 简化管理
Secure Access 6000 SP	电信运营商托管服务	1. 实施了全面虚拟化的 SSL VPN 平台,使 SP 能够从一台设备或一个集群为多家规模各异的企业提供基于网络的 SSL VPN 服务 2. 不需要安装客户端,不会发生防火墙或 NAT 穿越问题,因而不会加重支持负担,增加 ROI 3. 通过提供外联网接入、灾难恢复、内联网和局域网安全性、移动设备接入等服务创造差异化收入机会 4. 多种特性满足电信运营商对性能、可扩展性和高可用性的要求

14.3.5　华为

华为是全球主要的电信网络解决方案供应商之一。致力于向用户提供创新的满足其需求的产品、服务和解决方案,为用户创造长期的价值和潜在的增长。华为产品和解决方案涵盖移动(HSDPA/WCDMA/EDGE/GPRS/GSM,CDMA 2000 1XEV-DO/CDMA 2000 1X,TD-SCDMA 和 WiMAX)、核心网(IMS,Mobile Softswitch,NGN)、网络(FTTX,XDSL,光网络,路由器和 LAN Switch)、电信增值业务(IN,Mobile Data Service,BOSS)和终端(UMTS/CDMA)等领域。

华为在印度、美国、瑞典、俄罗斯及中国的北京、上海和南京等地设立了多个研究所,68 000 多名员工中的 48% 从事研发工作。截至 2007 年 12 月底,华为已累计申请专利超过 26 880 件,连续数年成为中国申请专利最多的单位。华为在全球建立了 100 多个分支机构,营销及服务网络遍及全球,能够为用户提供快速、优质的服务。

目前,华为的产品和解决方案已经应用于全球 100 多个国家,以及 35 个全球前 50 强的运营商,服务全球超过 10 亿用户。

表 14-2～表 14-4 介绍了华为公司部分主要的 VPN 产品。

表 14-2　华为 Huawei Quidway SecPath 1000 (AC)

设 备 类 型	VPN 安全网关
接　　口	2 个 10 M/100 M/1 000 M 以太网口,1 个配置口(CON),1 个备份口(AUX)
协　　议	ARP,TCP/IP,DHCP,NAT,PPPoE,IPSec
性 能 概 述	面向企业用户开发的新一代专业安全网关设备,可以作为企业的汇聚或接入网关设备,支持防火墙,AAA,NAT,QoS 等技术,可以确保在开放的 Internet 上实现安全的、满足可靠质量要求的私有网络,支持多种 VPN 业务
外 形 尺 寸	436 mm×44 mm×420 mm
输 入 电 压	100～240 V a. c. ;50 Hz/60 Hz

表 14-3　华为 Huawei Quidway SecPath 100N (AC)

设 备 类 型	VPN 安全网关
接　　口	4 个 10 M/100 M 以太网口,1 个 10 M/100 M WAN 口,1 个配置口(CON),1 个备份口(AUX)
协　　议	ARP,TCP/IP,DHCP,NAT,PPPoE,IPSec
性 能 概 述	面向企业用户开发的新一代专业安全网关设备,能够提供优越的 NAT 功能,可以作为企业的汇聚或接入网关设备,支持防火墙,AAA,NAT,QoS 等技术,可以确保在开放的 Internet 上实现安全的、满足可靠质量要求的私有网络
外 形 尺 寸	300 mm×42 mm×220 mm
输 入 电 压	100～240 V a. c. ;50 Hz/60 Hz

表 14-4　华为 Huawei Quidway SecPath 100V (AC)

设 备 类 型	VPN 安全网关
接　　口	4 个 10 M/100 M 以太网口,1 个 10 M/100 M WAN 口,1 个配置口(CON),1 个备份口(AUX)
协　　议	ARP,TCP/IP,DHCP,NAT,PPPoE,IPSec
性 能 概 述	面向企业用户开发的新一代专业安全网关设备,可以作为企业的汇聚或接入网关设备,支持防火墙,AAA,NAT,QoS 等技术,可以确保在开放的 Internet 上实现安全的、满足可靠质量要求的私有网络,支持多种 VPN 业务
外 形 尺 寸	300 mm×42 mm×220 mm
输 入 电 压	100～240 V a. c. ;50 Hz/60 Hz

14.4   本章小结

本章首先简要介绍了 VPN 产品应该具有的主要功能和选择 VPN 产品时需要注意的主要技术指标。随后,以 SSL VPN 为主,选择介绍了 5 家国内外知名的 VPN 技术研发和设备生产企业及它们的主要产品,包括 F5 Networks,Array Networks,Cisco,Juniper 和华为公司。它们都是计算机通信与信息安全行业的领先企业,它们的 VPN 产品也都极具特色。受篇幅所限,不能将它们介绍得很细,也不能将类似的企业一一列举出来,只能给读者大致介绍该领域的发展情况,感兴趣的读者可以查找相关资料进行进一步的研究。

第 15 章

VPN 技术的发展趋势

VPN 发展至今已经不再是一个单纯的经过加密的访问隧道了。它已经融合了访问控制、传输管理、加密、路由选择、可用性管理等多种功能,并在全球的信息安全体系中发挥着重要的作用。未来的 VPN 技术将如何发展,又将在信息安全事务中承担起什么样的角色是非常值得关注的。

15.1 VPN 的技术格局

VPN 的核心概念是通过口令等访问控制手段在非专用的线路上建立具有高安全性的专用通信链路。

目前,VPN 解决方案中主流的通信隧道协议是 IPSec,这是一种用于 IP 族的安全协议。由于在设计 TCP/IP 的时候没有考虑到安全性问题,使得该协议存在很多内在的安全隐患。为了解决这些安全问题,IETF 成立了 IP 安全协议工作组以开发第 3 层的 IP 安全协议,也就是所说的 IPSec。IPSec 是一个提供了维护数据完整性、认证和 IP 隐私机制的协议族,面向 IPv6 网络并可同时应用于 IPv4 网络当中。这种协议受到了 VPN 供应商的高度支持,并成为目前最主流的 VPN 基础技术。

MPLS VPN 是一种基于 MPLS(多协议标签交换)网络的 VPN 架构。自 2001 年 IETF 公布了 MPLS 标准之后,该协议被公认为下一代网络的基础协议。与基于 IPSec 的 VPN 不同,MPLS 为 VPN 提供的通信隧道是通过 LSP(标签交换路径)实现的。这种方式使路由转发和数据传输相分离,实现了灵活的第 3 层路由功能和高效的第 2 层数据转发,也使得 MPLS VPN 可以提供高质量的传输服务。

PPTP 是由包括微软和 3Com 等公司在内的 PPTP 论坛开发的一种点对点隧道协议,用于应对移动工作者不断增加的趋势。由于微软在服务器和桌面操作系统中提供该协议的支持,使得 PPTP 成为远程访问型 VPN 连接的最常用协议。最终的情况是微软自己的 PPTP 版本成为了事实上的标准。但是该协议在非 PPP 体系之中并没有获得太大的发展。

近年来在远程访问 VPN 领域又出现了一股新兴力量,那就是基于 SSL 协议的 VPN 技术。SSL VPN 的特点是简单易用,但是由于作用于应用层,所以并不能像 IPSec VPN 那样针对所有应用起效,每个厂商的解决方案支持的应用种类都各不相同。基于 SSL 的 VPN 最大的威力来自于对 Web 应用的支持,事实上这也是一种顺应 Web 应用发展所产生的 VPN 架构。

除了上面所说的各种协议之外,还有基于 L2TP 的 VPN 解决方案,不过并没有占据太大的市场份额。L2TP 是 IETF 基于 L2F(Cisco 的第 2 层转发协议)开发的 PPTP 的后续版本。

15.2 VPN 的市场格局

根据 Infonetics Research 的调查数据,1997 年全球在 VPN 方面的支出总额约为 2 亿美元,而 2004 年该数字已经增长至 200 亿美元左右。截至 2004 年为止,基于 IPSec 的 VPN 解决方案仍是 VPN 领域的霸主,MPLS VPN 占据着第 2 把交椅,但是与 IPSec 的差距十分明显。新兴的 SSL VPN 虽然发展迅猛,但是尚未能撼动两强的地位。北美地区是 VPN 应用的热土,以较大的优势领先于其他地区,而欧洲和亚洲地区也在全球 VPN 份额中占据了重要的地位。国内的 VPN 市场从 2000 年开始才正式起步,并且与信息产业的其他分支类似,经历了由金融、政府、通信等行业带动起步的历程,呈现出较高的成长速度。在厂商方面,前身是 NetScreen 的 Juniper 仍旧延续了 VPN 领域的领先地位。根据 Infonetics Research 的数据显示,在高端 VPN 市场及新兴的 SSL VPN 市场,Juniper 都占据了 40% 左右的份额。

15.3 VPN 的发展趋势

由于中、小企业逐渐成为 IT 产业新的消费热点,而且随着整合安全风潮的盛行,VPN 技术的发展速度将得到延续。由于 VPN 体系的复杂性和融合性,VPN 服务的成长速度将超越 VPN 产品,成为 VPN 发展的新动力。目前,大部分的 VPN 市场份额仍由 VPN 产品销售体现。而在未来的若干年里,VPN 服务所占的市场份额将超过 VPN 产品,这也体现了信息安全服务成为竞争焦点的趋势。随着整合式安全设备的发展,VPN 将被更多地集成在整体式安全体系当中,而各种安全协议和语言的分裂、融合将更加激烈。VPN厂商将根据形式转换角色,可能出现专门进行技术设计、系统制造和增值服务的不同类型的厂商。顺应全球的经济发展趋势及互联网用户的增长态势,亚洲地区将成为VPN市场的新热点并有可能成为带动消费趋势的市场区域之一。

由于在未来的几年里,网络应用的Web化趋势将得到延续,所以SSL VPN的发展势头将得到延续。加之移动办公人员和在家办公人员的增加,SSL VPN很可能在不久的将来成为和IPSec VPN和MPLS VPN分庭抗礼的VPN架构。IPSec VPN和MPLS VPN仍将保持稳定的成长率,但是与SSL VPN阵营的差距仍将被不断缩小。IPSec/MPLS VPN和SSL VPN阵营的技术各有特色,而且所面向的用户群体各有不同。在短期内这两者还不会形成互相侵蚀的局面,但是SSL VPN的易用性将吸引很多用户投向该产品,这必然将引起这两种VPN架构面对面的竞争。这两种架构会在互相学习对手优势的同时不断地融合其他的功能特征,以提供更全面的服务来吸引用户。由于承载VPN流量的非专用网络通常不提供QoS(服务质量)保障,所以VPN解决方案必须整合QoS解决方案才能够提供具有足够的可用性。目前,IETF已经提出了支持QoS的RSVP(带宽资源预留)协议,而IPv6协议也提供了处理QoS的能力。这为VPN的进一步普及提供了足够的保障。随着IPv6网络的主流化进程,将会产生更具统治力的VPN架构,VPN技术将向着IP这类基础协议的形式发展。在不久的将来,VPN将会作为更加基础的技术被内嵌到各种系统当中,从而实现完全透明化的VPN基础设施。

15.3.1 IPSec VPN方兴未艾

IPSec VPN是基于IPSec协议的VPN产品,由IPSec协议提供隧道安全保障。IPSec是一种由IETF设计的端到端的确保基于IP通信的数据安全性的机制。IPSec支持对数据加密,同时确保数据的完整性。按照IETF的规定,不采用数据加密时,IPSec使用验证包头(AH)提供来源验证(Source Authentication),以确保数据的完整性;IPSec使用封装安全负载(ESP)与加密一道提供来源验证,确保数据完整性。在IPSec协议下,只有发送方和接收方知道密钥。如果验证数据有效,接收方就可以知道数据来自发送方,并且在传输过程中没有受到破坏。

IPSec位于TCP/IP栈的下层,该层由每台机器上的安全策略、发送方和接收方协商的安全关联(Security Association)进行控制。安全策略由一套过滤机制和关联的安全行为组成。如果一个数据包的IP地址、协议和端口号满足一个过滤机制,那么这个数据包将要遵守关联的安全行为。

通过一个位于IP包头和传输包头之间的验证包头,可以提供IP负载数据的完整性和数据验证。验证包头包括验证数据和一个序列号,共同用来验证发送方身份,确保数据在传输过程中没有被改动,防止受到第三方的攻击。IPSec验证包头不提供数据加密,信息将以明文方式发送。为了保证数据的保密性并防止数据被第三方窃取,封装安全负载

(ESP)提供了一种对 IP 负载进行加密的机制。另外,ESP 还可以提供数据验证和数据完整性服务。因此,在 IPSec 包中可以用 ESP 包头替代 AH 包头。

为实现在专用或公共 IP 网络上的安全传输,IPSec 隧道模式使用的安全方式封装和加密整个 IP 包。然后,对加密的负载再次封装在明文 IP 包头内,通过网络发送到隧道服务器。隧道服务器对收到的数据包进行处理,在去除明文 IP 包头、对内容进行解密之后,获得最初的负载 IP 包。负载 IP 包在经过正常处理之后被路由到位于目标网络的目的地。

IPSec 隧道模式具有以下特点:只能支持 IP 数据流,工作在 IP 栈的底层。因此,应用程序和高层协议可以继承 IPSec 的行为,由一个安全策略(一整套过滤机制)进行控制。安全策略按照优先级的先后顺序创建可供使用的加密和隧道机制及验证方式。当需要建立通信时,双方机器执行相互验证,然后协商使用何种加密方式。此后的所有数据流都将使用双方协商的加密机制进行加密,然后封装在隧道包头内。

目前,防火墙产品中集成的 VPN 多为使用 IPSec 协议,在我国的发展处于蓬勃状态。

15.3.2　MPLS VPN 发展强劲

MPLS VPN 是一种基于多协议标记交换(MultiProtocol Label Switching,MPLS)技术的 IP-VPN,是在网络路由和交换设备上应用 MPLS 技术。它简化了核心路由器的路由选择方式,结合传统路由技术的标记交换实现了 IP 虚拟专用网络(IP-VPN),利用它来构造宽带的 Intranet 和 Extranet,满足灵活的业务需求。

MPLS 是一个网络层包转发的新兴标准,它主要基于 IETF 提交的一系列信令协议。在这些协议里,最主要的有标记分配协议 LDP、资源预留协议 RSVP 及限制路由的标签分配协议 CR_LDP 3 种。这些协议都应用在分配标签和转发 MPLS 数据流上。

MPLS 技术是一个可以在多种第 2 层协议上进行标签交换的网络技术,并且不用改变现有的路由协议。目前,第 2 层的协议有 ATM,FR(帧中继),Ethernet 及 PPP。这一技术综合了第 2 层的交换和第 3 层路由的功能,将第 2 层的快速交换和第 3 层的路由有机地结合起来。第 3 层的路由在网络的边缘实施,而在 MPLS 的网络核心采用第 2 层交换。这样各层协议可以互相补充,充分发挥第 2 层良好的流量设计管理及第 3 层 Hop-by-Hop 路由的灵活性,实现端到端的 QoS 保证。

MPLS VPN 运行在 IP ATM 或者 IP 环境下,对应用完全透明。服务激活只需要一次性地在客户端(CE)和服务供应商端(PE)设备上进行配置准备,就可以让站点成为某个 MPLS VPN 组的成员。VPN 成员资格由服务供应商决定,对 VPN 组未经过认证的访问将被设备配置所拒绝。MPLS VPN 的安全性通过对不同用户间、用户与公网间的路由信息进行隔离实现。

MPLS VPN 能够利用公用骨干网络范围广而且传输能力强的特点,降低企业内联网络的建设成本,提高用户网络运营和管理的灵活性。同时,能够满足用户对信息传输安全性、实时性、宽频带和方便性的需求。

中国电信和中国网通在各自的宽带互联网上推出了基于多协议标记交换技术的IP-VPN业务,使得 MPLS VPN 的发展势头更加强劲。

15.3.3　VPN 管理有待加强

企业在选择 VPN 技术时,一定要考虑到管理上的要求。一些大型网络都需要把每个用户的目录信息存放在一台中央数据存储设备中(目录服务),便于管理人员和应用程序对信息进行添加、修改和查询。每一台接入或隧道服务器都应当能够维护自己的内部数据库,存储每一名用户的信息,包括用户名、口令,以及拨号接入的属性等。但是,这种由多台服务器维护多个用户账号的做法难以实现及时的更新,给管理带来很大的困难。

为了有效地管理 VPN 系统,网络管理人员应当能够随时跟踪和掌握以下情况:系统的使用者、连接数目、异常活动、出错情况及其他可能预示出现设备故障或网络受到攻击的现象。日志记录和实时信息对记费、审计、报警或其他错误提示具有很大的帮助。例如,网络管理人员为了编制账单数据,需要知道何人在使用系统及使用了多长时间。异常活动可能预示着存在对系统的不正确使用或系统资源出现不足。对设备进行实时的监测,可以在系统出现问题时及时向管理员发出警告。一台隧道服务器应当能够提供以上所有信息及对数据进行正确处理所需要的事件日志、报告和数据存储设备。

随着市场应用的扩大,VPN 的管理有待进一步加强。

15.4　本章小结

VPN 的发展代表了互联网今后的发展趋势,它综合了传统数据网络的安全和服务质量及共享数据网络结构的简单和低成本等优点,建立安全的数据通道。VPN 在降低成本的同时,满足了用户对网络带宽、接入和服务不断增加的需求。因此,VPN 必将成为未来网络发展的主要方向。

VPN 技术的发展将促进业务市场的繁荣。VPN 上传输的数据流是经过加密处理的,这条安全通道的协议必须保证数据的真实性、完整性和机密性,提供动态密匙交换功能,提供安全防护措施和访问控制,具有抵抗黑客通过 VPN 通道攻击企业网络的能力,并且可以对 VPN 通道进行访问控制。

随着市场的扩大,用户需求将成为 VPN 技术发展的动力。多形式、多用途、灵活易用、功能强大且服务优异的 VPN 产品将适用于不同的用户群,部署在宽带、窄带、拨号及移动通信网络上。

参 考 文 献

[1] 杨义先,钮心忻. 应用密码学[M]. 北京:北京邮电大学出版社,2005.

[2] 杨义先,钮心忻,任金强. 信息安全新技术[M]. 北京:北京邮电大学出版社,2002.

[3] 刘建伟,王育民. 网络安全——技术与实践[M]. 北京:清华大学出版社,2005.

[4] 张焕国,刘玉珍. 密码学引论[M]. 武汉:武汉大学出版社,2003.

[5] 段云所,魏仕民,唐礼勇,等. 信息安全概论[M]. 北京:高等教育出版社,2005.

[6] 张世永. 网络安全原理与应用[M]. 北京:科学出版社,2003.

[7] 戴宗坤,唐三平. VPN 与网络安全[M]. 北京:电子工业出版社,2002.

[8] 袁津生,吴砚农. 计算机网络安全基础[M]. 北京:人民邮电出版社,2002.

[9] 刘荫铭,李金海,刘国丽. 计算机网络安全技术[M]. 北京:清华大学出版社,2001.

[10] 吕志军,蔡圣闻,郑憬. 网络设备与防火墙[M]. 北京:清华大学出版社,2006.

[11] 楚狂. 网络安全与防火墙技术[M]. 北京:人民邮电出版社,2000.

[12] 高志国,龙文辉. 反黑客教程[M]. 北京:中国对外翻译出版公司,2000.

[13] 张玉清,戴祖锋,谢崇斌. 安全扫描技术[M]. 北京:清华大学出版社,2004.

[14] 唐正军,李建华. 入侵检测技术[M]. 北京:清华大学出版社,2004.

[15] 高海英,薛元星,辛阳,等. VPN 技术[M]. 北京:机械工业出版社,2004.

[16] 郭方方. 集群防火墙系统的研究[D]. 哈尔滨:哈尔滨工程大学,2006.

[17] 熊伟. 入侵检测系统的研究与实现[D]. 武汉:武汉科技大学,2006.

[18] 章春来. 入侵检测系统的应用研究[D]. 长春:吉林大学,2006.

[19] 金舒. 入侵检测系统性能提高新技术研究[D]. 南京:南京理工大学,2006.

[20] 徐仙伟. 基于网络的异常入侵检测技术研究[D]. 南京:南京理工大学,2005.

[21] 伍慧. 基于移动代理与协议分析的分布式入侵检测系统[D]. 广州:暨南大学,2007.

[22] 田新广. 基于主机的入侵检测方法研究[D]. 长沙:国防科技大学,2005.

[23] LUC D G. MPLS 技术构架[M]. 北京:人民邮电出版社,2008.

[24] JOAN D,VINCENT R. 高级加密标准(AES)算法——Rijndael 的设计[M]. 北京:清华大学出版社,2003.

[25] ROBERT L Z. Linux 防火墙[M]. 北京:人民邮电出版社,2000.

[26] KING C M, DALTON C E, OSMANOGLU T E. 安全体系结构的设计、部署与操作[M]. 北京:清华大学出版社,2003.

[27] HOLDEN G. 防火墙与网络安全——入侵检测和 VPN[M]. 北京:清华大学出版社,2004.

[28] PREETHAM V. Internet 安全与防火墙[M]. 北京:清华大学出版社,2004.

[29] PFLEEGER C P, PFLEEGER S L. 信息安全原理与应用(第 3 版)[M]. 北京:电子工业出版社,2004.

[30] NORTHCUTT S. 深入剖析网络边界安全[M]. 北京:机械工业出版社,2003.

[31] JOHN S. 计算机网络技术 VPN,TCP/IP 和 PPX 网络关键技术应用指南[M]. 北京:希望电子出版社. 2000.

[32] CARLTON R D. VPN 的安全实施[M]. 北京:清华大学出版社,2002.

[33] IVAN P. MPLS 和 VPN 体系结构(第 2 卷)[M]. 北京:人民邮电出版社,2004.

[34] MARK L. VPN 故障诊断与排除[M]. 北京:人民邮电出版社,2006.

[35] RICHARD D. Cisco VPN 完全配置指南[M]. 北京:人民邮电出版社,2007.

[36] WEI L, CARLOS P. 第二层 VPN 体系结构[M]. 北京:人民邮电出版社,2006.